中国矿业大学（北京）越崎系列规划教材

环境影响评价导论
Introduction to Environmental Impact Assessment

杨 柳　孙红福　崔芳鹏　孙文洁 编著

测绘出版社
·北京·

©杨柳 2019

所有权利(含信息网络传播权)保留,未经许可,不得以任何方式使用。

内容提要

本书共7章。第1章和第2章分别介绍环境影响评价的基本概念和工作程序。第3章至第5章主要介绍环境影响评价的技术方法,包括工程分析、自然环境与社会环境调查、环境影响识别与评价因子筛选、环境影响预测与评价、清洁生产、环境风险分析、环境影响经济损益分析等内容。第6章主要介绍环境影响评价书面材料的编写格式与规范。第7章为案例分析,主要针对煤矿基地建设项目环评和污水处理厂建设项目环评进行具体的分析示例。

本书可作为地矿类环境质量评价课程的教材,也可作为其他学科人员了解环境影响评价领域的基础知识的参考用书。

图书在版编目(CIP)数据

环境影响评价导论/杨柳等编著. —北京:测绘出版社,2019.10

中国矿业大学(北京)越崎系列规划教材

ISBN 978-7-5030-4259-1

Ⅰ.①环… Ⅱ.①杨… Ⅲ.①环境影响—评价—高等学校—教材 Ⅳ.①X820.3

中国版本图书馆 CIP 数据核字(2019)第 175163 号

责任编辑	陈西娅	封面设计	李 伟	责任校对	孙立新	责任印制	吴 芸
出版发行	测绘出版社			电 话	010-83543965(发行部)		
地 址	北京市西城区三里河路50号				010-68531609(门市部)		
邮政编码	100045				010-68531363(编辑部)		
电子邮箱	smp@sinomaps.com			网 址	www.chinasmp.com		
印 刷	北京建筑工业印刷厂			经 销	新华书店		
成品规格	184mm×260mm						
印 张	14.375			字 数	277千字		
版 次	2019年10月第1版			印 次	2019年10月第1次印刷		
印 数	001-600			定 价	39.00元		
书 号	ISBN 978-7-5030-4259-1						

本书如有印装质量问题,请与我社门市部联系调换。

前　言

　　环境是人类赖以生存和发展的基本条件。人类生产与生活等活动既能有意识地改造自然环境，同时又在不由自主地影响环境。环境影响评价是为了科学引导人类活动，尽可能减少人类活动对环境的不良影响。从20世纪60年代初环境影响评价概念的提出，到21世纪初《中华人民共和国环境影响评价法》的颁布，环境影响评价已成为环境管理过程中的一项具体制度，并发展成环境科学与工程体系中的一门专业性学科。习近平同志在十九大报告中指出，加快生态文明体制改革，建设美丽中国。按照绿色发展理念树立大局观、长远观、整体观，坚持保护优先，坚持节约资源和保护环境的基本国策，把生态文明建设融入经济建设、政治建设、文化建设、社会建设各方面和全过程，努力开创社会主义生态文明新时代。环境质量评价在我国环境保护与生态文明建设中能够发挥较强的预警与促进作用。

　　根据我国环境影响评价发展的实际需要，结合相关教材和各高校教学经验，参考生态环境部环境工程评估中心的全国环境影响评价工程师职业资格考试系列资料，遵循国家有关法规、标准、技术导则和最新学科的研究成果，进行地矿类环境质量评价课程教材的编写，旨在为地矿类本科生提供环境影响评价领域的基础知识，拓展其视野，有助于学生开拓相关工作领域，为国家培养具有生态文明建设理论基础与意识的地矿类人才。

　　本书围绕全国环境影响评价工程师职业资格考试的相关内容，以环境影响评价基本概念及其技术方法为主要内容，着重讲解与地矿类相关的实际应用案例，便于学生深刻领会和掌握环境影响评价的技术方法。本书语言通俗易懂，简明实用，既有理论方法的阐述，又有实例分析，同时注重内容的先进性。本书可供大专院校相关专业师生选用为教材或参考书，也可作为环境影响评价相关行业的企事业单位的培训教程。

　　本书共七章。第一章和第二章分别为环境影响评价基本概念和工作程序；第三章至第五章，主要为环境影响评价技术方法，包括工程分析、自然环境与社会环境调查、环境影响识别与评价因子筛选、环境影响预测与评价、清洁生产、环境风险分析、环境影响经济损益分析等内容，并附实例；第六章为环境影响评价报告编写，主要介绍环境影响评价书面材料的编写格式与规范并附实例；第七章为案例分析，主要针对煤矿基地建设项目环境评价和污水处理厂建设项目环境评价开展具体的案例分析。

　　本书的编写受到中国矿业大学(北京)《环境质量评价》教材建设项目和教育部首批"新工科"研究与实践项目——"以校企研联合培养为核心的新工科协同育人机制研究与实践"的资助，在此深表谢意。教材编写参考了众多研究者的优秀研究成果，在此一并表示衷心感谢！因编者水平有限，教材中难免存在不妥之处，敬请读者批评指正。

目 录

第一章 环境影响评价基本概念 ... 1
- 第一节 我国环境影响评价历程 ... 1
- 第二节 基本概念 ... 3
- 第三节 环境质量 ... 5
- 第四节 环境质量标准 ... 6
- 第五节 环境影响 ... 8
- 第六节 环境影响评价 ... 8
- 第七节 环境质量评价 ... 11

第二章 环境影响评价程序 ... 13
- 第一节 环境影响评价程序遵循的原则 ... 13
- 第二节 中国环境影响评价管理程序 ... 14
- 第三节 中国环境影响评价工作程序 ... 14

第三章 工程分析 ... 17
- 第一节 污染型项目工程分析 ... 17
- 第二节 生态影响型项目工程分析 ... 26
- 第三节 事故风险源项分析 ... 29
- 第四节 工程分析实例 ... 31

第四章 环境现状调查与评价 ... 40
- 第一节 自然环境与社会环境调查 ... 40
- 第二节 大气环境现状调查与评价 ... 41
- 第三节 地表水环境现状调查与评价 ... 49
- 第四节 地下水环境现状调查与评价 ... 57
- 第五节 声环境现状调查与评价 ... 70
- 第六节 生态现状调查与评价 ... 75
- 第七节 环境现状调查与评价实例 ... 88

第五章 环境影响预测与评价 ... 95
- 第一节 环境影响识别与评价因子筛选 ... 95
- 第二节 大气环境影响预测与评价 ... 97
- 第三节 地表水环境影响预测与评价 ... 110
- 第四节 地下水环境影响评价与防护 ... 125

第五节　声环境影响预测与评价 …………………………………… 145
　　第六节　生态影响预测与评价 ……………………………………… 153
　　第七节　环境影响预测与评价实例 ………………………………… 175

第六章　环境影响评价报告编写 …………………………………………… 186
　　第一节　环境影响评价报告内容 …………………………………… 186
　　第二节　环境影响评价报告编写要求 ……………………………… 188

第七章　案例分析 …………………………………………………………… 192
　　第一节　四川芙蓉集团筠连矿区武乐煤矿 ………………………… 192
　　第二节　北京市清河污水处理厂（一期） ………………………… 207

参考资料 …………………………………………………………………… 222

第一章 环境影响评价基本概念

第一节 我国环境影响评价历程

一、国外环境影响评价发展概况

1966年,美国提出"格林大气污染综合指数评价",随后提出了"可呼吸到的厌恶污染物含量指数(MURC index)",拉开了环境质量评价的帷幕。1969年,美国制定了《国家环境政策法》(National Environment Protection Agency,NEPA),首次把环境影响评价制度作为国家政策确定下来。加利福尼亚州是美国第一个把环境影响评价制度列为州法律的州。1976年,美国按NEPA要求所做的环境影响评价报告书共7 334份,其主要评价对象是对环境具有重要影响的主要开发项目,包括农业部、运输部、原子能委员会、陆军工兵部队、内务部等的开发项目。

1969年,瑞典制定了环境影响评价为中心的国家环境保护法,并成立了由环境保护人员、法律专家、工业界人员等组成的"环境保护许可委员会"。开发项目的环境影响报告由环境保护局进行技术审查,然后由"批准局"决定是否颁发许可证。当时,瑞典审查的依据仅是根据大气污染、水质污染的排放标准、布局状况及项目对当地经济的影响。

20世纪60年代后期,日本已开始注重环境质量评价工作,包括污染物浓度控制方式、总量控制、排放量分配方式等。1972年,把环境影响评价作为一项实施政策,1976年提出把环境影响评价制度列为国家的专门法律。

英国从1970年开始探讨环境影响评价制度,关注项目开发后的系统的环境监测计划。1971至1972年,英国对1943年制定的城市、农村计划法进行了修改。该法要求对所有项目进行环境影响评价,成为当时环境影响评价工作的基础。1974至1977年,平均每年审查25至50个开发项目。

1973年11月,新西兰在内阁会议上通过了环境保护与改善步骤的条例,虽然其中提出了要做环境影响评价,但只要求对环境有重大影响的项目,如公路建设、电力建设、住宅建设等做环境影响评价。在东欧,原苏联等国采用统一的物理—化学指标进行评价,同时也考虑生物指标。20世纪70年代初期,就已在伏尔加河、顿河、莫斯科河建立了河流污染平衡模式,配合水质预报及最优化控制的水质评价研究进展速度较快。

从评价方法方面来说,早在20世纪60年代末期至70年代初期,国外的环境质量现状评价方法有几十种,环境影响评价方法也有几十种。纵观其发展,在当时就已形成了由单目标向多目标(multi-objective program)、由单环境要素向多环境要素、由单纯的自然环境系统向自然环境与社会环境的综合系统、由静态分析向动态分析的发展趋势。

二、我国环境影响评价工作历程

我国环境影响评价的建立和发展是在吸收国外经验并充分结合我国国情逐步发展完

善的。

（一）环境影响评价思想孕育阶段（1973年至1979年）

1973年8月在北京召开的第一次全国环境保护会议,标志着我国揭开了环境保护事业的序幕。会议初步孕育了环境影响评价的思想体系,会议通过的"全面规划、合理布局、综合利用、化害为利、依靠群众、大家动手、保护环境、造福人民"的观念为我国的环境影响评价思想的发展奠定了理论基础,国民环保意识在此时期有了初步的观念。

（二）正式实施建设阶段（1979年至1989年）

1979年,中国颁布了《中华人民共和国环境保护法(试行)》,规定扩建、改建、新建工程必须提出环境影响报告书,标志着我国正式实施环境影响评价制度。1981年颁布了《基本建设项目环境保护管理办法》,对环境影响评价的适用范围、评价内容、工作程序等都做出了较为明确的规定。1982年颁布了《中华人民共和国海洋环境保护法》(1982)。1984年颁布了《关于加强乡镇、街道企业环境管理的规定》《中华人民共和国水污染防治法》,对相关内容的环境影响评价做出了明确规定。1986年颁布的《建设项目环境保护管理办法》,简称86管理办法,较1981年颁布的管理办法扩大了管理范围,充实了管理内容,进一步明确了相关职责。1987年,颁布了《建设项目环境保护设计规定》。1988年,国家环保局颁布了《关于建设项目环境管理问题若干意见》和《建设项目环境保护设计规定》。1989年,国家环保局又颁布《建设项目环境影响评价证书管理办法》(〔89〕环监字第281号),(89)评价证书管理办法代替(86)评价证书管理办法(试行),同时以附件形式公布了对持有《建设项目环境影响评价证书》单位的考核规定。在总结了《中华人民共和国环境保护法(试行)》10年施行经验的基础上,1989年12月26日起实行的《环境保护法》成为我国环境保护的基本法律。这些法律法规的陆续出台,标志着我国的环境影响评价进入良好的实施建设阶段。

（三）稳步快速发展阶段（1990年至2002年）

20世纪90年代,受亚洲开发银行和世界银行对中国环境影响评价培训的技术援助,中国环境影响评价体系得到快速发展。我国的环境影响评价与国际接轨,在吸取国外经验的基础上,结合我国国情发展自身,1990年6月颁布了《建设项目环境保护管理程序》。为统一我国环境影响评价技术,使环境影响报告书的编制规范化,1993年开始,原国家环境保护总局组织力量编写了《环境影响评价技术导则》,出版了HJ/T 2.1—1993《环境影响评价技术导则 总纲》、HJ/T 2.3—1993《环境影响评价技术导则 地面水环境》(已作废,被HJ 2.3—2018代替)等规范。1995以后,对建设项目的环境影响进行分类管理,分为编制环境影响报告书、编制环境影响报告表和填报环境影响登记表三类。1998年11月,国务院第10次常务会议通过并发布了《建设项目环境保护管理条例》。该条例对环境影响评价的分类、适用范围、程序、环境影响报告书的内容以及相应的法律责任等都做了明确规定。1999年1月,第三次全国建设项目环境保护管理工作会议,将我国环境影响评价制度推向快速发展阶段。同年3月发布了《建设项目环境影响评价资格证书管理办法》,对评价单位的资质进行了规定。同年4月发布了《关于执行建设项目环境影响评价制度有关问题的通知》,进一步明确了《建设项目环境保护管理条例》中涉及的环境影响评价程序、审批及评价资格等问题。在此期间,国家还发布了《关于贯彻实施〈建设项目环境保护管理条例〉的通知》,加强了国家和地方建设项目环境影响评价制度执行情况的检查。这一时期,环境影响评价制度呈快速发展态势。

(四)新拓展阶段(2003年至今)

2002年10月,第九届全国人大常委会通过了《中华人民共和国环境影响评价法》,并于2003年9月1日起正式实施。环境影响评价从项目环境影响评价进入到规划环境影响评价,是环境影响评价制度的新发展。原国家环境保护总局依照法律规定,初步建立了环境影响评价基础数据库,颁布了《规划环境影响评价技术导则(试行)》,明确了规划环境影响评价的基本内容、工作程序、指标体系和评价方法等,制定了《专项规划环境影响报告书审查办法》和《环境影响评价审查专家库管理办法》,设立了国家环境影响评价审查专家库。并于2004年2月,建立了环境影响评价工程师职业资格制度,对环境影响评价这门科学和技术以及从业者提出了更高的要求。

三、中国环境影响评价制度特点

中国的环境影响评价制度有以下几个特点:

(1)以建设项目环境影响评价为主。现行法律法规中明确规定建设项目必须执行环境影响评价制度,包括区域开发、流域开发、开发区建设及一般的工业建设项目等。而对环境有影响的决策行为及经济发展规划、计划的制订,没有规定必须开展环境影响评价。这类环境影响评价目前尚处在探索阶段。

(2)具有法律强制性。2003年9月1日实施的《中华人民共和国环境影响评价法》第三条明确规定:"编制本法第九条所规定的范围内的规划,在中华人民共和国领域和中华人民共和国管辖的其他海域内建设对环境有影响的项目,应当依照本法进行环境影响评价。"

(3)纳入基本建设程序。1998年颁布的《建设项目环境保护管理条例》对各种投资类型的项目都要求在可行性研究阶段或开工建设之前完成环境影响评价的报批。

(4)分类管理。对环境有重大影响的项目必须编制环境影响报告书,对环境影响较小的项目可编制环境影响报告表,而对环境影响很小的项目,可只填写环境影响登记表。

评价的重点也因项目不同而异。新建项目的评价重点主要是解决合理布局、优化选址及总量控制等问题;扩建和改建项目的评价重点则是工程实施前后可能对环境造成的影响及如何"以新带老",加强对原有污染的治理等。

(5)实行评价资格审核认定制。为确保环境评价的评估质量,中国自1986年起建立了评价单位的资格审查制度,强调评价机构必须具有法人资格,具有与评价内容相适应的固定的专业人员和测试手段,能够对评价结果负法律责任。从1992年起,国家及各省市相继成立了环境评估机构,负责对环境影响评价报告的技术评估。环境影响报告的专家审查意见作为项目环保审批的技术依据。

第二节 基本概念

一、环 境

环境科学中,环境是指人类所赖以生存的地球环境,即以人为主体的周围一切物质世界,各种自然的和社会的综合,包括大气、水体、土壤、矿藏、森林、草原、野生动物、野生植物、名胜古迹、水生生物、风景游览区、自然保护区、城市工作生活区等。

人类环境不同于其他生物的环境，包括自然环境和社会环境两部分。自然环境包括人类赖以生存的环境，例如空气、阳光、水、土壤、矿物、岩石和生物等要素，以及由这些要素构成的各圈层，如大气圈、水圈、土壤圈、生物圈和岩石圈。社会环境是指人类的社会制度等上层建筑条件，包括社会的经济基础、城乡结构，以及与各种社会制度相适应的政治、经济、法律、宗教、艺术、哲学的观念和机构等。

《中华人民共和国环境保护法》第二条："本法所称环境，是指影响人类生存和发展的各种天然的和经过人工改造的自然因素的总体，包括大气、水、海洋、土地、矿藏、森林、草原、湿地、野生生物、自然遗迹、人文遗迹、自然保护区、风景名胜区、城市和乡村等。"

二、环境系统

(一) 概念

环境系统是指各环境要素之间彼此联系、相互作用构成的一个不可分割的整体。按照系统的成因可以分为自然系统、人工系统和复合系统，其中复合系统是介于自然系统和人工系统或者包含自然和人工系统的系统。按照系统与周围环境的关系可以分为封闭系统和开放系统。

(二) 环境要素

环境是一个巨大的、复杂多变的开放系统，是由自然环境和人类社会及这两大互相联系和互相作用的系统组成的整体。环境系统由环境要素构成，是各种环境要素及其相互关系的总和。

环境要素可以分为非生物的和生物的。非生物要素也叫物理要素或物理化学要素，例如大气、水体、土壤、岩石、城市的构筑物和基础设施等。生物要素是指生命体，如动物、植物、微生物等。人类社会也可以看作是生物要素的一个子要素。

环境系统和生态系统两个概念的区别在于，前者是将环境作为相对独立于人的整体来看待，后者则把生物与环境看作整体，并侧重反映生物种群之间，以及生物与环境之间的相互关系。环境系统从地球形成之后就存在，生态系统则是生物出现后形成的系统。

环境系统的范围可以是全球性的，也可以是局部性的。例如，一个城市、一个区域和一条河流都可以是一个单独的环境系统。环境系统也可以是几个要素交织而成，例如空气—水体—土壤系统、水—土壤—生物系统。

(三) 基本特性

1. 整体性与区域性

环境是一个统一的整体，组成环境的每一要素既具有其相对独立的整体性，又有相互之间的联系性、依存性和制约性。地球上处于不同地理位置和不同大小面积的环境系统存在着显著的差异。

2. 变动性与稳定性

环境系统处于自然过程和人为社会过程的共同作用中，因此环境的内部结构和内部状态始终处于不断变化之中。这种变动既是确定的，又具有随机性，反映在系统所处的状态参数的变化及输入系统各种因素的变化上。环境系统的变动性和稳定性是相辅相成的，变动是绝对的，稳定是相对的。

3. 资源性与价值性

环境具有资源性,环境系统是环境资源的总和。环境提供了人类生存所必需的物质和能量。如果环境中物质和能量的供应不足或不平衡也会危及人类社会的生存和发展,这就是环境的资源性。环境资源包括物质性和非物质性两个方面,如生物资源、矿产资源、淡水资源、海域资源、土地资源、森林资源等都是环境资源的物质性方面,而环境状态就是环境的非物质性方面之一。虽然环境资源非常丰富多样,但却是有限的。

第三节 环境质量

一、概 念

环境质量是指环境系统的内在结构和外部状态对人类及生物界的生存和繁衍的适宜性。例如,空气质量是由氮、氧和稀有气体等恒定组分和二氧化碳(CO_2)、水蒸气、尘埃、硫氧化物、氮氧化物(NO_x)与臭氧等不定组分以一定的含量构成的,表现出无色、无味、透明、流动性好等状态。

环境质量既指环境的总体质量,也指环境要素的质量。环境质量是相对的、动态变化的。在不同的地方、不同的历史时期,人类对环境适应性的要求是不同的。在我国,人们对环境适应性的要求随着收入的增加在迅速提高。

二、环境质量参数

环境是由各种环境要素组成的。每一个环境要素的状况都可以由参数或因子加以描述。其中部分参数决定着环境要素的物理状态,这些参数称为环境要素的状态参数或者状态因子。另一部分是直接反映环境要素物理状态和化学组分的参数,例如空气中的二氧化硫(SO_2)浓度、一氧化碳(CO)浓度、水体中的生化需氧量(BOD)浓度、挥发分含量等。

大气环境因素的质量参数包括风向、风速、降水量、湿度、温度、平均温度、最高和最低温度、气温的垂直分布以及各种污染物浓度,例如悬浮颗粒物浓度、硫氧化物浓度、氮氧化物浓度、一氧化碳浓度、碳氢化合物浓度、光化学氧化剂浓度、二氧化碳浓度和各种微量污染气体浓度等。

水环境要素的质量参数包括:①降雨量、地下水位和流量、湖泊和水库储水量及更新周期等;②地下水储量、主要含水层补给量或者亏损量、影响水流的地质构造、流入水体的沉积物量;③地表水水位、流速、季节变化频率和持续时间;④正常年、丰水年、枯水年的流量和水生物生态特征;⑤各种水质参数,如水中各种矿物组分的浓度、各种无机盐和有机污染物浓度;⑥水温、溶解氧饱和度等指标;⑦水生生物种群、底泥的污染物组分等;⑧土壤的物理、化学性质参数;⑨土壤中污染物的种类、含量;⑩土壤的沉陷、隆起、侵蚀状况等。

生物因素的质量参数包括各物种的组成,罕见的、稀有的或濒临灭绝的物种的群体个数,陆生和水生植物种群,不同群体的繁殖水平。

电磁辐射和环境噪声质量参数包括电磁辐射和放射性水平、交通量强度、各种振动噪声水平、交通噪声水平等。

社会经济因素的质量参数包括:①人口数、年龄及性别分布、农村和城市人口分布、民族分布、出生率、死亡率、迁入及迁出人数等;②劳动就业、各部分社会成员的收入分配和消费情况、劳动力人口中就业人口的比例、生产状况、健康状况和营养水平、道路交通、治安保卫和防护设施、保健卫生设施、污水管和固体废弃物处理和处置设施等。

文化因素的质量参数包括高等学校数量及分布，中等及初等学校数量及其分布，大、中、小学就读人数比例等，校园饮食服务质量，图书馆服务设施，影剧院分布密度及服务设施、上座率，体育运动水平及设施，其余娱乐设施等。

景观因素的质量参数包括人均占有园林和绿地面积、绿化覆盖率、建筑总平面布局和构景、建筑物色彩及效果、水景等景观。

第四节　环境质量标准

一、概　念

环境质量标准是政府为了保护人体健康和生物生存环境，改善环境质量，有效控制污染物排放，从而获得最佳经济效益和环境效益而制定的环境保护技术法规，具有强制性。环境标准将环境质量分为不同等级，并规定其污染物含量限值或某些环境参数的要求值。环境标准是环境影响评价的重要法律依据。

二、分　类

环境标准体系是指所有环境标准的总和。按照标准类型可分为环境质量标准、污染物排放标准、环境保护基础标准、环境保护方法标准、环境标准物质标准等。

除基础标准和方法标准外，环境标准按颁布标准的机构分类，可分为国家环境标准和地方环境标准两类。国家标准是指导标准，地方标准是执行标准。凡颁布了地方污染物排放标准的地区，应执行地方标准，地方标准未做规定的地区执行国家标准。地方污染物排放标准一般严于国家排放标准。具体类型如下。

1. 环境质量标准

环境质量标准是在保障人体健康、维护生态良性循环和保障社会物质财产的基础上考虑技术经济条件，对环境中有害物质或因素所做的限制性规定。

这类标准是指在一定的地理范围内或介质（水、大气、土壤）内的环境中规定的有害物质容许含量。它是衡量环境是否受到污染的标准，也是有关部门进行环境管理、制定污染物排放标准的依据。环境质量标准主要包括大气质量标准、水质质量标准、环境噪声标准及土壤、生态质量标准等。

水质质量标准按水体类型可分为地表水水质标准、海水水质标准、地下水水质标准。按水源用途又可分为生活饮用水水质标准、渔业用水水质标准、农业灌溉用水水质标准及工业用水水质标准等。

环境质量标准分为国家标准和地方标准，并有现行标准和超前标准。国家环境质量标准是指由国家规定，按照环境要素和污染因素分成大气、水质、土壤、噪声、放射性等环境质量标准与污染因素控制标准，适用于全国范围。国家环境质量标准还包括中央各部门对一些特定地区，为特定目的或要求制定的环境质量标准。例如：GB 3095—2012《环境空气质量标准》、GB 3838—2002《地表水环境质量标准》、GB 22337—2008《社会生活环境噪声排放标准》、GB 5749—2006《生活饮用水卫生标准》、GBZ 1—2010《工业企业设计卫生标准》和 GB 11607—1989《渔业水质标准》等。地方环境质量标准是指这种标准是国家环境质量标准的补充和具体化,它可以根据地区的实际情况对某些指标要求更严格些。

2. 污染物排放标准

污染物排放标准是根据环境质量要求,结合环境特点和社会技术经济条件,对污染源排入环境的有害物质和产生的各种因素所做的控制标准。这类标准是指国家根据技术上的可行性和经济上的合理性,规定污染源排放污染物的容许浓度或数量(可分别列出现行标准和超前标准)。它可以起到直接控制污染源的作用,是实现环境质量目标的重要控制手段。

污染物国家排放标准是国家针对不同行业、公用设备(如汽车、锅炉等)制定的通用排放标准。原则上各地区都执行这种标准,但由于行业多,排放的污染物种类多,加之生产工艺、设备、企业规模、污染治理水平等方面的差异,故按行业、产品品种、工艺水平和重点排污设备制订排放标准,如 GB 13223—2011《火电厂大气污染物排放标准》、GB 13271—2014《锅炉大气污染物排放标准》、DB 12/356—2018《污水综合排放标准》、GB 12348—2008《工业企业厂界噪声标准》。

污染物地方排放标准是因为国家级排放标准不适用于部分地区当地环境的特点和要求而制定的地方控制污染源的标准。它可以起到补充、修订、完善国家标准的作用。地方排放标准一般是针对重点城市、主要水系(河段)和特定地区制定的。"特定地区"是指国家规定的自然保护区、风景游览区、水源保护区、经济渔业区、环境容量小的人口稠密城市、工业城市和经济特区等。

3. 环境保护基础标准

环境保护基础标准是在环境标准化工作范围内,对指导意义的符号、代号、图式、量纲、导则等所做的统一规定,是制定其他环境标准的基础。例如,GB/T 3840—1991《制定地方大气污染物排放标准的技术方法》,制订地方污水排放标准的技术原则和方法,环境保护标准的编制、出版、印刷标准等。

4. 环境保护方法标准

环境保护方法标准是针对环境保护对象所规定的,对其进行试验、分析、统计、计算、测定等方法为对象而制定的标准。如 GB/T 3222.1—2006《声学 环境噪声的描述、测量与评价 第 1 部分:基本参量与评价方法》、GB/T 3222.2—2009《声学 环境噪声的描述、测量与评价 第 2 部分:环境噪声级测定》、GB/T 34834—2017《声学 环境噪声评价中脉冲声事件暴露声级分布的计算方法》、GB/T 15658—2012《无线电噪声测量方法》、GB 12523—2011《建筑施工场界环境噪声排放标准》、GB 5468—1991《锅炉烟尘测试方法》、GB 9661—1988《机场周围飞机噪声测量方法》、GB/T 33686—2017《煤矿水水质分析的一般规定》等。

5. 环境标准物质标准

环境标准物质标准是对环境标准物质必须达到的要求所做的规定。环境标准物质是在环境保护工作中,用来标定仪器、验证测量方法,进行量值传递或质量控制的材料或物质,如土壤的 ESS-1 标准样品、水质的化学需氧量(COD)标准样品等。

6. 环境保护其他标准

除以上标准之外,还有环保行业标准(HJ)。它是对在环保工作中还需统一协调的如仪器设备、技术规范、管理办法等所做的统一规定,例如,HJ/T 2.4—2007《环境影响评价技术导则 声环境》、HJ/T 19—2011《环境影响评价技术导则生态影响》等。

第五节 环境影响

一、概 念

按照国际标准组织制定 ISO 14001 标准的定义,环境影响是"全部或部分组织的活动、产品或服务给环境造成的任何有益或者有害的变化"。广义的理解,环境影响是人类活动对环境的作用和导致有益或有害的环境变化,以及由此引起的对人类社会和经济的影响。

二、分 类

按照不同的分类标准,环境影响有不同的分类。

(1)按影响的来源分类。可划分为直接影响、间接影响和累计影响。直接影响是指由于人类活动的结果而对于人类社会和其他环境的直接作用,而由于这种直接作用诱发的其他后续结果则为间接影响。累计影响是指当一项活动与其他过去、现在及可以合理预见的将来的活动结合在一起时,因影响的增加而产生的全部对环境的影响。

(2)按影响效果分类。可分为有利影响和不利影响,都是针对人群健康、社会经济发展或其他环境状况而言的。

(3)按影响程度分类。可分为可恢复影响和不可恢复影响,都是针对是否可通过人为措施或自然净化作用来恢复到以前面貌而言的。可恢复影响是指人类活动造成环境某特性的改变或某价值丧失后可逐渐恢复到以前的面貌的影响。一般认为,在环境承载力范围内对环境造成的影响是可恢复的,超出了环境承载力范围的影响是不可恢复的。

另外,环境影响还可划分为:①短期影响和长期影响;②暂时影响和连续影响;③地方、区域、国家和全球影响;④建设期的影响和运行期的影响;⑤单个影响和综合影响等。

第六节 环境影响评价

一、概 念

环境影响评价(environment impact assessment),是指对拟议中的建设项目、区域开发计划和国家政策实施后可能对环境产生的影响(后果)进行的系统性识别、预测和评估。其根本目的是鼓励在规划和决策中考虑环境因素,最终达成更具环境相容性的人类活动。

《中华人民共和国环境影响评价法》第二条规定:"本法所称环境影响评价,是指对规划和建设项目实施后可能造成的环境影响进行分析、预测和评估,提出预防或者减轻不良环境影响的对策和措施,进行跟踪监测的方法与制度。"

二、分 类

(一)按照评价对象分类

1. 规划环境影响评价

HJ 130—2014《规划环境影响评价技术导则 总纲》规定,规划环境影响评价是指在规划编制阶段,对规划实施可能造成的环境影响进行分析、预测和评价,并提出预防或者减轻不良环境影响的对策和措施的过程。

《中华人民共和国环境影响评价法》对规划环境影响评价的范围进行了规定。第七条规定:"国务院有关部门、设区的市级以上地方人民政府及其有关部门,对其组织编制的土地利用的有关规划,区域、流域、海域的建设、开发利用规划,应当在规划编制过程中组织进行环境影响评价,编写该规划有关环境影响的篇章或者说明。

规划有关环境影响的篇章或者说明,应当对规划实施才可能造成的环境影响作出分析、预测和评估,提出预防或者减轻不良环境影响的对策和措施,作为规划草案的组成部分一并报送规划审批机关。

未编写有关环境影响的篇章或说明的规划草案,审批机关应不予审批。"

第八条中规定:"国务院有关部门、设区的市级以上地方人民政府及其有关部门,对其组织编制的工业、农业、畜牧业、林业、能源、水利、交通、城市建设、旅游、自然资源开发的有关专项规划(以下简称专项规划),应当在该专项规划草案上报审批前,组织进行环境影响评价,并向审批该专项规划的机关提出环境影响报告书。"

第九条规定:"依照本法第七条、第八条的规定进行环境影响评价的规划的具体范围,由国务院生态环境主管部门会同国务院有关部门规定,报国务院批准。"

2. 建设项目环境影响评价

建设项目环境影响评价是指进行建设项目时,人类的重要决策可能对环境产生的物理性、化学性或生物性的作用及其造成的环境变化,以及对人类健康和福利的可能影响,以此进行系统地分析和评估,并提出减少这些影响的对策措施。

3. 区域开发环境影响评价

随着中国经济建设的迅猛发展,出现了众多区域性开发建设项目,例如经济技术开发区、高新技术产业开发区、旅游度假区、仓储保税区及边贸开发区等,即在一个相同的地区和相近的时间内相继开展多个建设项目。这时,如果分别对各建设项目进行环境影响评价,则不能准确预测最终的环境变化,也不能说明区域开发的总体环境影响,也就无法采取合理的环境保护对策,难以保证环境保护质量目标的实现。因此,应把此类开发建设项目看作一个整体,考虑所有的区域开发建设行为,开展区域开发环境影响评价,简称区域环境影响评价。

区域开发活动是指在特定的区域、特定的时间内有计划进行的一系列重大开发活动。这些活动开发区域一般称为开发区。开发区具有以下特征:①占地面积大,一般占地面积均在 $1 km^2$ 以上;②性质复杂,一般一个开发区涉及多种行业;③管理层次较多,除有专门的开发区管理机构外,每个开发项目一般均有其独立法人;④不确定因素多,许多开发区初期仅能确定其开发性质,具体的开发项目往往不确定;⑤环境影响范围大;⑥有条件实施污染物集中控制和治理。

所谓区域环境评价就是在一定区域内以可持续发展的观点,从整体上综合考虑区域内拟开展的各种社会经济活动对环境产生的影响,并据此制定和选择维护区域良性循环、实现可持续发展的最佳行动规划或方案,同时也为区域开发规划和管理提供决策依据。

1998年11月颁布的中华人民共和国《建设项目环境保护管理条例》第五章第二十七条规定:"流域开发、开发区建设、城市新区建设和旧区改建等区域性开发,编制建设规划时,应当进行环境影响评价"。由此进一步明确了区域环境影响评价的对象和时段,并为开展区域环境影响评价提供了法律依据。

(二)按照环境要素分类

1. 大气环境影响评价

大气环境影响评价是从预防大气污染、保证大气环境质量的目的出发,通过调查、预测等手段,分析、评价拟议的开发行动或建设项目在施工期或建成后的生产期,所排放的主要大气污染物对大气环境质量可能带来的影响程度和范围,提出避免、消除或减少负面影响的对策,为建设项目的场址选择、污染源设置、大气污染预防措施的制定及其他有关工程设计提供科学依据或指导性意见。

2. 水环境影响评价

水环境影响评价是指通过调查分析、预测、评估,定量地预测未来的开发行动或建设项目向受纳水体中的污染物排放量,弄清污染物在水体中的迁移、转化规律,做出影响评价,并提出建设项目和区域环境污染物的控制和防治对策。

3. 声环境影响评价

声环境影响评价是评价建设项目所引起的声环境的变化,并提出各种噪声防治对策,把噪声污染降低到现行标准允许的水平,为建设项目优化选址和合理布局及城市规划提供科学依据。

(三)按照时间顺序分类

1. 环境质量现状评价

环境质量现状评价是根据近期环境质量监测资料及区域背景资料,对一定区域内人类社会近期的和当前的活动所引起的环境质量变异所进行的描述与判定。

2. 环境影响预测评价

环境影响预测评价是要了解某区域环境在受到污染的过程中,有关环境质量参数在时间和空间上的变化量,根据上述资料及合适的预测方法得到预测结果后,再根据环境卫生标准或环境质量标准来评价当地的环境质量发展目标和环境允许污染负荷要求,进行环境影响评价并提出环境保护措施。

3. 建设项目环境影响后评价

建设项目的环境影响后评价是环境影响评价的延伸,是对环境影响评价的验证、补充和完善。通过后评价可以对建设项目实际的影响做出评价,验证原来环境评价的正确性和环保措施的落实情况,监督项目建设单位落实环保措施,督促评价单位提高评价的质量和水平,同时对原来环境评价提出补充预测的内容和减缓影响的对策措施。

三、环境影响评价原则

(一)基本原则

《中华人民共和国环境影响评价法》第四条规定:"环境影响评价必须客观、公开、公正,综合考虑规划或者建设项目实施后对各种环境因素及其所构成的生态系统可能造成的影响,为决策提供科学依据。"突出环境影响评价的源头预防作用,坚持保护和改善环境质量。

(1)依法评价。贯彻执行我国环境保护的相关法律法规、标准、政策和规划等,优化项目建设,服务环境管理。

(2)科学评价。规范环境影响评价方法,科学分析项目建设对环境质量的影响。

(3)突出重点。根据建设项目的工程内容及其特点,明确与环境要素间的作用效应关系,根据规划环境影响评价结论和审查意见,充分利用符合时效的数据资料及成果,对建设项目主要环境影响做出评价。

(二)技术原则

环境影响评价需遵循以下技术原则:①符合国家的产业政策、环保政策和法规;②符合流域、区域功能区划、生态保护规划和城市发展总体规划,布局合理;③符合清洁生产的原则;④符合国家有关生物化学、生物多样性等生态保护的法规和政策;⑤符合国家资源综合利用的政策;⑥符合国家土地利用的政策;⑦符合国家和地方规定的总量控制要求;⑧符合污染物达标排放和区域环境质量要求。

第七节 环境质量评价

一、概　念

环境质量评价是对环境要素优劣进行定量的描述,即按照一定的评价标准(建立评价要素的等级序列,提供环境要素的质量分级)和评价方法对一定范围内的环境质量进行定量判定与预测。

环境质量评价要明确回答下列问题:某区域是否受到污染和破坏?程度如何?主要污染要素是什么?污染源何在?污染原因何在?该区域内什么区域环境质量最差?什么区域环境质量较好?同时,要预测并定量地阐释环境质量的现状及变化趋势。

二、目　的

环境质量评价的目的在于参与研究和解决下列问题:①区域环境污染综合防治;②自然界与工业科学系统相互作用过程中如何维护生态平衡;③经济发展与环境保护之间协调发展的衡量标准;④能源政策的制定;⑤地方环境标准与行业环境标准的制定;⑥新建、改建、扩建项目计划与规划;⑦环境科研;⑧环境管理。

三、分　类

(1)按时间要素分类,可分为:①环境质量回顾评价,例如对区域某一历史时期的环境质量进行评价的依据是历史资料,通过回顾评价可以揭示区域环境污染的变化过程;②环境质量现状评价,例如对目前的环境质量状况进行量化分析,反映的是区域环境质量现状。

环境质量影响评价,因国家实行建设项目环境影响评价制度,对建设项目的环境保护实行分类管理,所以需要撰写环境影响报告书、环境影响报告表和环境影响登记表。

环境影响评价与环境质量评价(又称环境质量现状评价)性质上是完全不同的两项工作,无论是工作目的、任务、内容和方法都各不相同,而不仅仅只是过去、现在、未来时间上的差别(表1-1)。

(2)按环境要素与参数选择分类,可分为:①单环境要素评价,如大气、地表水、地下水、土壤、噪声等的评价;②部分要素联合评价,如地表水与地下水的联合评价、土壤与农作物的联合评价、河口与近岸海域水质的联合评价等;③整体环境综合评价,如对环境诸要素(水环境、大气环境、噪声环境等)的综合评价;④参数选择评价,如物理评价、生物学评价、生态学评价、卫生学评价、农业环境质量评价等。

(3)按评价区域分类,可分为城市环境质量评价、海域环境质量评价、风景游览区环境质量评价等。

表 1-1 环境影响评价与环境质量评价的区别

区别	环境影响评价	环境质量评价
工作目的	防患于未然,为建设项目合理布局或区域开发提供决策依据	为环境规划、综合整治提供科学依据
工作性质	环境影响预测	环境现状评定
工作对象	建设项目、区域开发计划	区域性自然环境
工作特点	工程性、经济性	区域性
工作方法	收集资料、模拟试验、监测、模式预测	环境调查与监测

第二章　环境影响评价程序

环境影响评价程序是指按议定的顺序或步骤指导完成环境影响评价工作的过程。环境影响评价程序可分为管理程序和工作程序。前者主要用于指导环境影响评价的监督与管理,后者用于指导环境影响评价的工作内容和进程。

第一节　环境影响评价程序遵循的原则

一、目的性原则

进行任何形式的环境影响评价都必须有明确的目的性,并根据不同的目的确定环境影响评价的内容和任务。

二、整体性原则

在环境影响评价中,应当注意各种政策及项目建设对区域人类—生态系统的整体影响。在对各种环境要素的影响进行分别预测后,应着重分析其综合效应,才能正确全面地评估整个区域环境可能受到的整体影响,以便对各种建议和替代方案进行比较和选择。

三、相关性原则

环境影响的传递是一个大的人类—生态网络系统,应根据其相关性,研究逐级、逐层传递的方式、速度及强度。

四、主导性原则

在环境影响评价中,必须抓住各种政策和项目建议可能引起的主要环境问题,必须首先找出支配环境影响评价系统主要行为的变量—序参量,根据"支配原则",探求哪些序参量的变化可以支配其他序参量的变化。

五、均衡性原则

环境系统各子系统与要素之间既相互联系又互相独立,各自表现出独特的属性。根据系统论"木桶原理",在环境影响评价中重视整体效应和相关性的同时,也要充分注意整体效应与各子系统和要素之间的协调与平衡,并且要特别关注某些具有"阈值效应"的要素。

六、动态性原则

各种政策和项目建设的环境影响是一个不断变化的动态过程。在环境影响评价中需要研究其历史过程,研究在不同层次、不同时段、不同阶段的环境影响特征,并分析和区分直接影响和间接影响、短期影响和长期影响、可逆影响和不可逆影响,同时注意影响的叠加性和累积性特点。

七、随机性原则

环境影响评价是一个涉及多因素的复杂多变的随机系统。各种政策和项目建设在实施过程中可能引起各种随机事件,为了避免严重公害事件的形成和发生,必须根据实际情况,随时增加必要的研究内容,特别是应当增加环境风险评价的研究。

八、社会经济性原则

环境影响评价应以社会、经济和环境可持续发展理论为基础,对环境开发行为做出合理的判断。而且,除了使用物理数据对环境信息进行处理和表达外,更主要的是应该解释和说明这些行为的社会经济含义,以此来实现环境、经济、社会三者之间的比较和权衡,使环境影响评价能够真正促进综合决策,发挥正常的功能。

九、公众参与原则

环境影响评价的过程要公开、透明,公众有权了解环境影响评价的相关信息。

第二节 中国环境影响评价管理程序

一、建设项目的分类筛选

如前文所述,首先要根据建设项目对环境影响的大小进行预判,对项目开展筛选分类,进而分为填报环境影响报告书的项目、填报环境影响报告表的项目和填报环境影响登记表的项目。

二、评价大纲的审查

编制环境影响报告书之前,评价单位应编制评价大纲。评价大纲是用于环境影响报告书的整体设计。评价大纲由建设单位向负责审批的环境保护部门申报,并抄送行业主管部门。环境保护部门根据情况确定审评方式,提出审查意见。评价单位依据经过审批的大纲,开展具体环境影响评价工作。

三、环境影响评价报告书的审批

评价单位编制的环境影响报告书由建设单位负责报主管部门预审,主管部门提出预审期后转到负责审批的环境保护部门,环保部门一般组织专家对报告书进行评审。在专家审查中若有修改意见,评价单位应对报告书进行修改,审查通过后的环境影响报告书由环保主管部门批准后实施。

第三节 中国环境影响评价工作程序

根据 HT/J 2.1—1993《环境影响评价技术导则 总纲》规定,环境影响评价工作大体分为三个阶段(图 2-1):第一阶段为准备阶段,包括研究有关文件,进行初步的工程分析和环境现状调查,筛选重点评价项目,确定各单项环境影响评价的工作等级,编制评价大纲;第二阶段为正式工作阶段,包括详细的工程分析和环境现状调查,并进行环境影响预测和环境影响评价;第三阶段为报告书编制阶段,包括汇总和分析第二阶段工作所得到的各种资料、数据并给出结论,完成环境影响报告书的编制。以下需要注意几方面的内容。

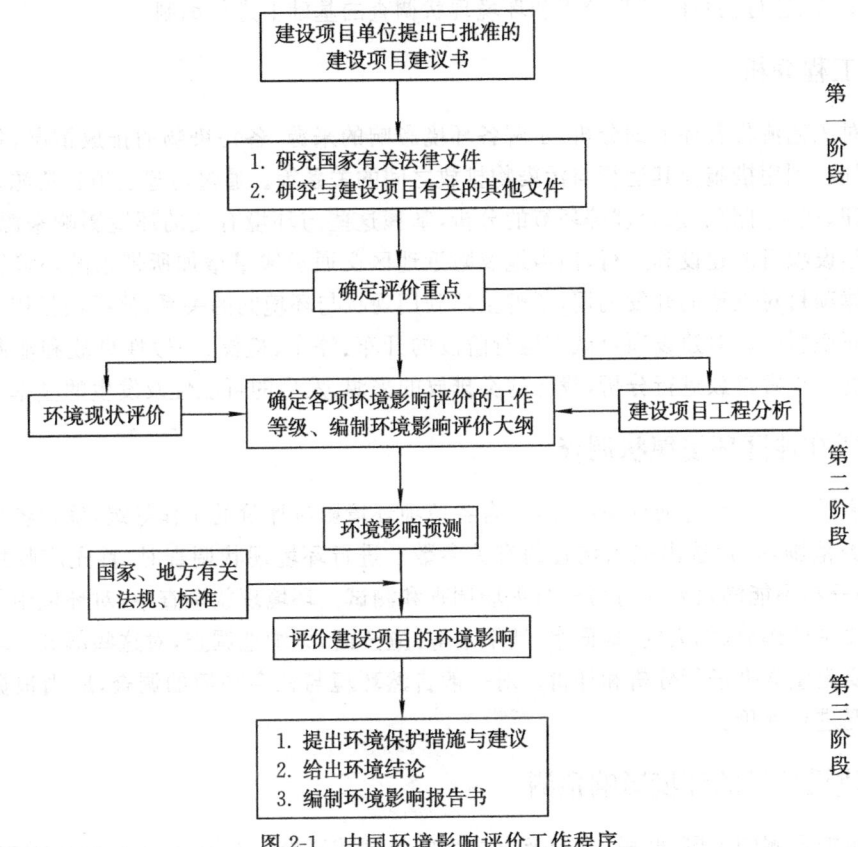

图 2-1 中国环境影响评价工作程序

一、工作等级的划分

环境影响评价工作等级是按照以下三类因素进行划分的:①建设项目的工程特点,包括工程性质、规模、能源及资源的使用量和类型、污染物排放特点(排放量,排放方式,排放去向,主要污染物种类、性质、排放浓度)等;②建设项目所在地区的环境特征,包括自然环境特点、环境敏感程度、环境质量现状及社会经济环境状况等;③国家和地方政府所颁发的有关法律法规。

按照以上划分依据,可将各单项影响评价划分为三个工作等级,一级评价最详细,二级次之,三级较简略。对于单项影响评价的工作等级均低于第三级的建设项目,不需编制环境影响报告书,只需按国家颁发的《建设项目环境保护管理办法》填写建设项目环境影响报告表。对于建设项目中个别评价工作等级低于第三级的单项影响评价,可根据具体情况进行简单的叙述、分析或不做叙述分析。对于某一具体建设项目,在划分其评价项目的工作等级时,根据建设项目对环境的影响、所在地区的环境特征或者当地对环境的特殊要求等情况可以做适当调整。

二、评价大纲的编制

评价大纲应当在开展评价工作之前编制,它是具体指导建设项目环境影响评价的技术文件,也是检查报告书内容和质量的主要依据,其内容应尽量具体详细。评价大纲一般应在充分研读有关文件、进行初步的工程分析和环境现状调查的基础上进行编制。

三、工程分析

通过对工艺流程各环节的分析,了解各环境影响的来源,各污染物的排放情况,各类废物的治理、回收、利用措施及其运行与污染物排放之间的关系等。通过对建设项目资源、能源、废物等的装卸、搬运、储藏、预处理等环节的分析,掌握这些与环境有关的环境影响来源的情况。分析由于建设项目的建设和运行,使当地及附近地区交通运输量增加所带来的环境影响。通过了解拟建项目对土地的开发利用,了解土地利用现状与环境间的关系,分析项目用地开发利用带来的环境影响。对建设项目试产运行阶段的开车、停车、检修、一般性事故和泄漏等情况下的污染物不正常排放进行分析,找出这类排放的来源、发生的可能性及发生的频率等。

四、所在地区环境现状调查

根据建设项目所在地的环境特点,结合各单项环境影响评价的工作等级,确定各环境要素的现状调查范围,并筛选出应当调查的有关参数。进行环境现状调查时,首先应收集现有资料,当这些资料不能满足要求时再进行现场调查和测试。环境现状调查中,对环境中与评价项目有密切关系的部分(如大气、地面水、地下水等)应全面、详细地调查,对这些部分的环境质量现状也需要定量数据进行分析和评价。对一般自然环境与社会环境的调查,应当根据评价地区实际情况进行评价。

五、建设项目的环境影响预测

环境影响预测的范围、时段、内容及方法均应根据其评价工作等级、工程与环境的特性、当地的环保要求而定。同时应尽量考虑在预算范围内,规划的建设项目可能产生的环境影响。预测环境影响时应尽量选用通用、成熟、简便并能满足准确度要求的方法。目前使用较多的预测方法包括数学模式法、物理模型法、类比调查法和专业判断法。

第三章 工程分析

工程分析是环境影响评价中分析项目建设影响环境内在因素的重要环节。由于建设项目对环境影响的表现不同,可以分为以污染影响为主的污染型建设项目的工程分析和以生态破坏为主的生态影响型建设项目的工程分析。

第一节 污染型项目工程分析

一、工程分析的作用

(一)项目决策的重要依据

工程分析从项目建设性质、产品结构、生产规模、原料路线、工艺技术、设备选型、能源结构、技术经济指标、总图布置方案等基础资料入手,确定工程建设和运行过程的产污环节,核算污染源强,计算排放总量,从环境保护角度分析技术经济的先进性、污染治理措施的可行性、总图布置的合理性、达标排放的可能性。工程分析可帮助衡量建设项目是否符合国家产业政策、环境保护政策和相关法律法规的要求,确定建设该项目的环境可行性。

(二)为各专题预测评价提供基础数据

工程分析结果得到的产污节点、污染源坐标、污染源强、污染物排放方式及排放去向等技术参数,是大气环境、水环境、噪声环境影响预测计算的依据,为定量评价建设项目对环境影响的程度和范围提供基础数据,为实现污染物排放总量控制提供支撑。

(三)为环保设计提供优化建议

项目的环境保护设计是在已知生产工艺过程中产生污染物的环节和数量的基础上,采用必要的治理措施,实现达标排放。一般很少考虑对环境质量的影响,对于改扩建项目则更少考虑原有生产装置环保"欠账"问题及环境承载能力。工程分析需要对生产工艺进行优化论证,提出满足清洁生产要求的清洁生产工艺方案,实现"增产不增污"或"增产减污"的目标,使环境质量得以改善或抑制环境质量恶化,发挥环保设计优化作用。

(四)为环境的科学管理提供依据

工程分析筛选的主要污染因子是项目生产单位和环境管理部门日常管理的对象,所提出的环境保护措施是工程验收的重要依据,为保护环境而核定的污染物排放总量是开发建设活动进行污染控制的目标。

二、工程分析的方法

建设项目的工程分析一般应根据项目规划、可行性研究和设计方案等技术资料开展工作。可行性研究阶段所提供的工程技术资料不能满足工程分析的需要时,可以根据具体情况选用其他适用的方法进行工程分析。目前可供选用的方法有类比法、物料衡算法和其他方法。

(一)类比法

类比法是利用与拟建项目类型相同的现有项目设计资料或实测数据进行工程分析的一种

常用方法。采用此方法时,为提高类比数据的准确性,应充分注意分析对象与类比对象之间的相似性和可比性。类比内容主要包括:

(1)工程一般特征的相似性。所谓一般特征包括建设项目的性质、建设规模、车间组成、产品结构、工艺路线、生产方法、原料和燃料的成分与消耗量、用水量和设备类型等。

(2)污染物排放特征的相似性。污染物排放特征主要包括污染物排放类型、浓度、强度、数量、排放方式与去向,以及污染方式与途径等。

(3)环境特征的相似性。项目所处环境特征包括气象条件、地貌状况、生态特点、环境功能及区域污染情况等方面的相似性。在生产建设中常会遇到这种情况,即某污染物在甲地是主要污染因素,在乙地则可能是次要因素,甚至是可被忽略的因素。

(二)物料衡算法

物料衡算法是计算污染物排放量的常规和最基本的方法。在具体建设项目产品方案、工艺路线、生产规模、原材料和能源消耗,以及治理措施确定的情况下,运用质量守恒定律核算污染物排放量,即在生产过程中投入系统的物料总量必须等于产品数量和物料流失量之和。其计算通式为

$$\sum G_{投入} = \sum G_{产品} + \sum G_{流失} \tag{3-1}$$

式中,$\sum G_{投入}$ 为投入系统的物料总量,$\sum G_{产品}$ 为产出产品总量,$\sum G_{流失}$ 为物料流失总量。

1. 总物料衡算公式

当投入的物料在生产过程中发生化学反应时,可按下列总量法公式进行衡算

$$\sum G_{排放} = \sum G_{投入} - \sum G_{产品} - \sum G_{回收} - \sum G_{处理} - \sum G_{转化} \tag{3-2}$$

式中,$\sum G_{投入}$ 为投入物料中的某污染物总量,$\sum G_{产品}$ 为进入产品结构中的某污染物总量,$\sum G_{回收}$ 为进入回收产品中的某污染物总量,$\sum G_{处理}$ 为经净化处理掉的某污染物总量,$\sum G_{转化}$ 为生产过程中被分解、转化的某污染物总量,$\sum G_{排放}$ 为某污染物的排放量。

2. 单元工艺过程或单元操作的物料衡算

对某单元过程或某工艺操作进行物料衡算,可以确定这些单元工艺过程、单一操作的污染物产生量。例如对管道输送和泵输送、吸收过程、分离过程、反应过程等分别进行物料衡算,可以核定这些加工过程的物料损失量,从而了解污染物产生量。

工程分析中常用的物料衡算有:①总物料衡算;②有毒有害物料衡算;③有毒有害元素物料衡算。在可研文件提供的基础资料比较翔实或对生产工艺熟悉的条件下,应优先采用物料衡算法计算污染物排放量。理论上讲,该方法是最精确的。

(三)其他方法

除以上常用方法外,工程分析方法还有实测法、实验法和查阅参考资料分析法等。实测法即通过选择相同或类似工艺实测一些关键的污染参数。实验法即通过一定的实验手段来确定一些关键的污染参数。查阅参考资料分析法即利用同类工程已有的环境影响评价资料或可行性研究报告等资料进行工程分析。虽然查阅资料分析法较为简便,但所得数据的准确性很难保证,所以只能在评价工作等级较低的建设项目工程分析中使用。

三、工程分析的工作内容

对于环境影响以污染因素为主的建设项目来说,工程分析的工作内容,原则上应根据建设项

第三章 工程分析

目的工程特征,包括建设项目的类型、性质、规模、开发建设方式与强度、能源与资源用量、污染物排放特征及项目所在地的环境条件。其基本工作内容通常包括工程概况、工艺流程、产污环节分析、污染物分析、清洁生产水平分析、环保措施方案分析、总图布置方案分析等(表 3-1)。

表 3-1 工程分析基本工作内容

工程分析项目	工作内容
工程概况	工程一般特征简介; 物料与能源消耗定额; 项目组成
工艺流程及产污环节分析	工艺流程及污染物产生环节
污染物分析	污染源分布及污染物源强核算; 物料平衡与水平衡; 无组织排放源强统计及分析; 非正常排放源强统计及分析; 污染物排放总量建议指标
清洁生产水平分析	清洁生产水平分析
环保措施方案分析	分析环保措施方案及所选工艺与设备的先进水平和可靠程度; 分析与处理工艺有关技术经济参数的合理性; 分析环保设施投资构成及其在总投资中占有的比例
总图布置方案分析	分析厂区与周围的保护目标之间所定防护距离的安全性; 根据气象、水文等自然条件分析工厂和车间布置的合理性; 分析环境敏感点(保护目标)处置措施的可行性

(一)工程概况

首先,对工程概况、工程一般特征进行简介描述,通过项目组成分析找出项目建设存在的主要环境问题,列出项目组成表(表 3-2),为项目产生的环境影响分析和提出合适的污染防治措施奠定基础。根据工程组成和工艺,给出主要原料与辅料的名称、单位产品消耗量、年总耗量和来源(表 3-3),对含有毒有害物质的原料辅料还应给出组分。

对于分期建设项目,应按不同建设期分别说明其建设规模。改扩建项目应列出现有工程,说明其依托关系。

表 3-2 建设项目组成

项目名称		建设规模
主体工程	1	
	……	
辅助工程	1	
	2	
公用工程	1	
	……	
环保工程	1	
	……	
办公室及生活设施	1	
	2	
储运工程	1	
	2	

表 3-3 建设项目原、辅材料消耗

序号	名称	单位产品耗量	年耗量	来源
1				
2				
3				
……				

(二)工艺流程和产污环节分析

一般情况下,工艺流程应在设计单位或建设单位的可研或设计文件基础上,根据工艺过程的描述及同类项目生产的实际情况进行绘制。环境影响评价工艺流程与工程设计工艺流程不同,环境影响评价关心的是工艺过程中产生污染物的具体部位、污染物的种类和数量。绘制污染工艺流程应包括产生污染物的装置和工艺过程,简化不产生污染物的过程和装置,有化学反应发生的工序要列出主要化学反应和副反应式,并在总平面布置图上标出污染源的准确位置(图 3-1,图 3-2),以便为其他专题评价提供可靠的污染源资料。一般项目可简化用方块流程图表示。

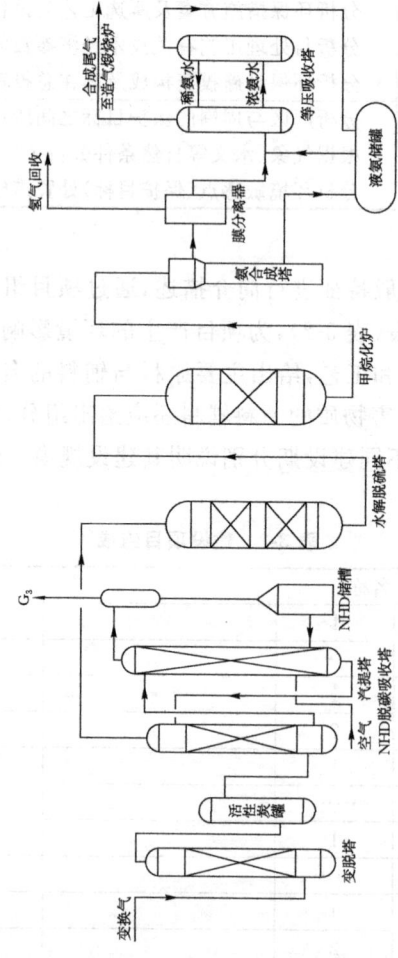

图 3-1 某化肥厂工艺流程及产污位置(脱碳、甲烷化、合成)

注:NHD 化学名称是聚乙二醇二甲醚,分子结构式为 $CH_3-O(C_2H_4O)_n-CH_3$。

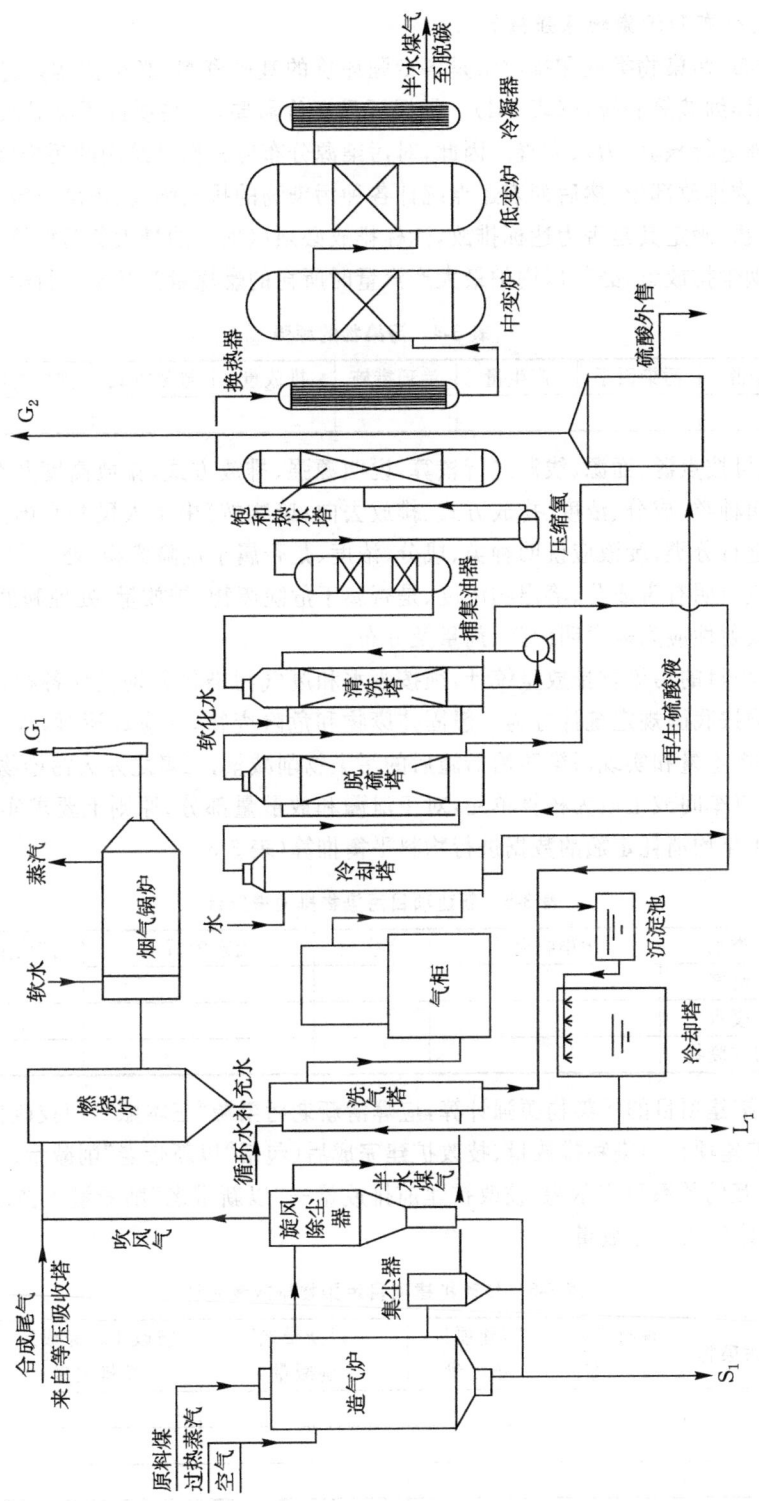

图 3-2 某化肥厂工艺流程及产污位置(造气、脱硫、变换)

(三)污染物源强分析与核算

1. 污染物分布和污染物源强核算

污染源分布、污染物类型和排放量是各专题评价的基础资料,必须按建设过程、运营过程两个时期分别详细核算和统计(表3-4)。根据项目评价需要,一些项目还应对服务期满后(退役期)影响源强进行核算,力求完善。因此,对污染源分布应根据已绘制的污染流程图,按照排放点标明污染物排放部位,然后列表逐点统计各种污染物的排放强度、浓度及数量。对最终排入环境的污染物,确定其是否为达标排放,达标排放必须以项目的最大负荷核算。例如燃煤锅炉二氧化硫、烟尘排放量,必须以锅炉最大产汽量时所耗的燃煤量为基础进行核算。

表 3-4 污染物的源强

序号	污染源	污染因子	产生量	治理措施	排放量	排放方式	排放去向	达标分析

对于废气可按点源、面源、线源进行核算,说明源强、排放方式、排放高度及存在的有关问题,废水应说明种类、成分、浓度、排放方式、排放去向;废物按《中华人民共和国固体废物污染环境防治法》进行分类;废液应说明种类、成分、浓度、是否属于危险废物、处置方式和去向等有关问题;废渣应说明有害成分、溶出物浓度、是否属于危险废物、排放量、处理和处置方式、储存方法;噪声和放射性应列表说明源强、剂量及分布。

对于新建项目的污染物排放量统计,须按废水和废气污染物分别统计各种污染物排放总量,固体废弃物按我国规定统计分为一般固体废物和危险废物,并应算清"两本账",即生产过程中的污染物产生量和实现污染防治措施后的污染物削减量,二者之差为污染物最终排放量。上述统计时应以车间或工段为核算单元,对于泄漏和放散量部分,原则上要求实测,实测有困难时,可以利用年均消耗定额的数据进行物料平衡推算(表3-5)。

表 3-5 新建项目污染物排放量统计

类别	污染物名称	产生量	治理削减量	排放量
废气				
废水				
固体废物				

对于技改扩建项目的污染物源强计算,应算清新老污染源"三本账",即技改扩建前污染物排放量、技改扩建项目污染物排放量、技改扩建完成后(包括"以新带老"削减量)污染物排放量(表3-6),其相互的关系可表示为:技改扩建前排放量—"以新带老"削减量+技改扩建项目排放量=技改扩建完成后排放量。

表 3-6 技改扩建项目污染物排放量统计

类别	污染物	现有工程排放量	拟建项目排放量	"以新带老"削减量	技改工程完成后总排放量	增减量变化
废气						
废水						
固体废物						

2. 物料平衡和水平衡

环境影响评价工程分析时,必须根据不同行业的具体特点,选择若干有代表性的物料,主要是针对有毒有害的物料进行物料衡算。

水作为工业生产中的原料和载体,在任一用水单元都存在水量的平衡关系,可依据质量守恒定律,进行质量平衡计算,这就是水平衡。根据工业用水量和排水量的关系(图3-3),水平衡式为

$$Q + A = H + P + L \quad (3-3)$$

式中,Q为取水量,A为物料带入水量,H为耗水量,P为排水量,L为漏水量。

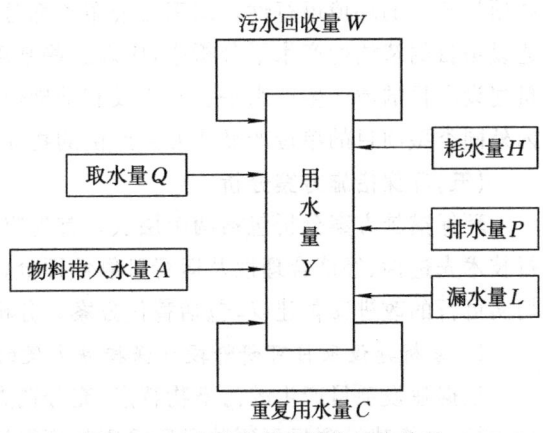

图3-3 工业用水量与排水量的关系

(1)取水量:是指取自地表水、地下水、自来水、海水、城市污水及其他水源的总水量。对于建设项目工业取水量包括生产用水和生活用水,生产用水又包括间接冷却水、工艺用水和锅炉给水。

工业取水量＝间接冷却水量＋工艺用水量＋锅炉给水量＋生活用水量

(2)重复用水量:指生产厂(建设项目)内部循环使用和循序使用的总水量。

(3)耗水量:指整个工程项目消耗掉的新鲜水量总和,即

$$H = Q_1 + Q_2 + Q_3 + Q_4 + Q_5 + Q_6 \quad (3-4)$$

式中,Q_1为产品含水,即由产品带走的水;Q_2为间接冷却水系统补充水量,即循环冷却水系统补充水量;Q_3为洗涤用水(包括装置和生产区地坪冲洗水、直接冷却水和其他工艺用水量之和);Q_4为锅炉运转消耗的水量;Q_5为水处理用水量,指再生水处理装置所需的用水量;Q_6为生活用水量。

3. **污染物排放总量控制建议指标**

在核算污染物排放量的基础上,按国家对污染物排放总量控制指标的要求,提出工程污染物排放总量控制建议指标。污染物排放总量控制建议指标应包括国家规定的指标和项目的特征污染物,其单位为吨/年。提出的工程污染物排放总量控制建议指标必须满足以下要求:①满足达标排放的要求;②符合其他相关环保要求(如特殊控制的区域与河段);③技术上可行。

4. **无组织排放源的统计**

无组织排放对应于有组织排放而言,主要针对废气排放,表现为生产工艺过程中产生的污染物没有进入收集和排气系统,而通过厂房天窗或直接弥散到环境中。工程分析中将没有排气筒或排气筒高度低于15 m 的排放源定为无组织排放。其排放源统计方法主要包括:①物料衡算法:通过全厂物料的投入产出分析,核算无组织排放量;②类比法:与工艺相同、使用原料相似的同类工厂进行类比,在此基础上,核算本厂无组织排放量;③反推法:通过对同类工厂,正常生产时无组织监控点进行现场监测,利用面源扩散模式反推,以此确定工厂的无组织排放量。

5. **非正常排污源强统计与分析**

非正常排污包括两部分:①正常开、停车或部分设备检修时排放的污染物;②其他非正常工况排污,即工艺设备或环保设施达不到设计规定指标运行时的排污。此类异常排污分析都应重点说明异常情况产生的原因、发生频率和处置措施。

(四)清洁生产水平分析

清洁生产是一种新的污染防止战略。项目实施清洁生产,可减轻项目末端处理的负担,提

高项目建设的环境可行性。国家已公布了部分行业清洁生产标准,如炼油、制革、炼焦等。在建设项目的清洁生产水平分析中,应以这些基础数据与建设项目相应的指标进行比较,以此衡量建设项目的清洁生产水平。对于没有基础数据可借鉴的建设项目,重点比较建设项目与国内外同类型项目的单位产品或万元产值的物耗、能耗、水耗和排放水平,并论述其差距。

(五)环保措施方案分析

环保措施方案分析包括两个层次。首先应对项目可研报告等文件提供的污染防治措施进行技术先进性、经济合理性及运行可靠性评价,若所提措施有的不能满足环保要求,则需提出切实可行的改进完善建议,包括替代方案。分析要点如下。

1. 分析建设项目可研阶段环保措施方案的技术经济可行性

根据建设项目产生的污染物特点,充分调查同类企业的现有环保处理方案的经济技术运行指标,分析建设项目可研阶段所采用的环保设施的技术可行性、经济合理性及运行可靠性,在此基础上提出进一步改进的意见,包括替代方案。

2. 分析项目采用污染处理工艺、排放污染物达标的可靠性

根据现有的同类环保设施的运行技术经济指标,结合建设项目排放污染物的基本特点、所采用污染防治措施的合理性,分析建设项目环保设施运行参数是否合理、有无承受冲击负荷的能力、能否稳定运行,确保污染物排放达标的可靠性,并提出进一步改进的意见。

3. 分析环保设施投资构成及其在总投资中所占比例

汇总建设项目环保设施的各项投资,分析其投资结构,并计算环保投资在总投资中所占的比例(表 3-7)。环保投资汇总表是指导建设项目竣工环境保护验收的重要参照依据。对于技改扩建项目,环保设施投资一览表中还应包括"以新带老"的环保投资内容。

表 3-7 建设项目环保投资

项目		建设内容	投资
废气治理	1		
	2		
	……		
废水治理	1		
	2		
	……		
噪声治理	1		
	2		
	……		
固体废物处置	1		
	2		
	……		
厂区绿化			
其他	1		
	2		
	……		

4. 依托设施的可行性分析

对于改扩建项目,需认真核实原有环保设施是否能满足改扩建后的要求,分析其依托的可

靠性。对于项目产生废水将经过简单处理后排入区域或排入城市污水处理厂作进一步处理或排放的项目,除了对其所采用的污染防治技术的可靠性、可行性进行分析评价外,还应对接纳排水的污水处理厂的工艺合理性进行分析,分析其处理工艺是否与项目排水的水质相容。对于可进一步利用的废气,要结合所在区域的社会经济特点,分析其集中、收集、净化、利用的可行性。对于固体废物,则要根据项目所在地的环境、社会经济特点,分析其综合利用的可能性。对于危险废物,分析其能否得到妥善的处置。

(六)总图布置方案与外环境关系分析

1. 分析厂区与周围的保护目标之间所定卫生防护距离的可靠性

参考大气导则中国家的有关卫生防护距离规范,分析厂区与周围的保护目标之间所定防护距离的可靠性,合理布置建设项目的各构筑物及生产设施,给出总图布置方案与外环境关系图(图 3-4)。图中应标明:①保护目标与建设项目的方位关系;②保护目标与建设项目的距离;③保护目标的内容与性质(如学校、医院、集中居住区等)。

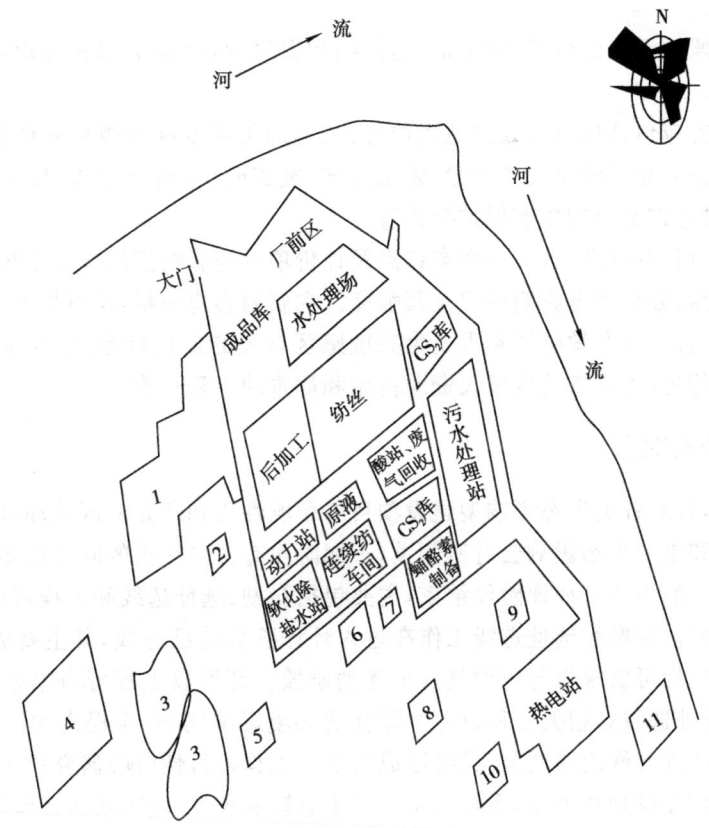

序号	名称	距厂界距离及方位	备注
1	某公司	西面,相邻	面积210亩,约700人
2	绿化队苗圃	西面,约40 m	面积5亩,约11人
3	鱼种场	西面,约200 m	面积160亩,约26人
4	福利院	西面,约250 m	面积137亩,约180人
5	民宅	西面,约70 m	
6	小学	南面,约5 m	面积10亩,约520人
7~11	民宅	南面,约10~200 m	约120户,500人

图 3-4 某公司总图布置及外环境关系

2. 根据气象、水文等自然条件分析工厂和车间布置的合理性

在充分掌握项目建设地点的气象、水文和地质资料的条件下，认真考虑这些因素对污染物污染特性的影响，合理布置工厂和车间，尽可能减少对环境的不利影响。

3. 分析对周围环境敏感点处置措施的可行性

分析项目所产生的污染物的特点及其污染特征，结合现有的有关资料，确定建设项目对附近环境敏感点的影响程度，在此基础上提出切实可行的处置措施，如搬迁、防护等。

第二节 生态影响型项目工程分析

一、导则基本要求

HJ 19—2011《环境影响评价技术导则 生态影响》对生态影响型建设项目的工程分析有如下明确的要求：

工程分析时段应涵盖勘察期、施工期、运营期和退役期，以施工期和运营期为调查分析的重点。

工程分析内容应包括项目所处的地理位置、工程的规划依据和规划环评依据、工程类型、项目组成、占地规模、总平面及现场布置、施工方式、施工时序、运行方式、替代方案、工程总投资与环保投资、设计方案中的生态保护措施等。

根据评价项目自身特点、区域的生态特点及评价项目与影响区域生态系统的相互关系，确定工程分析的重点，分析生态影响的源及其强度。主要内容应包括：①可能产生重大生态影响的工程行为；②与特殊生态敏感区和重要生态敏感区有关的工程行为；③可能产生间接、累积生态影响的工程行为；④可能造成重大资源占用和配置的工程行为。

二、工程分析时段

实际工作中，针对各类生态影响型建设项目的影响性质和所处的区域环境特点的差异，其关注的工程行为和重要生态影响会有所侧重，不同阶段有各自侧重的问题需要关注和解决。

勘察设计期一般不晚于环评阶段结束，主要包括初勘、选址选线和工程可行性（预）研究报告（简称可研报告）。初勘和选址选线工作在进入环评阶段前已完成，其主要成果体现于工程可研报告中。而工程可研报告与环评是一个互动阶段。环评以工程可研报告为基础，评价过程中发现初勘、选址选线和相关工程设计中存在的环境影响问题，应提出的调整或修改建议，工程可研报告据此进行修改或调整，最终形成科学的工程可行性（预）研究报告与环评报告。

施工期时间跨度少则几个月，多则几年。对生态影响来说，施工期和运营期的影响同等重要且各具特点。施工期产生的直接生态影响一般是临时的，但在一定条件下，其产生的间接影响可能是永久性的。在实际工程中，施工期生态影响注重直接影响的同时，也不应忽略可能造成的间接影响。施工期是生态影响评价必须重点关注的时段。

运营期一般比施工期长得多，在工程可行性（预）研究报告中会有明确的期限要求。由于时间跨度长，该时期的生态和污染影响可能会造成区域性的环境问题，例如水库蓄水会使周边区域地下水位抬升，进而可能造成区域土壤盐渍化甚至沼泽化；井工采矿时大量疏干排水可能导致地表沉降和地面植被生长不良甚至荒漠化等。运营期是环评必须重点关注的时段。

退役期不仅包括主体工程的退役,也涉及主要设备和相关配套工程的退役,如矿井(区)闭矿、渣场封闭、设备报废更新等,也可能存在环境影响问题需要解决。

三、工程分析的对象

工程分析的对象,一方面,要求工程组成要完全,应包括临时性/永久性、勘察期/施工期/运营期/退役期的所有工程;另一方面,应突出重点工程,对环境影响范围大、影响时间长的工程和处于环境保护目标附近的工程应重点分析。

工程组成应有完善的项目组成表,一般按主体工程、配套工程和辅助工程分别说明工程位置、规模、施工和运营设计方案、主要技术参数和服务年限等主要内容(表3-8)。

表3-8 工程分析对象分类及界定依据

	分类	界定依据	备注
1	主体工程	一般指永久性工程,由项目立项文件确定工程主体	
2	配套工程	一般指永久性工程,由项目立项文件确定的主体工程外的其他相关工程	
	(1)公用工程	除服务于本项目外,还服务于其他项目,可以是新建,也可以依托原有工程或改扩建原有工程	在此不包括公用的环保工程和储运工程,应分别列入环保工程和储运工程
	(2)环保工程	根据环境保护要求,专门新建或依托、改扩建原有工程,其主体功能是生态保护、污染防治、节能、提高资源处用效率和综合利用等	包括公用的或依托的环保工程
	(3)储运工程	指原、辅材料,产品和副产品的储存设施和运输道路	包括公用的或依托的储运工程
3	辅助工程	一般指施工期的临时性工程,项目立项文件中不一定有明确的说明,可通过工程行为分析和类比方法确定	

重点工程分析既要考虑工程本身的环境影响特点,也要考虑区域环境特点和区域敏感目标。在各评价时段内,应突出该时段存在主要环境影响的工程。区域环境特点不同,其环境影响敏感性不同。

四、工程分析的内容

工程分析的内容主要包括以下几个方面(表3-9)。

(一)工程概况

介绍工程的名称、建设地点、性质、规模,给出工程的经济技术指标;介绍工程特征,给出工程特征表;完全交代工程项目组成,包括施工期临时工程,给出项目组成表;阐述工程施工和运营设计方案,给出施工期和运营期的工程布置示意图。有比选方案时,上述内容中均应有介绍。

应给出地理位置图、总平面布置图、施工平面布置图、物料(含土石方)平衡图和水平衡图等工程基本图件。

(二)初步论证

主要从宏观上进行项目可行性论证,必要时提出替代或调整方案。初步论证主要包括以下三方面内容:①建设项目与法律法规、产业政策、环境政策和相关规划的符合性;②建设项目选址选线、施工布置和总图布置的合理性;③清洁生产和区域循环经济的可行性,提出替代或调整方案。

表 3-9 生态影响型项目工程分析的主要内容

工程分析项目	工作内容	基本要求
工程概况	一般特征简介;工程特征;项目组成;施工和营运方案;工程布置示意图;比选方案	工程组成全面,突出重点工程
项目初步论证	法律法规、产业政策、环境政策和相关规划符合性;总图布置和选址选线的合理性;清洁生产和循环经济的可行性	从宏观方面进行论证,必要时提出替代或调整方案
影响源识别	工程行为识别;污染源识别;重点工程识别;原有工程识别	从工程本身的环境影响特点进行识别,确定项目环境影响的来源和强度
环境影响识别	社会环境影响识别;生态影响识别;环境污染识别	应结合项目自身环境影响特点、区域环境特点和具体环境敏感目标综合考虑
环境保护方案分析	施工和营运方案的合理性;工艺和设施的先进性和可靠性;环境保护措施的有效性;环保设施处理效率的合理性和可靠性;环境保护投资的合理性	从经济、环境、技术和管理方面来论证环境保护方案的可行性
其他分析	非正常工况分析;事故风险识别;防范与应急措施	可在工程分析中专门分析,也可纳入其他部分或进行专题分析

(三)影响源识别

生态影响型建设项目除了主要产生生态影响外,同样会产生不同程度的污染影响。其影响源识别主要从工程自身的影响特点出发,识别可能带来生态影响或污染影响的来源,包括工程行为和污染源。进行影响源分析时,应尽可能给出定量或半定量数据。

工程行为分析时,应明确给出土地征用量、临时用地量、地表植被破坏面积、取土量、弃渣量、库区淹没面积和移民数量等。

污染源分析时,原则上按污染型建设项目要求进行,从废水、废气、固体废弃物、噪声与振动、电磁等方面分别考虑,明确污染源位置、属性、产生量、处理处置量和最终排放量。对于改扩建项目,还应分析原有工程存在的环境问题,识别原有工程影响源及其源强。

(四)环境影响识别

建设项目环境影响识别一般从社会影响、生态影响和环境污染三个方面考虑,在结合项目自身环境影响特点、区域环境特点和具体环境敏感目标的基础上进行识别。

生态影响型建设项目的生态影响识别,不仅识别工程行为造成的直接生态影响,也要注意污染影响造成的间接生态影响,甚至要求识别工程行为和污染影响在时间或空间上的累积效应(累积影响),明确各类影响的性质(有利或不利)和属性(可逆或不可逆、临时或长期等)。

(五)环境保护方案分析

初步论证是从宏观上对项目可行性进行论证,环境保护方案分析要求从经济、环境、技术和管理方面来论证环境保护措施和设施的可行性,必须满足达标排放、总量控制、环境规划和环境管理要求,采用先进的技术且与社会经济发展水平相适宜,确保环境保护目标可达性。环境保护方案分析至少应有以下五个方面内容：①施工和运营方案的合理性分析；②工艺和设施的先进性和可靠性分析；③环境保护措施的有效性分析；④环保设施处理效率的合理性和可靠性分析；⑤环境保护投资估算及合理性分析。

经过环境保护方案分析，对于不合理的环境保护措施应提出比选方案，进行比选分析后提出推荐方案或替代方案。对于改扩建工程，应明确"以新带老"环保措施。

(六)其他分析

其他分析包括非正常工况类型及源强、事故风险识别和源项分析及防范与应急措施。

第三节 事故风险源项分析

源项分析是建设项目环境风险评价的基础工作之一，其准确度直接关系环境风险评价的质量。环境风险评价的源项分析与安全评价的分析方法相同，但目的和侧重点不同。建设项目环境风险评价的源项分析是通过对建设项目的潜在危险识别及事故概率计算，筛选出最大可信事故，估算危险化学品泄漏量。在此基础上进行后果分析，确定该项目风险度，与相关标准比较，评价其能否达到环境可接受的风险水平。

一、源项分析步骤

源项分析是建设项目环境风险评价中最重要也是最困难的工作。源项分析的范围和对象是建设项目所包含的所有工程系统，从物质、设备、装置、工艺到与之相关的其他单元。这个过程既包含整个项目，又是项目的一部分。通常将源项分析分为两个阶段，前一阶段以定性分析为主，后一阶段以定量分析为主。一般认为源项分析包括以下几个步骤：

(1)划分各功能单元。通常按功能划分建设项目工程系统，一般建设项目有生产运行系统、公用工程系统、储运系统、生产辅助系统、环境保护系统、安全消防系统等。将各功能系统划分为功能单元，每一个功能单元至少应包括一个危险性物质的主要储存容器或管道，并且每个功能单元与所有其他单元有分隔开的地方，即有单一信号控制的紧急自动切断阀。

(2)筛选危险物质，确定环境风险评价因子。分析各功能单元涉及的有毒有害、易燃易爆物质的名称和储量，主要列出各单元所有容器和管道中的危险物质清单，包括物料类型、相态、压力、温度、体积或重量。

(3)事故源项分析和最大可信事故筛选。根据清单，采用事件树或事故树法，或者类比分析法，分析各功能单元可能发生的事故，确定其最大可信事故和发生概率，估算各功能单元最大可信事故泄漏量和泄漏率。

二、泄漏量计算

(一)泄漏设备分析

不论建设期还是施工期，由于设备损坏或操作失误引起的有毒有害、易燃易爆物质泄漏，将会导致火灾、爆炸、中毒，继而污染环境，伤害厂外区域人群和生态。因此，泄漏分析是源项分析的主要对象。泄漏必然涉及设备，在建设项目环境风险评价中只有少数几种类型的生产设备是泄漏的重要源，可概括为以下10种设备类型：①管道，包括管道、法兰、接头、弯管，典型泄漏事故为法兰泄漏、管道泄漏、接头损坏；②挠性连接器，包括软管、波纹管、铰接臂，典型泄漏事故为破裂泄漏、接头泄漏、连接机构损坏；③过滤器，包括滤器、滤网，典型事故为滤体泄漏和管道泄漏；④阀，包括球阀、栓、阻气门、保险、蝶型阀，典型事故为壳泄漏、盖孔泄漏、杆损坏泄漏；⑤压力容器、反应槽，包括分离器、气体洗涤器、反应器、热交换器、火焰加热器、接收器、再沸器，典型事故为容器破裂泄漏、进入孔盖泄漏、喷嘴断裂、仪表管路破裂、内部爆炸；⑥泵，包括离心泵、往复泵，典型事故为机壳损坏、密封压盖泄漏；⑦压缩机，包括离心式压缩机、轴流式压缩机、往复式或活塞式压机，典型事故为机壳损坏、密封套泄漏；⑧储罐，包括储罐连接管部分和周围的设施，典型事故为容器损坏、接头泄漏；⑨储存器，包括压力容器、运输容器、冷冻运输容器、埋设的或露天存器，典型事故为气爆、破裂、焊接点断裂；⑩放空燃烧装置或放空管，包括多歧接头、气体洗涤器、分离罐，典型事故为多歧接头泄漏或超标排气。

(二) 泄漏物质性质分析

对于环境风险分析，应确定每种泄漏事故中泄漏的物质性质。与环境污染有关的性质有液体、气体或液气两相、压力、温度、易燃性、毒性。由上述性质结合的几种泄漏物在环境风险评价中特别重要，即在常压下的液体、受压下的液化气体、低温下的液化气体、加压下的气体、沸液膨胀蒸气爆炸物、有毒有害物的合体。

(三) 泄漏量计算

泄漏量计算主要包括液体泄漏速率、气体泄漏速率、两相流（液相、气相）泄漏、泄漏液体蒸发等。

三、最大可信事故概率确定

最大可信事故概率是指所有可预测的概率不为零，不一定是概率最大事故，但是是危害最严重的事故概率，常用事件树分析法确定事故概率。

事件树分析法是一种逻辑演绎法。它在给定一个初因事件的情况下，分析该初因事件可能导致的各种事件序列的后果，从而定性与定量评价系统特性。事件树可以描述系统中可能发生的事件，是安全分析中的有效方法。一般泄漏事故有四种，即易燃易爆气体泄漏、毒性气体泄漏、可燃液体泄漏和毒性液体泄漏，可以用四种典型事件树形图描述事故的各种后果。事件树形图每个分支点或每个节点，均展示出一个有关的泄漏问题，如有毒气体事件树形图（图 3-5）。

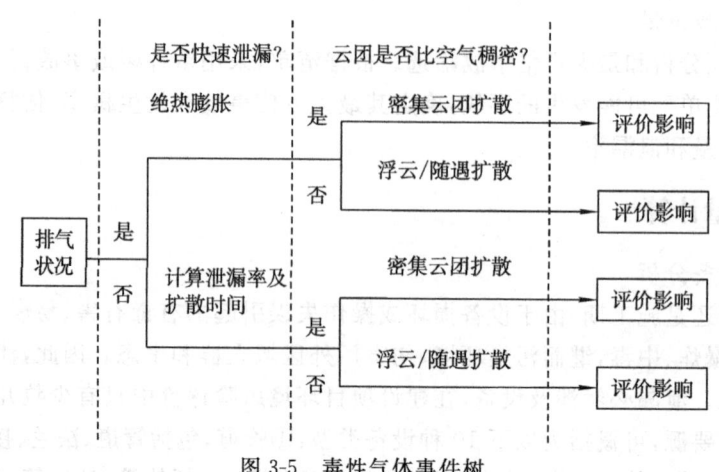

图 3-5　毒性气体事件树

事件树的定量化是计算每条事件序列发生的概率。首先需确定初因事件发生频率和各条事件概率,事件树概率则由各条事件序列概率矩阵综合计算分析求得。

第四节 工程分析实例

本书以府谷县华府矿业有限公司煤炭资源整合项目产量为0.60百万吨/年的环境影响报告书进行具体的实例讲解。

一、工程分析

(一)整合前工程分析

整合前各矿井主要生产工艺过程均为井下采用房柱式采煤、爆破落煤艺、煤柱支撑管理顶板。原煤出井后经简易筛分系统分级后堆存在露天储煤场(图3-6)。

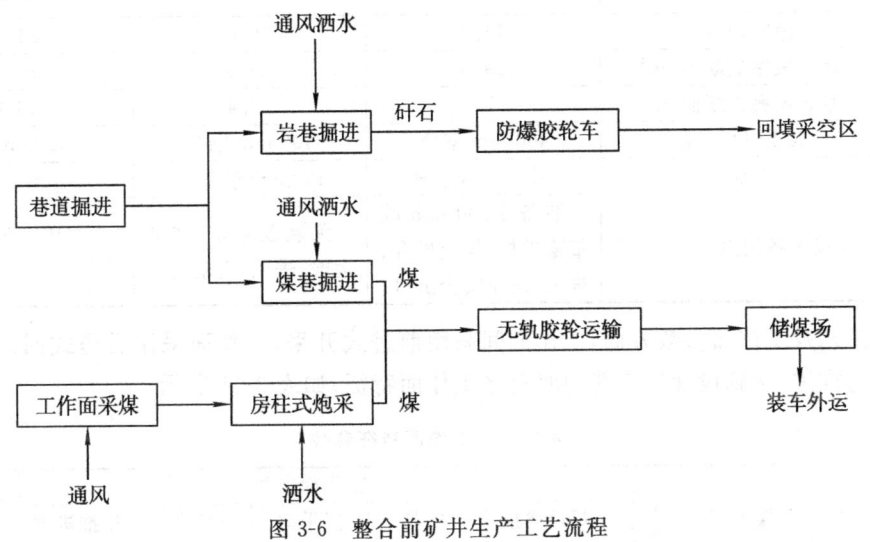

图3-6 整合前矿井生产工艺流程

(二)拟建工程

1. 井田开拓及开采

工业场地位于井田东北部的中圪坮沟沿岸,在工业场地北边界布置有主斜井、副斜井、回风斜井。本井田内可采煤层共3层,设计将其划分为2个煤组(4^{-3}煤层为一煤组,5^{-1}煤层、5^{-2}煤层为二煤组)。矿井采用单水平斜井开拓,主水平设置在5^{-1}煤层,水平标高+1 118 m,在+1 118 m水平设置矿井水泵房、变电所、水仓等硐室;4^{-3}煤层设置辅助水平,辅助水平标高为+1 150 m。本矿井4^{-3}、5^{-2}采用薄煤层单一长壁综采法,5^{-1}煤采用单一长壁普通综采法,全部垮落法管理顶板。分煤组布置开拓巷道,共分三期进行开拓。

井筒建设方面,工业场地集中布置有主斜井、副斜井、回风斜井三条井筒(表3-10)。

设计采用单水平斜井开拓,设置+1 118主水平和+1 150辅助水平,分别在主、辅水平布置一组三条大巷。大巷中心线间距均为40 m,巷道断面为矩形断面,采用锚喷、锚网喷支护,局部采用混凝土砌碹和支架支护。

盘区划分及开采顺序方面,采用由上及下、由远及近的顺序开采各盘区。为了取得更好的效益,初期开采没有压茬关系的二盘区 5^{-1} 煤层西翼,待回采至有 5^{-1} 煤层压茬区域时,在 4^{-3} 煤层布置工作面,在此期间 5^{-1} 煤层和 4^{-3} 煤层配采,待 4^{-3} 煤层采完后继续开采 5^{-1} 煤层,采完 5^{-1} 煤层后继续开采 5^{-2} 煤层。

表 3-10 井筒特征参数

井筒名称		主斜井	副斜井	回风斜井
井筒坐标	纬距(X)	4 326 032	4 326 032	4 326 032
	经距(Y)	37 470 657	37 470 727	37 470 582
井筒(提升)方位角/(°)		180	180	180
井口标高/m		+1 208	+1 210	+1 208
井底标高/m		+1 118	+1 118	+1 118
井筒倾角/(°)		16	6	20
井筒长度/m		327	971	263
井筒断面	净断面/m²	14.8	19.0	14.3
	表土段掘进断面/m²	19.8	25.6	19.0
	基岩段掘进断面/m²	17.0	22.4	16.2
井壁结构	表土风化岩段	400 mm 钢砼	400 mm 钢砼	400 mm 钢砼
	正常段	150 mm 喷射砼	150 mm 喷射砼	400 mm 钢砼
井筒装备用途		装备1 000 mm胶带输送机,煤炭提升、进风,兼作安全出口	无轨胶轮车,辅助运输、进风、安全出口	回风,兼作安全出口

回采工艺及工作面参数方面,工作面间采用前进式开采,工作面采用后退式回采,由井田边界向大巷推进,达到设计生产能力时盘区工作面特征,如表 3-11 所示。

表 3-11 工作面特征参数

序号	采区	采煤工艺	工作面编号	工作面参数					生产能力/(Mt/a)
				煤层厚度/m	容重/(t/m³)	回采率/%	长度/m	年推进度/m	
1	二盘区	综采	5 101	1.65	1.32	95	200	1 584	59.0
2	掘进								1.0
	合计								60.0

矿井井巷工程量主要包括井筒、盘区巷道及硐室、回采及准备巷道的具体工程量(表 3-12)。

表 3-12 井巷工程量汇总

序号	项目名称	长度/m				掘进体积/m³			
		煤巷	半煤巷	岩巷	小计	煤巷	半煤巷	岩巷	小计
1	井筒	—	—	1 626	1 626	—	—	32 540	32 540
2	盘区巷道及硐室	—	7 699	—	7 699	—	116 245	—	116 245
3	回采及准备巷道	—	3 822	—	3 822	—	60 266	—	60 266
	合计	—	11 521	1 626	13 147	—	176 511	32 540	209 051

拟建工程的井下运输包括煤炭运输、辅助运输和井下矸石运输。

2. 矿井通风

矿井采用的通风系统为中央并列抽出式通风,采面通风宜采用"U型"通风方式,由主、副斜井进风,回风斜井回风。矿井总风量为 105 m³/s,在回风斜井井口附近设置 2 台矿用防爆对旋轴流通风机,一用一备。井下主要通风安全设施有风门、风墙、调节风门、风桥等。

3. 矿井排水

矿井主排水泵房和主、副水仓均设于副斜井底附近,井下涌水汇集于井下主水仓内,经由主排水泵房内的水泵,沿敷设于子管道和主斜井的排水管路排至地面矿井水处理站内处理。

4. 矿井生产系统

矿井生产系统主要包括主井生产系统、副井生产系统、排矸系统、防灭火系统及压缩空气系统等。

5. 产品筛分系统及外运洗选

筛分系统的主要设施有筛分车间、块煤分级站(图 3-7)。

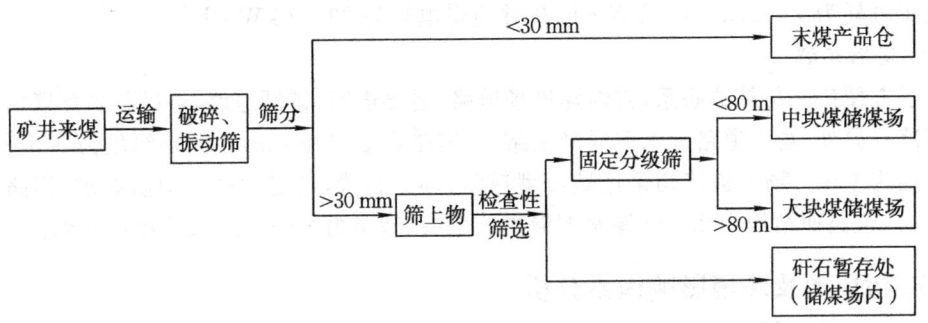

图 3-7 华府煤矿资源整合项目筛分工艺流程

外运洗选方面,将筛选完成后的产品,外运至府谷华府矿业有限责任公司进行洗选。

6. 主要设备选型

华府煤矿主要矿井生产设备分为 9 个部分:5^{-1} 中厚煤层综采设备、4^{-3} 和 5^{-2} 薄煤层综采设备、综掘设备、普掘设备、煤炭运输设备、提升设备、通风设备、排水设备、空气压缩设备。

7. 给排水

矿井工业场地的生产、生活给水管网设置为枝状管网,并在管网中设有水表井、阀门井,主管管径为 DN150。消防给水管网设置为环状管网,并在管网中设有室外地下式消火栓,主管管径为 DN200。生产、生活及消防的室外给水管道均采用给水聚乙烯(PE)管,连接方式为热熔焊连接。

环评要求工业场地排水系统采用雨污分流制。矿井新建一座生活污水处理站和一座矿井水处理站。井下排水由井下主排水泵加压后由主斜井排出,利用余压流至工业场地内的矿井水处理站调节沉淀池内,再进行混凝沉淀、过滤、消毒处理后,尽可能回用于黄泥灌浆、井下消防等,余下排入中圪垯沟。

对场地、道路进行硬化,厂区的雨水通过排水沟排泄。排水沟沿场地四周和道路两侧布设,场内地面雨水沿地面漫流入排水沟,进入中圪垯沟外排。环评要求采用封闭式储煤场,工业场地东部低洼处修建初期雨水收集池,将冲刷煤泥水收集储存,上清液送至矿井水处理站处理,煤泥定期处理外销。

8. 采暖、供热

根据设计,本项目采暖、通风热负荷 3 196 kW,洗澡热水制备热负荷 529 kW,井筒防冻供热负荷 3 860 kW,总供热负荷 7 585 kW。矿井新建 1 座锅炉房,取消采用燃煤锅炉设计方案,配置 2 台 2 t/h 的电热锅炉、2 台 12 P 和 4 台 18 P 科林双能源热泵机组,采暖期运行 6 台机组,非采暖期运行 2 台 12 P 科林双能源热泵机组。井筒加热保温选用电热锅炉的热源供给,职工生活用热水及洗浴选用热泵机组的热源供给。双源热泵机组可以选择以空气与水为热源配合运行,在环境温度较高时使用空气为热源,在环境温度较低时使用水为热源,使机组的工作环境适应性更强、能效更高。根据建设单位与设计单位计算,该供热方案可满足矿井采暖供热。

9. 供电

矿井采用双回路电源,引自新窑 10 kV 开闭不同母线,线路长度约为 1 km。井下 10 kV 电压供电,地面动力照明均以 380/220 V 电压供给。矿井投产时设备总容量为 7 573.6 kW,矿井全年电耗为 $1\,402.2 \times 10^4$ kW·h,矿井吨煤电耗为 23.37 kW·h/t。

10. 道路工程

为了方便矿井与外部联系,需新建进场道路、运煤道路、排矸道路、爆破材料库联络道路等对外道路。另外,场内道路为水泥混凝土路面,道路宽度均为 7 m,道路小纵坡为 0.5%。道路转弯半径为 9 m。场内道路均采用城市型道路,环形布置,满足生产及消防要求,道路长度为 1.63 km。道路面结构为 25 cm 厚水泥混凝土面层,基层为 30 cm 厚水泥稳定沙砾。

二、污染源及环境影响因素分析

(一)整合前污染源及存在的环境问题

1. 整合前污染源及治理措施

本环评分别对原有矿井水环境、大气环境、声环境、生态环境等方面进行污染源和存在的环境问题分析。水污染源方面,由于整合前 2 个矿井水污染源的性质、组成、浓度及排放方式等基本相同,故本环评将其进行合并统一分析(表 3-13、图 3-8、表 3-14)。

项目建设的大气污染物主要来自于原各矿锅炉燃煤排放的废气、矿井生产储运产生的煤尘(表 3-15)。锅炉燃用各矿自产原煤,各矿常压锅炉(全年运行,非采暖季每天工作 10 小时,采暖季每天工作 16 小时),均未配备除尘脱硫装置。本矿区 3-1 煤层煤质统计数据分别为干燥基全硫(st.d)0.42%、干燥基灰分(Ad)6.56%、收到基低位发热量(Qnet.ar)29.63 MJ/kg。

表 3-13 原煤矿水平衡计数   单位:m³/d

序号	项目	用水量	耗水量	排水量
1	生活用水	17.34	3.47	13.87
2	食堂用水	5.10	1.02	4.08
3	洗浴用水	69.54	6.95	62.59
4	锅炉用水	32.00	12.80	19.20
5	其他用水	12.40	6.20	6.20
6	井下消防洒水	34	34	0
7	合计	170.38	64.44	105.94

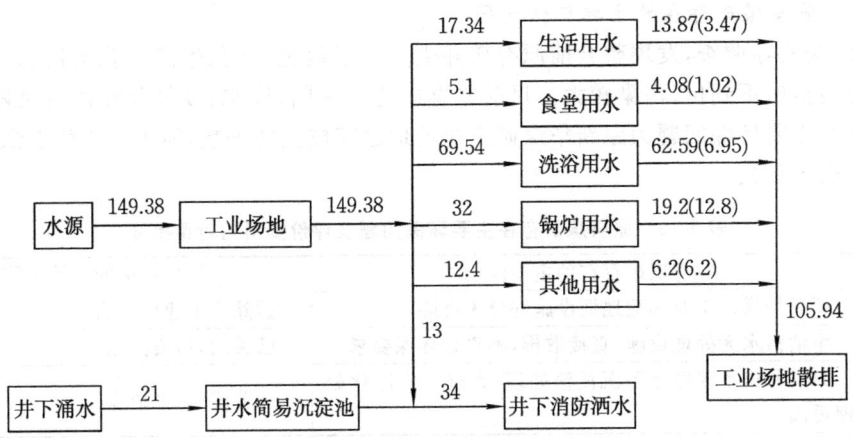

图 3-8 整合前原煤矿水平衡

说明：1. 未特殊标明的数据为全矿正常用水量，各水量单位为 m³/d；
2. "( )" 内标明的数据为损失或使用水量。

表 3-14 整合前煤矿矿井水污染物排放情况一览

矿名	废水种类	废水量			主要污染物			达标情况
		产生量/(m³/d)	排放量/(m³/d)	排放量/(m³/a)	种类	排放浓度/(mg/L)	排放量/(t/a)	
整合前煤矿	矿井水	21	0	0	SS	—	0	达标
					COD	—	0	达标
					石油类	—	0	达标
	生活污水	105.94	105.94	34 960.2	SS	120	4.20	超标
					COD	180	6.29	超标
					BOD	60	2.10	超标
					石油类	5	0.17	达标
					氨氮	20	0.70	超标

注：原煤矿年工作日 330 天，达标评定标准采用 GB 20426—2006《煤炭工业污染物排放标准》及 GB 8978—1996《污水综合排放标准》中二级标准，浓度指标采用类比监测数据。

表 3-15 整合前工程大气污染物排放情况一览

名称	污染源	耗煤量/(t/h)	烟气量/(t/a)	排放浓度/(mg/m³)			排放量/(t/a)		
			/(×10⁴ m³/a)	SO₂	颗粒物	NOₓ	SO₂	颗粒物	NOₓ
原府新煤矿	蒸汽锅炉 2×1.0	655.85	722.08	610.73	851.70	180	4.41	6.15	1.31
原新华煤矿	蒸汽锅炉 2×1.0	655.85	722.08	610.73	851.70	180	4.41	6.15	1.31
合计		1 311.70	1 444.16	—	—	—	8.82	12.30	2.62

烟囱高度 8～10 m，GB 13271—2014《锅炉大气污染物排放标准》中颗粒物：50 mg/m³；SO₂：300 mg/m³；NOₓ：300 mg/m³。

注：1. 各矿年工作日 330 天，按采暖期 145 天，非采暖期 185 天计；
2. 根据府谷县哈拉沟煤矿 2010 年的在线监测报告，在标况下该矿工业场地锅炉房排放的烟气中氮氧化物的浓度为 154～180 mg/m³，本项目类比选取氮氧化物排放浓度为 180 mg/m³。

2. 整合前各煤矿存在的主要环保问题

经过现场实际调查,发现整合前原有矿井生产生活设施简陋、生产工艺落后、资源回收率低、污染防治措施不到位、污染较大。目前原煤矿均已关闭,废水、废气及噪声污染随之消除。经调查,现有主要环保问题为原新华煤矿工业场地已完成土地平整,但未完成生态恢复和土地复垦工作(表3-16)。

表3-16 原有煤矿存在主要环保问题及评价提出的对策措施

序号	原有煤矿存在的主要问题	评价提出的对策措施
1	原新华煤矿工业场地地面设施部分未拆除	拆除余下建构筑物
2	生活污水无处理设施,直接散排,不符合环保要求	已关闭,污染消除
3	原矿井排水仅经井下沉淀池处理,无进一步净化处理设施	已关闭,污染消除
4	露天储煤场无遮挡设施,扬尘量大	已关闭,污染消除
5	运煤道路为土路,积尘量多,道路扬尘大	已关闭,污染消除
6	环境管理机构不健全,管理水平低	已关闭,影响消除
7	位于对家峁村附近的废弃井口未封闭	该井口已于2014年11月封闭
8	原新华煤矿工业场地的生态恢复和土地复垦工作不完全	对原新华煤矿工业场地全面彻底完成生态恢复和土地复垦工作
9	原府新煤矿老排矸场重新堆了部分矸石	由于台阶高差大,居民要求利用矸石抬高台阶,消除威胁,评价要求尽快完成

(二)拟建工程污染源分析

本项目为整合新建工程,设计生产规模为0.60 Mt/a,主要工程内容包括地面工程和地下工程。地面工程包括新建矿井工业场地、爆破材料库、因瓦沟(煤矸石填沟造地区域)、进场道路、运煤道路、排矸道路、爆破材料库联络道路等。其中工业场地内有新建主斜井井口房、主斜井绞车房、筛分车间、封闭式块煤储煤场、末煤装车仓、矿井水处理站、生活污水处理站、场内道路、锅炉房、办公楼、职工宿舍、食堂、浴室灯房联合建筑、无轨胶轮车库、机修车间和综采设备库联合建筑、变电所等。地下工程主要包括新建主、副与回风斜井井筒,井巷掘进,井下生产系统的布置。

1. 施工期污染源及污染物

施工期水污染源主要为施工废水和生活污水。施工废水包括井筒施工穿透含水层产生的废水、施工中产生的少量泥浆废水、施工区的冲洗与设备清洗废水等。本整合区井筒施工时穿透的含水层会产生少量井下涌水,由于井筒穿透的主要为新生界松散岩类孔隙潜水、中生界碎屑岩类裂隙孔隙潜水与层间裂隙承压水,其水质属于清洁水,产生废水主要污染物为悬浮的煤与岩的微粒。施工中产生的泥浆废水中泥浆含量较高,主要污染物为悬浮物。施工区的冲洗水和设备清洗废水主要污染物为悬浮物,其次是石油类。生活污水主要污染物为COD、BOD、氨氮、悬浮物等。

施工期的大气污染源主要为施工场地裸露地表在大风天气下的风蚀扬尘,施工队临时生活炉灶排放的烟气,建筑材料运输、装卸中的扬尘,土方运输车辆行驶产生的扬尘,临时物料堆场产生的风蚀扬尘,混凝土搅拌站产生的水泥粉尘等。污染物多为无组织排放,类比当地同类型煤矿施工期有关监测资料,施工扬尘不采取防治措施时,平均风速下影响至施工边界外200 m内,总悬浮颗粒(TSP)浓度超标3~5倍,采取防治措施情况下一般可以达标。

建设期废渣主要是场地平整、建筑物地基开挖、道路建设及井巷工程等工程的施工弃土、弃石、弃渣的产生、处置及排放。此外，施工期间产生的施工人员生活垃圾，要求集中收集，统一运往府谷县生活垃圾处理场集中处置。

矿井建设期的机械设备和车辆噪声对周边声环境产生一定影响，主要施工机械有推土机、挖掘机、装载机、打桩机、电锯、压风机等，噪声源强72~105 dB(A)（表3-17）。

表 3-17 施工期间主要噪声声压级   单位：dB(A)/m

产噪设备	声级/距声源距离	产噪设备	声级/距声源距离
吊车	72~73/15	压风机	95/1
装载机	85/3	振捣机(50 mm)	93/1
挖掘机	67~77/15	电锯	103/1
推土机	73~83/15	升降机	78/1
打桩机	85~105/5	扇风机	92/1
混凝土搅拌机	91/1	重型卡车/拖拉机	80~85/7.5

2. 工程运营期污染源与污染物

(1) 整合后生产工艺及排污环节分析。矿井生产由井巷掘进、井下开采、地面煤炭储运与筛分和相应的辅助工作组成，每个环节在运行过程中都会直接或间接地对环境产生影响。井巷掘进、井下开采会产生粉(煤)尘、废水、矸石，造成地面塌陷、地下水疏干，地面煤炭储运和筛分系统会产生煤尘，日常生活会产生污水、生活垃圾，各种机械设备产生的噪声，这些都不同程度对环境造成影响。

(2) 营运期主要污染源、污染物。水污染源及拟采用的治理主要针对井下排水、生活污废水、矸石淋溶水等污染源。环境空气污染源、污染物主要是储煤系统及煤炭外运、黄泥灌浆站扬尘等。营运期固体废弃物由煤矸石、污泥、煤泥及生活垃圾等组成。煤矸石分为掘进矸石和手选矸石，污泥和煤泥分别来自生活污水处理站和矿井水处理站，生活垃圾来自办公楼及职工的日常生活。工业场地内的噪声源主要有主斜井绞车房、通风机、筛分车间、块煤分级站、锅炉房、机修车间、空气压缩站、输煤栈桥、黄泥灌浆站、矿井水处理站和生活污水处理站等。

(三) 污染源变化情况分析

虽然整合后矿井生产规模有了较大增长（由0.24 Mt/a整合扩至0.60 Mt/a），但由于针对各污染环节将采取有效的环保措施（表3-20），其污染物排放量除矿井水排放悬浮物(SS)、化学需氧量、石油类有所增长外，其余污染物较整合前均有不同程度的减少（表3-18）。本项目针对各污染环节，在设计措施基础上环评补充了必要的措施后，各项污染可得到有效控制（表3-19）。

表 3-18 整合前后主要污染物排放情况

污染源	主要污染物	单位	整合前排放量	产生量	资源化量	排放量	"以新带老"削减量	增减量
井下排水	水量	10^4 t/a	0	43.8	39.04	4.76	0	4.76
	COD	t/a	0	26.28	24.98	1.43	0	1.43
	SS	t/a	0	131.4	129.97	1.43	0	1.43
	石油类	t/a	0	0.008 76	0.008 2	0.000 57	0	0.000 57

续表

污染源	主要污染物	单位	整合前排放量	产生量	资源化量	排放量	"以新带老"削减量	增减量
地面生活污废水	水量	10^4 t/a	3.50	1.95	1.95	0	3.50	-3.50
	SS	t/a	4.20	2.34	2.34	0	4.20	-4.20
	COD	t/a	6.29	3.51	3.51	0	6.29	-6.29
	BOD	t/a	2.10	1.17	1.17	0	2.10	-2.10
	石油类	t/a	0.17	0.097 5	0.097 5	0	0.17	-0.17
	氨氮	t/a	0.70	0.39	0.39	0	0.70	-0.70
大气污染	煤尘	t/a	—	143.32	140.71	2.61	—	—
固体废弃物	煤矸石	t/a	0	18 200	18 200	0	0	0
	锅炉渣	t/a	46.8	0	0	0	46.8	-46.8
	生活垃圾	t/a	28.6	148.4	148.4	0	28.6	-28.6
	污泥	t/a	0	4.15	4.15	0	0	0
	煤泥	t/a		118.26	118.26			

表 3-19 整合项目"三废"预计产生、排放情况

污染源	污染物产生情况			污染物排放情况			拟采取的环保措施	污染物预期削减情况		
	类别	浓度	产生量	类别	浓度	排放量		类别	削减量	削减比例/%
井下排水	水量	—	43.8	排水量	—	4.76	混凝沉淀、过滤、消毒处理，处理后矿井水部分回用，剩余排入中圪垯沟	排水量	39.04	89.13
	COD	60	26.28	COD	30	1.43		COD	24.85	94.56
	SS	300	131.4	SS	30	1.43		SS	129.97	98.91
	石油类	0.02	0.008 76	石油类	0.012	0.000 57		石油类		0.008 2	93.49
工业场地排水	水量	—	1.95	排水量	—	0	生活污水经预处理＋二级生化处理＋消毒设施处理后，非采暖期全部回用于场地生产系统防尘洒水、场地道路防尘洒水及绿化用水；采暖期部分回用于场地生产系统防尘洒水，剩余用罐车运至京府洗煤厂利用，不外排	排水量	1.95	100.00
	SS	120	2.34	SS	12	0		SS	2.34	100.00
	COD	180	3.51	COD	36	0		COD	3.51	100.00
	BOD	60	1.17	BOD	12	0		BOD	1.17	100.00
	石油类	5	0.097 5	石油类	2.5	0		石油类	0.097 5	100.00
	氨氮	20	0.39	氨氮	10	0		氨氮	0.39	100.00
场地煤尘	煤尘	4 000	143.32	煤尘	80	2.61	封闭筛分系统、地面胶带运输系统，筛分车间设干雾抑尘装置；采用末煤装车仓储煤，配备干雾抑尘设备；封闭式块煤储煤场设置洒水除尘设备，场地洒水等	煤尘	138.49	98
固体废物	掘进/手选矸石	—	18 200	掘进/选煤矸	—	0	建设期掘进矸石铺垫场地、道路，场地及道路平整完毕后不出井；营运期掘进矸石不出井，手选矸石充填井下，利用方式不畅时运至因瓦沟充填荒沟；污泥脱水后交有资质单位统一处置；生活垃圾定期运往市政垃圾场处置；矿井水煤泥压滤后外销	掘进/手选矸石	18 200	100
	生活垃圾		148.4	生活垃圾		0		生活垃圾	148.4	100
	污泥	—	4.15	污泥		0		污泥	4.15	100
	煤泥	—	118.26	煤泥		0		煤泥	118.26	100

备注：废污水水量单位为万 t/a，污染物浓度单位为 mg/L，污染物产生量、排放量单位为 t/a；固体废弃物产生量、排放量单位为 t/a。

表 3-20 整合前后环保措施对比

污染源分类		整合前原有矿井的环保措施	整合后新建矿井设计拟采用的环保措施	环评优化(新增)环保措施
大气	锅炉	无	锅炉配置麻石水浴除尘器,烟囱一根,内径 0.9 m,高度 40 m	取消燃煤锅炉,全部采用热泵机组,无燃煤烟气产生
大气	扬尘	定期洒水降尘	①筛分系统设于筛分车间内,设干雾除尘装置;②输煤系统及其转载点密闭,设干雾除尘设备;③采用末煤仓存储末煤;④设置露天块煤储煤场,设洒水降尘设备	对原煤装车点、运煤道路,洒水增湿减少扬尘;对运煤、运渣的汽车实行限速、限载、加盖篷布等措施防止起尘,块煤储煤场采用封闭式,设洒水降尘设备
水	井下排水	简单沉淀	经混凝沉淀、过滤和消毒等深度处理后回用于井下消防洒水、黄泥灌浆用水,部分外排至中圪垯沟	同设计
水	生活污水	无	采用预处理+二级生化+消毒处理工艺处理达标后回用	同设计,不外排
固废	掘进矸石	井下排弃	建设期矸石铺垫场地、道路等,营运期矸石运至因瓦沟充填荒沟	同设计
固废	地面选矸	充填井下采空区及巷道	①建设期掘进矸石铺垫场地、道路,场地及道路平整完毕后不出井;②营运期掘进矸石不出井,首选矸石充填井下,利用方式不畅时至因瓦沟充填荒沟	同设计,综合利用
固废	生活垃圾	就地散排、填埋	定期运往市政垃圾场处置	同设计
固废	煤泥和污泥	无	煤泥压滤后外销,污泥脱水后送至市政垃圾场填埋处置	同设计,综合利用;污泥脱水后交有资质单位统一处置
噪声	主要强噪设备	基础减震,设备设于室内	①选用高效低噪工业设备;②在煤炭运输、转载、筛分各环节,实施防噪降噪措施;③对高噪声设备尽可能集中布置,以便隔声与吸声措施实施;④场外道路交通噪声通过禁鸣笛控制作业时段并加强道路管理来减少扰民	①绞车设于室内,基础减震;②在通风机口上加设消声器、减振台座一套;③空压机置于车间内,进气口装消声器;④运煤皮带栈桥、筛分车间,机修车间等均采用房间隔声;⑤对各类泵的进出口安装柔性橡胶接头;⑥机修车间禁止夜间工作;⑦在无法采取隔声、减振、阻尼等降噪措施的作业场所工作的人员佩戴耳塞等劳保产品;⑧厂界噪声达标排放或划定噪声防护距离
沉陷	井下采煤	无	工业场地、井田边界、井田内受影响的村庄、沟谷、生产企业厂界下留设保护煤柱	①土地整治;②生态恢复和补偿
	水土保持	无	①增加绿化面积,设置防风固土林带;②采用工程和林草措施防治水土流失	未达到绿化要求时进行异地绿化
	废弃场地	无	旧场地按照整合要求关闭后实施环境整治、封场、封井,并通过环保部门的验收	及时完成原矿井场地土地复垦、生态恢复治理及地面建构筑物拆除工作

第四章　环境现状调查与评价

第一节　自然环境与社会环境调查

自然环境与社会环境调查是环境影响评价的组成部分,要清楚项目建设对环境的影响,必须要在项目建设之前,对项目建设所在地的自然环境与社会环境进行调查。

一、自然环境调查的基本内容与技术要求

(一)地理位置

应包括建设项目所处的经纬度、行政区位置和交通位置,要说明项目所在地与主要城市、车站、码头、港口、机场等的距离和交通条件,并附地理位置图。

(二)地质

一般情况,只需根据现有资料,选择下述部分或全部内容,概要说明当地的地质状况:当地地层概况、地壳构造的基本形式(岩层、断层及断裂等)及与其相应的地貌表现、物理与化学风化情况、当地已探明或已开采的矿产资源情况。若建设项目规模较小且与地质条件无关时,地质现状可不叙述。

评价矿山及其他与地质条件密切相关的建设项目的环境影响时,对与建设项目有直接关系的地质构造如断层、断裂、坍塌、地面沉陷等,要进行较为详细的叙述。一些特别有危害的地质现象如地震,也应加以说明,必要时需附图说明;若无相关地质资料,应做一定的现场调查。

(三)地形地貌

一般情况,只需根据现有资料,简要说明下述部分或全部内容:建设项目所在地区的海拔高度、地形特征(高低起伏状况)、周围的地貌类型(山地、平原、沟谷、丘陵、海岸等)以及岩溶地貌、冰川地貌、风成地貌等地貌的情况。崩塌、滑坡、泥石流、冻土等有危害的地貌现象,若不直接或间接威胁到建设项目时,可概要说明其发展情况。若无可查资料,需做一些简单的现场调查。

(四)气候与气象

建设项目所在地区的主要气候特征包括年平均风速和主导风向、年平均气温、极端气温与月平均气温(最冷月和最热月)、年平均相对湿度、平均降水量、降水天数、降水量极值、日照、主要的天气特征(如梅雨、寒潮、冰雹和台风、飓风)等。

如需进行建设项目的大气环境影响评价,除应详细叙述上面全部或部分内容外,还应按 HJ 2.2—2018《环境影响评价技术导则　大气环境》中的规定,增加有关内容。

(五)地面水环境

如果建设项目不进行地面水环境的单项影响评价时,应根据现有资料选择下述部分或全部内容:概要说明地面水状况,即地面水资源的分布与利用情况,地面水各部分(河、湖、水库等)之间及其与海湾、地下水的联系;地面水的水文特征及水质现状,以及地面水的污染来源。

如果建设项目建在海边又无须进行海湾的单项影响评价时,应根据现有资料选择叙述部分或全部内容:概要说明海湾环境状况,即海洋资源及其利用情况、海湾的地理概况、海湾与当地地面水及地下水之间的联系、海湾的水文特征及水质现状、海湾的污染来源等。

(六)地下水环境

当建设项目不进行与地下水直接有关的环境影响评价时,只需根据现有资料,部分或全部地简述下列内容:当地地下水的开采利用情况、地下水埋深、地下水与地面的联系,以及水质状况与污染来源。

(七)土壤与水土流失

当建设项目不进行与土壤直接有关的环境影响评价时,只需根据现有资料,部分或全部地简述下列内容:建设项目周围地区的主要土壤类型及其分布、土壤的肥力与使用情况、土壤污染的主要来源及其质量现状、建设项目周围地区的水土流失现状及原因等。

(八)动植物与生态

若建设项目不进行生态影响评价,但项目规模较大时,应根据现有资料简述下列部分或全部内容:建设项目周围地区的植被情况(覆盖度、生长情况),有无国家重点保护的、稀有的或受危害的、作为资源的野生动植物,当地的主要生态系统类型(森林、草原、沼泽、荒漠等)及现状。若建设项目规模较小,又不进行生态影响评价时,这一部分可不叙述。

二、社会环境调查的基本内容与技术要求

(一)社会经济

主要根据现有资料,结合必要的现场调查,简要评价项目所在地的社会经济状况和发展趋势:①人口,包括居民区的分布情况及分布特点、人口数量和人口密度等;②工业与能源,包括建设项目周围地区现有厂矿企业的分布状况、工业结构、工业总产值及能源的供给与消耗方式等;③农业与土地利用,包括可耕地面积、粮食作物与经济作物构成及产量、农业总产值,以及土地利用现状、建设项目环境影响评价应附土地利用图等;④交通运输,包括建设项目所在地区公路、铁路或水路方面的交通运输概况,以及与建设项目之间的关系。

(二)文物与景观

文物指遗存在社会上或埋藏在地下的历史文化遗物,一般包括具有纪念意义和历史价值的建筑物、纪念物,或具有历史、艺术、科学价值的古文化遗址、古墓葬、古建筑、石窟寺、石刻等。

景观一般指具有一定价值、必须保护的特定的地理区域或现象,如自然保护区、风景游览区、疗养区、温泉及重要的政治文化设施等。

(三)人群健康状况

当建设项目传输某种污染物或拟排污染物毒性较大时,应进行一定人群的健康调查。调查时,应根据环境中现有污染物及建设项目将排放的污染物的特性选定指标。

第二节 大气环境现状调查与评价

大气环境现状调查包括大气污染源调查、大气环境质量现状调查、大气环境质量现状监测和气象观测资料调查。

一、大气污染源调查

(一)大气污染源调查与分析对象

污染源调查对象和内容应符合相应评价等级的规定,重点关注现状监测值能否反映评价范围有变化的污染源。一级、二级评价项目,应调查、分析项目的所有污染源(对于改建、扩建项目应包括新污染源、老污染源),评价范围内与项目排放污染物有关的其他在建项目、已批复环境影响评价文件的未建项目等的污染源。假如有区域替代方案,还应调查评价范围内所有的拟替代的污染源。三级评价项目可只调查、分析项目污染源。

(二)污染源调查与分析方法

污染源调查与分析方法根据不同的项目可采用不同的方式。一般新建项目可通过类比调查、物料衡算或设计资料确定。评价范围内在建和未建项目的污染源调查,可使用已批准的环境影响报告书资料。现有项目和改建、扩建项目的现状污染源调查,可利用已有有效数据分析或进行实测。分期实施的工程项目,可利用前期工程最近5年内的验收监测资料、年度例行监测资料分析,或进行实测。评价范围内拟替代的污染源调查方法可参考项目的污染源调查方法。

1. 现场实测法

排气筒排放的大气污染物,例如由排气筒排放的 SO_2、NO_X 或颗粒物等,可根据实测的废气流量和污染物浓度,按下式计算

$$I = Q_N \cdot c_i \times 10^{-6} \quad (4\text{-}1)$$

式中,I 为废气中 i 类污染物的源强,单位为 kg/h;Q_N 为废气体积(标准状态)流量,单位为 kg/h;c_i 为废气中污染物的实测质量浓度值,单位为 kg/m^3。

2. 物料衡算法

物料衡算法是对生产过程中所使用的物料情况进行定量分析的一种科学方法。对一些无法实测的污染源,可采用此法计算污染物的源强,公式参见第三章。

3. 排污系数法

根据产排污系数手册提供的实测和类比数据,按规模、污染物、产污系数、末端处理技术及排污系数来计算污染物的排放量。产排污系数手册可参考《污染源普查产排污系数手册》。

(三)污染源调查内容

1. 污染源排污概况调查

在满负荷排放下,按分厂或车间逐一统计各有组织排放源和无组织排放源的主要污染物排放量。改建、扩建项目应调查现有工程排放量、扩建工程排放量,以及现有工程经改造后的污染物预测削减量,并按上述3个量计算最终排放量。对毒性较大的污染物还应估计其非正常排放量;对周期性排放的污染源,应调查周期性排放系数。周期性排放系数取值为0~1,一般可按季节、月份、星期、日、小时等给出周期性排放系数。

2. 点源调查内容

点源调查内容包括:排气筒底部中心坐标、排气筒底部的海拔高度(m)、排气筒几何高度(m)、排气筒出口内径(m)、烟气出口速度(m/s)、排气筒出口处烟气温度(K);各主要污染物正常排放量(g/s)、排放工况、年排放小时数;毒性较大物质的非正常排放量(g/s)、排放工况、年排放小时数(h)。

3. 面源调查内容

面源调查内容包括：面源位置坐标、面源所在位置的海拔高度(m)、面源初始排放高度(m)；各主要污染物正常排放量$[g/(s \cdot m^2)]$、排放工况、年排放小时数。

4. 体源调查内容

体源调查内容包括：体源中心点坐标、体源所在位置的海拔高度(m)、体源高度(m)、体源排放速率(g/s)、排放工况、年排放小时数、体源的边长(m)、体源初始横向扩散参数(m)、初始垂直扩散参数(m)。

5. 线源调查内容

线源调查内容包括：线源几何尺寸、分段坐标、线源距地面高度(m)、道路宽度(m)、街道街谷高度(m)；各种车型的污染物排放速率$[g/(km \cdot s)]$、平均车速(km/h)、各时段车流量(辆/小时)、车型比例。

6. 其他调查内容

其他调查内容包括：建筑物下洗参数；颗粒物的粒径分布。二级评价项目污染源调查内容参照一级评价项目执行，可适当从简。三级评价项目可只调查污染源排污概况，并对估算模式中的污染源参数进行核实。

二、大气环境现状调查与评价

(一) 空气质量现状调查方法

空气质量现状调查方法有现场监测法和收集已有资料法。资料来源分三种途径，可根据不同评价等级对数据的要求进行采用：①收集评价范围内及邻近评价范围的各例行空气质量监测点的近三年与项目有关的监测资料；②收集近三年与项目有关的历史监测资料；③进行现场监测。

(二) 空气质量现状监测数据有效性分析

从监测资料来源、监测布点、点位数量、监测时间、监测频次、监测条件、监测方法及数据统计的有效性等方面分析空气质量是否符合导则、标准及监测分析方法等有关要求。空气质量现状监测制度与布点原则应符合《环境影响评价技术导则 大气环境》(HJ 2.2—2018)的要求。监测方法的选择，应满足项目的监测目的，并注意其适用范围、检出限额、有效检测范围等监测要求。凡涉及 GB 3095—2012《环境空气质量标准》中污染物的各类监测资料的统计内容与要求，均应满足该标准中各项污染物数据统计的有效性规定（表 4-1）。其他特征污染物监测资料的统计内容应符合相关引用标准中数据统计有效性的规定。

表 4-1 各项污染物数据统计的有效性规定

污染物	取值时间	数据有效性规定
SO_2、NO_2	年平均	每年至少有分布均匀的 144 个日均值，每月至少有分布均匀的 12 个日均值
总悬浮微粒、PM_{10}、铅(Pb)	年平均	每年至少有分布均匀的 60 个日均值，每月至少有分布均匀的 5 个日均值
SO_2、NO_2、NO_x、CO	日平均	每日至少有 18 小时的采样时间
总悬浮微粒、可吸入颗粒物、Pb	日平均	每日至少有 12 小时的采样时间
SO_2、NO_x、NO_2、CO、O_3	平均每小时	每小时至少有 45 分钟的采样时间

续表

污染物	取值时间	数据有效性规定
Pb	季平均	每季至少有分布均匀的 15 个日均值,每月至少有分布均匀的 5 个日均值
氟化物(以 F 计)	月平均	每月至少采样 15 日以上
	植物生长季平均	每一个生长季至少有 70% 的月平均值
	日平均	每日至少有 12 小时的采样时间
	平均每小时	每小时至少有 45 分钟的采样时间

三、大气环境质量现状评价方法

大气环境质量现状主要通过统计分析现状监测资料和区域历史监测资料进行评价。评价方法主要采用对标法,即对照各污染物有关的环境质量标准,分析其长期浓度(年均浓度、季均浓度、月均浓度)和短期浓度(日平均浓度、小时平均浓度)的达标情况。

(一)监测结果统计分析内容

统计各监测点大气污染物不同时间的浓度变化范围,统计年平均浓度最大值、日平均浓度最大值和小时平均浓度最大值,并与相应的标准限值进行比较分析,计算占标率或超标倍数。超标率按下式计算

$$超标率 = \frac{超标数据个数}{总监测数据个数} \times 100\% \qquad (4-2)$$

根据评价结果,确定评价区域主要污染物。对于超标的监测数据,应分析超标原因。

(二)现状监测数据达标分析

统计分析监测数据时,先列表给出各监测点位置、监测内容及监测方法等内容(表 4-2、表 4-3)。

表 4-2 现状监测内容

现状监测点号	监测点名称	坐标 x/m	坐标 y/m	距污染源距离 /m	监测点位代表性描述	监测内容
1						
2						
……						

表 4-3 监测方法

监测内容	监测方法
1	
2	
……	

在分析处理各时段监测数据时,应反映其原始有效监测数据。小时、日均等监测浓度应是最小监测值到最大监测值的浓度变化范围,即 $C_{min} \sim C_{max}$ 的浓度,并分析最大浓度 C_{max} 占标率、监测期间的超标率和达标情况(表 4-4)。

表 4-4 现状监测统计与分析

监测点位	监测项目	采样时间	采样个数	浓度范围 /(mg/m³)	最大浓度占标率 /%	超标率	达标情况
1							
2							
……							

(三)评价范围内污染水平和变化趋势分析

根据现场监测数据和例行监测数据资料,分析评价范围内各项监测数据日变化规律和年变化趋势,并绘制污染物日变化图(图 4-1)、年变化趋势图(图 4-2),参考同步气象资料分析其变化规律,分析重污染时间分布情况及其影响因素。结合区域大气环境整治方案和近 3 年例行监测数据的变化趋势分析区域环境容量。

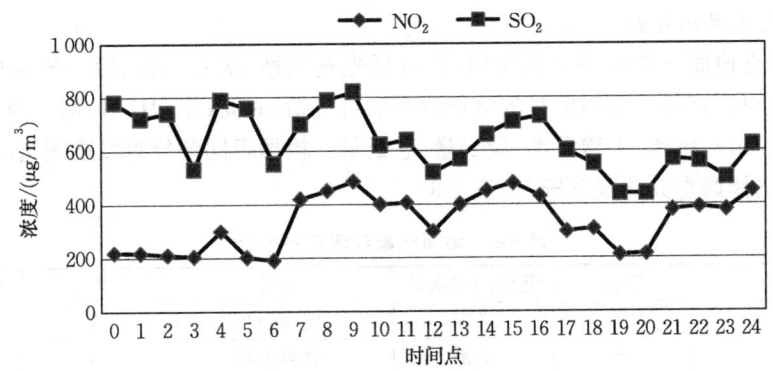

图 4-1 监测 SO_2 和 NO_2 浓度日变化

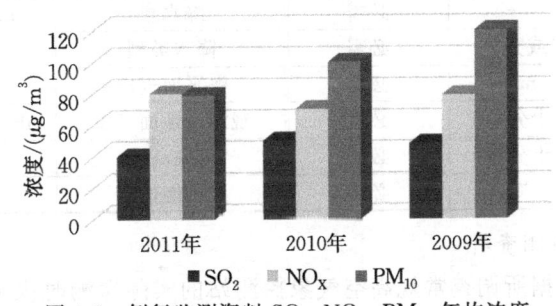

图 4-2 例行监测资料 SO_2、NO_X、PM_{10} 年均浓度

四、气象观测资料调查

(一)气象观测资料调查的基本原则

常规气象观测资料包括常规地面气象观测资料和常规高空气象探测资料。对于各级评价项目,应调查评价范围 20 年以上的主要气候统计资料,包括年平均风速和风向玫瑰图,最大风速与月平均风速,年平均气温、极端气温与月平均气温,年平均相对湿度,年均降水量和降水量极值,日照等。对于一级、二级评价项目,还应调查逐日、逐次的常规气象观测资料及其他气象观测资料。

(二)气象观测资料调查要求

一级、二级评价项目的气象观测资料调查的要求不同,三级评价项目不要求提供气象观测资料(表 4-5)。

表 4-5　一、二、三级评价项目气象资料调查要求

	一级评价		二级评价		三级评价
评价范围	小于 50 km	大于 50 km	小于 50 km	大于 50 km	
气象资料年限	近 5 年内的至少连续 3 年		近 3 年内的至少连续 1 年		
地面气象资料	必需	必需	必需	必需	
高空气象资料	按选取的模式要求	必需	按选取的模式要求	必需	
补充气象资料观测前提	如果地面气象观测站与项目的距离超过 50 km,并且地面站与评价范围的地理特征不一致				—
补充气象观测	连续 1 年		2 个月以上		
一般要求	调查评价范围 20 年以上的主要气候统计资料				

(三)气象观测资料调查内容

1. 地面气象观测资料

根据所调查地面气象观测站的类别,并遵循先基准站、次基本站、后一般站的原则,收集每日实际逐次观测资料。观测资料的常规调查项目包括:时间(年、月、日、时)、风向(以角度或按 16 个方位表示)、风速、干球温度、低云量、总云量。根据不同评价等级预测精度要求及预测因子特征,可选择调查其他观测资料(表 4-6)。

表 4-6　地面气象观测资料内容

名称	单位	资料的需求性	名称	单位	资料的需求性
年	—	必需	湿球温度	℃	可选
月	—	必需	露点温度	℃	可选
日	—	必需	相对湿度	%	可选
时	—	必需	降水量	mm/h	可选
风向	°或方位	必需	降水类型	—	可选
风速	m/s	必需	海平面气压	hPa(百帕)	可选
总云量	十分量	必需	观测站地面气压	hPa(百帕)	可选
低云量	十分量	必需	云底高度	km	可选
干球温度	℃	必需	水平能见度	km	可选

2. 常规高空气象观测资料

观测资料的时次根据所调查常规高空气象探测站的实际探测时次确定,一般应至少调查每日 1 次(北京时间 8 点)的距地面 1 500 m 高度以下的高空气象探测资料(表 4-7)。

表 4-7　常规高空气象探测资料内容

名称	单位	资料的需求性	名称	单位	资料的需求性
年	—	必需	高度	m	必需
月	—	必需	干球温度	℃	必需
日	—	必需	露点温度	℃	必需
时	—	必需	风速	m/s	必需
探空数据层数	—	必需	风向	°或方位	必需
气压	hPa(百帕)	必需			

(四)补充地面气象观测

如果地面气象观测站与项目的距离超过 50 km,并且地面站与评价范围的地理特征不一

致,还需要进行补充地面气象观测。一级评价的补充观测应进行为期1年的连续观测;二级评价可选择有代表性的季节进行连续观测,观测期限应在2个月以上。观测内容应符合地面气象观测资料的要求。观测方法应符合相关地面气象观测规范的要求。

(五)常规气象资料分析内容

1. 温度

温度是决定烟气抬升的一个因素。温廓线可以反映温度随高度的变化影响热力湍流扩散的能力。通过对温廓线的分析,可以具体获得逆温层出现的时间、频率、平均高度范围和强度等信息。一级、二级评价项目,需统计长期地面气象资料中每月平均温度的变化情况,并绘制年均温度月变化曲线图。一级评价项目除上述工作外,还需酌情对污染较严重时的高空气象探测资料进行温廓线的分析(图4-3)。

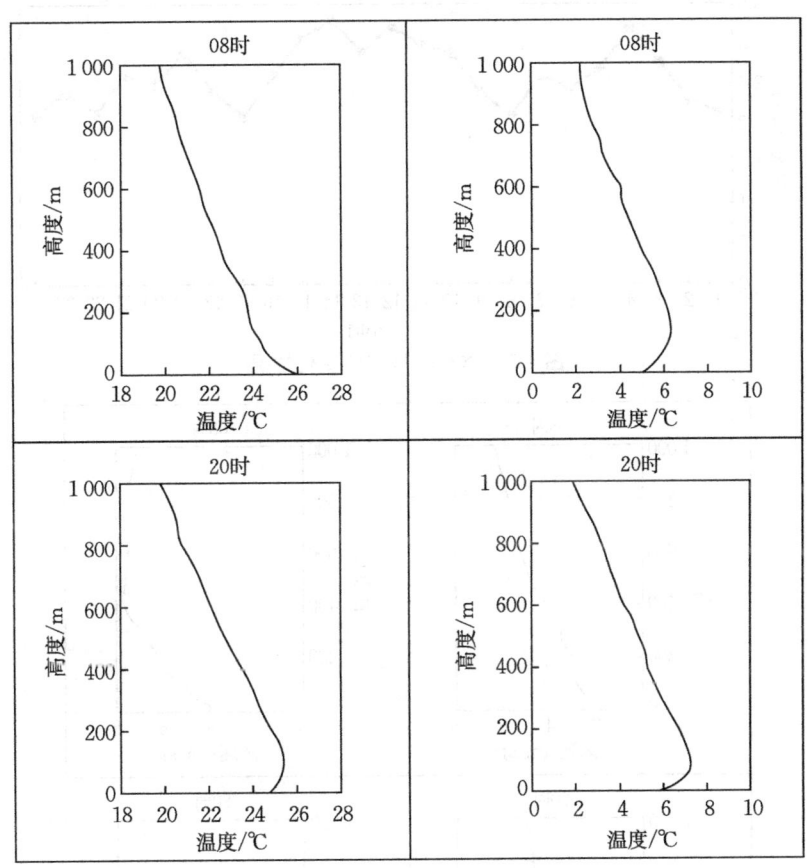

图4-3 夏、冬两季平均温廓线

2. 风速

风速是指空气在单位时间内移动的水平距离(m/s)。从气象台站获得的风速资料中字母C代表风速已小于测风仪的最低阈值,通常称为静风。

一级、二级评价项目需统计月平均风速的变化和季小时平均风速变化,即对多年气象资料的风速按相同月份和不同季节每天同一时间进行平均,求得每月和不同季节每小时的平均风速,并绘制随月份的变化曲线图(图4-4、图4-5)。风速统计量还包括不同时间的风廓线,即反映风速随高度变化的曲线,以研究大气边界层内的风速规律(图4-6)。

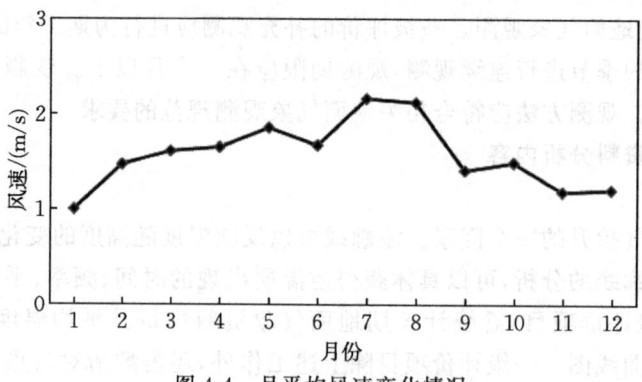

图 4-4 月平均风速变化情况

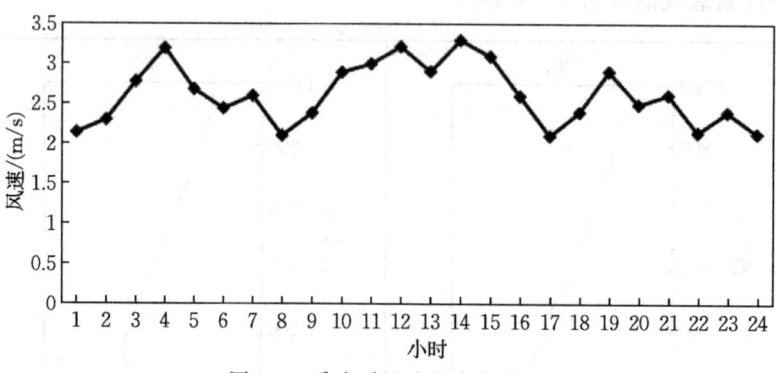

图 4-5 季小时风速的变化情况

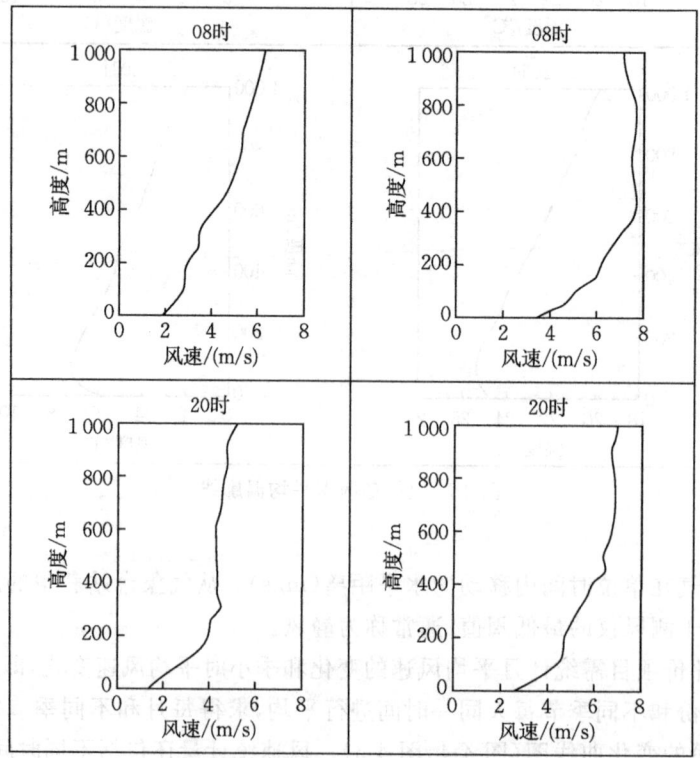

图 4-6 夏、冬两季平均风廓线

第四章 环境现状调查与评价

3. 风向、风频

风向指风的来向。气象台站风向资料通常用 16 个风向来表达。静风的风向用 C 表示。风频是指某风向占总观测统计次数的百分比。风向玫瑰图是根据统计所收集的多年地面气象资料中 16 个风向出现的频率,然后在极坐标中按 16 个风向标出其频率的大小而形成的形似玫瑰的图。根据某地的风向统计资料(表 4-8)可绘制该地的风向玫瑰图(图 4-7)。

表 4-8 某地风向统计资料

风向	N	NNE	NE	ENE	E	ESE	SE	SSE
频率/%	0.59	0.83	2.39	6.44	11.12	12.8	11.4	5.73
风向	S	SSW	SW	WSW	W	WNW	NW	NNW
频率/%	2	2.11	1.84	2.37	2.78	3.02	1.53	0.83

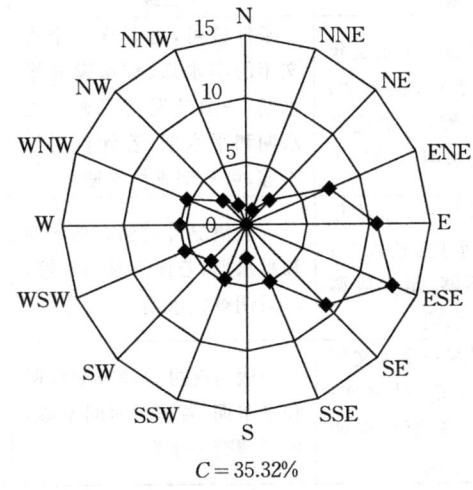

图 4-7 风向玫瑰图

4. 主导风向

主导风向指风频最大的风向角的范围。风向角范围一般在连续 45°左右,对于以 16 方位角表示的风向,主导风向范围一般是指连续两到三个风向角的范围。某区域的主导风向应有明显的优势,其主导风向角风频之和应不小于 30%,否则该区域没有主导风向或主导风向不明显。在没有主导风向的地区,应考虑项目对全方位的大气环境敏感区的影响。从图 4-7 中可以看出,该地的主导风向应是 E-ESE-SE 的风向范围,其主导风向角风频之和约为 35%。

第三节 地表水环境现状调查与评价

一、水环境现状调查与监测

水环境现状调查与监测的目的是掌握评价范围内水体污染源、水文、水质和水体功能利用等方面的环境背景情况,为地面水环境现状和预测评价提供基础资料。现状调查包括资料收集、现场调查及必要的环境监测。

(一)调查范围

水环境调查范围包括受建设项目影响较显著的地面水区域。确定调查范围时需注意:在确定某具体建设开发项目的地面水环境现状调查范围时,应尽量按照将来污染物排放进入天然水体后可能达到水域使用功能质量标准要求的范围,并考虑评价等级的高低(评价等级高时调查范围取偏大值,反之取偏小值)后决定。当下游附近有敏感区(如水源地、自然保护区等)时,调查范围应考虑延长到敏感区上游边界,以满足预测敏感区所受影响的需要。

(二)调查时间

根据当地水文资料初步确定河流、湖泊、水库的丰水期、平水期、枯水期,同时确定最能代表这三个时期的季节或月份。遇气候异常年份,要根据流量实际变化情况确定。对有水库调节的河流,要注意水库放水或不放水时的水量变化。另外,评价等级不同,对调查时期的要求也有所不同(表4-9)。

表4-9 不同评价等级的水环境调查时期要求

水域	一级	二级	三级
河流	一般情况调查一个水文年的丰水期、平水期、枯水期;若评价时间不够,至少应调查平水期和枯水期	条件许可,可调查一个水文年的丰水期、枯水期和平水期;一般情况可只调查枯水期和平水期;若评价时间不够,可只调查枯水期	一般情况下,可只在枯水期调查
河口	一般情况调查一个潮汐年的丰水期、平水期、枯水期;若评价时间不够,至少应调查平水期和枯水期	一般情况可只调查枯水期和平水期;若评价时间不够,可只调查枯水期	一般情况下,可只在枯水期调查
湖泊(水库)	一般情况调查一个水文年的丰水期、平水期、枯水期;若评价时间不够,至少应调查平水期和枯水期	一般情况可只调查枯水期和平水期;若评价时间不够,可只调查枯水期	一般情况下,可只在枯水期调查

当被调查的范围内面源污染严重、丰水期水质劣于枯水期时,一级、二级评价的各类水域应调查丰水期情况,若时间允许,三级评价也应调查丰水期。

冰封期较长的水域,当作为生活饮用水、食品加工用水的水源或渔业用水时,应调查冰封期的水质、水文情况。

(三)水文调查和水文测量

1. 河流根据评价等级与河流规模决定工作内容

评价等级为一、二、三级,河流规模分为大、中、小河。河流规模根据排污口附近河段或者平水期的多年平均流量大小来界定。多年平均流量不小于 150 m^3/s 的河流称为大河,多年平均流量在 15~150 m^3/s 的河流称为中河,多年平均流量小于 15 m^3/s 的河流称为小河。

河流水文调查和水文测量的工作内容主要包括:丰水期、平水期、枯水期的划分;河段的平直及弯曲;过水断面积、坡度(比降)、水位、水深、河宽、流量、流速及其分布、水温、糙率及泥沙含量测量等;丰水期有无分流漫滩,枯水期有无浅滩、沙洲和断流;北方河流还应了解其结冰、封冻、解冻等现象。如采用数学模式预测时,其具体调查内容应根据评价等级及河流规模按照模式及参数的需要决定。河网地区应调查各河段流向、流速、流量的关系,了解它们的变化特点。

2. 感潮河口根据评价等级及河流规模决定工作内容

除与河流评价相同的内容外,还应调查感潮河段的范围,涨潮、落潮及平潮时的水位、水深、流向、流速及其分布,横断面形状、水面坡度、河潮间隙、潮差和历时等。如采用数学模式预测时,其具体调查内容应根据评价等级及河流规模按照模式及参数的需要决定。

3. 湖泊、水库根据评价等级、湖泊和水库规模决定工作内容

湖泊、水库规模的划分主要根据水深和水面面积。当平均水深小于10 m时,水面面积不小于50 km² 为大湖、5～50 km² 为中湖、小于5 km² 为小湖;当平均水深大于等于10 m时,水面面积不小于25 km² 为大湖、2.5～25 km² 为中湖、小于2.5 km² 为小湖。

调查工作内容主要包括：湖泊、水库的面积和形状,应附有平面图;丰水期、平水期、枯水期的划分;流入、流出的水量;水力滞留时间或交换周期;水量的调度和储量;水深;水温分层情况及水流状况(湖流的流向和流速,环流和流向、流速及稳定时间)等。如采用数学模式预测时,其具体调查内容应根据评价等级及湖泊、水库的规模,按照水质模式参数的需要来决定。

4. 降雨调查

需要预测建设项目的面源污染时,需要进行降雨调查,应调查历年的降雨资料,并根据预测的需要对资料进行统计分析。

(四)污染源调查

凡对环境质量能够造成影响的物质和能量输入,统称为污染源。输入的物质和能量,称为污染物或污染因子。影响地面水环境质量的污染物按照排放方式可分为点源和面源,按照污染性质可分为持久性污染物、非持久性污染物、水体酸碱度和热效应四类(图4-8)。

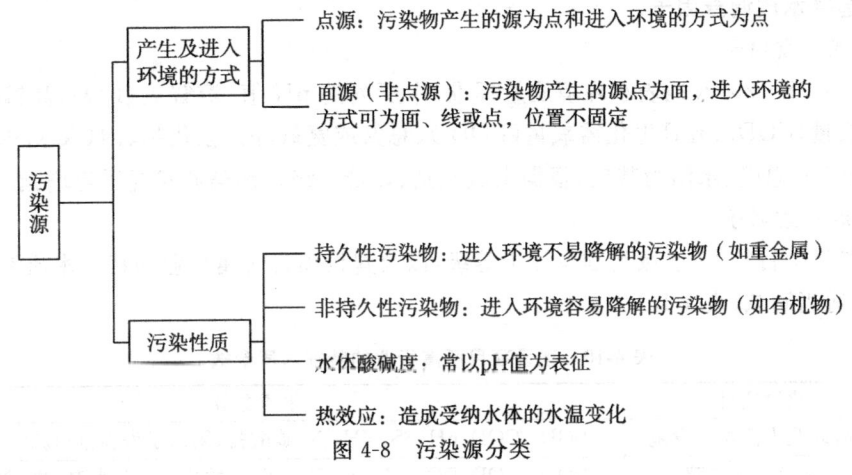

图4-8 污染源分类

1. 点源调查

点源调查的繁简程度可根据评价等级及其与建设项目的关系而略有不同,评价等级高且现有污染源与建设项目距离较近时应详细调查。例如,排水口位于建设项目排水与受纳河流的混合过程段范围内,并对预测计算有影响的情况下,应详细调查。

点源调查的内容可以列成表格,根据评价工作的需要选择下述全部或部分内容进行调查：①污染源的排放特点,主要包括排放形式(分散或集中排放)、排放口的平面位置(附污染源平面位置图)及排放方向、排放口在断面上的位置;②污染源排放数据,根据现有实测数据、统计报表及各厂矿的工艺路线等选定主要水质参数,调查其现有的排放量、排放速度、排放浓度及变化情况等;③用排水状况,主要调查取水量、用水量、循环水量、排水总量等内容;④废水、污水处理状况,主要调查各排污单位废(污)水的处理设备、处理效率、处理水量及事故状况等。

2. 非点源调查

非点源调查基本采用搜集资料的方法,一般不进行实测。非点源调查内容根据评价工作需要,选择下述全部或部分内容进行调查:

(1)工业类非点源污染源。原料、燃料、废料、废弃物的堆放位置(主要污染源要绘制污染源平面位置图)、堆放面积、堆放形式(几何形状、堆放厚度)、堆放点的地面铺装及其保洁程度、堆放物的遮盖方式等;排放方式、排放去向与处理情况,说明非点源污染物是有组织汇集还是无组织漫流、是集中后直接排放还是处理后排放、是单独排放还是与生产废水或生活污水合并排放等;根据现有实测数据、统计报表及上述分析,选定调查的主要水质参数,并调查有关排放季节、排放时期、排放浓度及其变化等。

(2)其他非点源污染源。对于山林、草原、农地等非点污染源,应调查有机肥、化肥、农药的施用量,以及流失率、流失规律、不同季节的流失量等;对于城市非点源污染,应调查雨水径流特点、初期城市暴雨径流污染物浓度。

3. 污染源采样分析方法与整理

污染源采样分析按照 GB 8978—1996《污水综合排放标准》的规定执行。对搜集的和实测的污染源资料进行检查,找出相互矛盾和错误之处,并予以更正。资料中的缺漏应尽量填补。将这些资料按污染源排入地表水的顺序及水质因子的种类列成表格,找出评价水体的主要污染源和主要污染物。

(五)选择水质调查因子

1. 常规水质因子

以 GB 3838—2002《地表水环境质量标准》中所列的 pH 值、溶解氧(DO)、高锰酸盐指数或化学需氧量(COD)、五日生化需氧量(BOD_5)、总氮或氨氮、酚、氰化物、砷(As)、汞(Hg)、铬(六价)(Cr^{6+})、总磷、水温为基础,根据水域类别、评价等级及污染源状况适当增减。

2. 特殊水质因子

根据建设项目特点、水域类别及评价等级,以及建设项目所属行业的特征水质参数表进行选择,可以适当删减(表 4-10)。

表 4-10 建设项目所属行业的特征水质参数

序号	建设项目	水质参数
1	生活区及生活娱乐设施	BOD_5、COD、pH、SS、NH_3-N、磷酸盐、阴离子洗涤剂(LAS)、水温、DO
2	城市及城市扩建	BOD_5、COD、DO、pH、SS、NH_3-N、磷酸盐、LAS、水温、油、重金属
3	黑色金属矿山	pH、SS、硫化物、氟化物、挥发性酚、氰化物、石油类、氟化物
4	黑色冶炼、有色金属矿山及冶炼	pH、SS、COD、硫化物、氟化物、挥发性酚、氰化物、石油类、Cu、Zn、Pb、As、Cd、Hg
5	火力发电、热电	pH、SS、硫化物、挥发性酚、As、水温、Pb、Cd、Cu、石油类、氟化物
6	焦化及煤制气	COD、BOD_5、水温、SS、硫化物、挥发性酚、氰化物、石油类、NH_3-N、苯类、多环芳烃、As、DO、BaP
7	煤矿	pH、COD、BOD_5、DO、水温、As、SS、硫化物
8	石油开发与炼制	pH、COD、BOD_5、DO、SS、硫化物、水温、挥发性酚、氰化物、石油类、苯类、多环芳烃

续表

序号	建设项目		水质参数
9	化学矿开采	硫铁矿	pH、SS、硫化物、Cu、Pb、Zn、Cd、Hg、As、Cr^{6+}
		磷矿	pH、SS、氟化物、硫化物、As、Pb、P
		萤石矿	pH、SS、氟化物
		汞矿	pH、SS、氟化物、As、Hg
		雄黄矿	pH、SS、硫化物、As
10	无机原料	硫酸	pH、SS、硫化物、氟化物、Cu、Pb、Zn、As
		氯碱	pH、COD、SS、Hg
		铬盐	pH、Cr、Cr^{6+}
11	化肥、农药		pH、COD、BOD_5、水温、SS、硫化物、氟化物、挥发性酚、氰化物、As、NH_3-N、磷酸盐、有机氯、有机磷
12	食品工业		COD、BOD_5、SS、pH、DO、挥发性酚、大肠杆菌数
13	染料、颜料及油漆		pH、COD、BOD_5、SS、挥发性酚、硫化物、氰化物、As、Pb、Cd、Zn、Hg、Cr^{6+}、石油类、苯胺类、苯类、硝基苯类、水温
14	制药		pH、COD、BOD_5、SS、石油类、硝基苯类、硝基酚类、水温
15	橡胶、塑料及化纤		pH、COD、BOD_5、水温、石油类、硫化物、氰化物、As、Cu、Pb、Zn、Hg、Cr^{6+}、SS、苯类、有机氯、多环芳烃、BaP
16	有机原料、合成脂及酸及其他有机化工		pH、COD、BOD_5、SS、挥发性酚、氰化物、苯类、硝基苯类、有机氯、石油类、Mn、油脂类、硫化物
17	机械制造及电镀		pH、COD、BOD_5、SS、挥发性酚、石油类、氰化物、Cr^{6+}、Pb、Fe、Cu、Zn、Ni、Cd、Sn、Hg
18	水泥		pH、SS
19	纺织、印染		pH、COD、BOD_5、SS、水温、挥发性酚、硫化物、苯胺类、色度、Cr^{6+}
20	造纸		pH、COD、BOD_5、SS、水温、挥发性酚、硫化物、Pb、Hg、木质素、色度
21	玻璃、玻璃纤维及陶瓷制品		pH、COD、SS、水温、挥发性酚、氰化物、AS、Pb、Cd
22	电子、仪器、仪表		pH、COD、BOD_5、水温、苯类、氰化物、Cr^{6+}、Cu、Zn、Ni、Cd、Pb、Hg
23	人造板、木材加工		pH、COD、SS、水温、挥发性酚、木质素
24	皮革及皮革加工		pH、COD、BOD_5、水温、SS、硫化物、氯化物、总铬、Cr^{6+}、色度
25	肉食加工、发酵、酿造、味精		pH、BOD_5、COD、SS、水温、NH_3-N、磷酸盐、大肠杆菌数、含盐量
26	制糖		pH、COD、BOD_5、SS、水温、硫化物、大肠杆菌数
27	合成洗涤剂		pH、COD、BOD_5、油、苯类、LAS、SS、水温、DO

3. 其他因子

被调查水域的环境质量要求较高(如自然保护区、饮用水源地、珍贵水生生物保护区、经济鱼类养殖区等),且评价等级为一级、二级,应考虑调查水生生物和底质。其调查项目可根据具体工作要求确定,或从下列项目中选择部分内容:水生生物方面主要调查浮游动植物、藻类、底栖无脊椎动物的种类和数量,水生生物群落结构等。底质方面主要调查与建设项目排污水质有关的易积累的污染物。

(六)河流水质采样

1. 取样断面的布设

在调查范围的两端、调查范围内重点保护水域及重点保护对象附近的水域、水文特征突然变化处(如支流汇入处等)、水质急剧变化处(如污水排入处等)、重点水工构筑物(如取水口、桥梁涵洞)附近、水文站附近等应布设取样断面。还应适当考虑拟进行水质预测的地点。在建设项目拟建排污口上游 500 m 处应设置一个取样断面。

2. 取样断面上取样点的布设

断面上取样垂线设置的主要依据为河宽。当河流断面形状为矩形或相近于矩形时，可按下列方法布设取样垂线。对于小河，在取样断面的主流线上设一条取样垂线。对于大河、中河，河宽小于 50 m，在取样断面上各距岸边 1/3 水面宽处，设一条取样垂线，垂线应设在明显水流处，共设两条取样垂线。河宽大于 50 m，在取样断面的主流线上、距两岸不小于 0.5 m、有明显水流的地方各设一条取样垂线，即共设三条取样垂线。对于特大河(如长江、黄河、珠江、黑龙江、淮河、松花江、海河等)，由于河流较宽，取样断面上的取样垂线数应适当增加，而且主流线两侧的垂线数目不必相等，拟设有排污口的一侧可以多一些。如断面形状十分不规则时，应结合主流线的位置，适当调整取样垂线的位置和数目。

垂线上取样点设置的主要依据为水深。在一条垂线上，水深大于 5 m，在水面下 0.5 m 处和距河底 0.5 m 处，各取一个样；水深为 1~5 m 时，只在水面下 0.5 m 处取一个样；水深不足 1 m 时，取样点距水面不应小于 0.3 m，距河底也不应小于 0.3 m。对于三级评价的小河，不论河水深浅，只在一条垂线上一个点取一个样，一般情况下取样点应在水面下 0.5 m 处，距河底也不应小于 0.3 m。

3. 取样方式

一级评价则每个取样点的水样均应分析，不取混合样。二级评价如需预测混合过程段水质，每次应将该段内各取样断面中每条垂线上的水样混合成一个水样；其他情况每个取样断面每次只取一个混合水样，即将断面上各处所取水样混合成一个水样。三级评价原则上只取断面混合水样。

4. 河流取样次数

不同规模河流、不同评价等级的调查期规定中(表 4-12)，每个水期调查一次，每次调查 3~4 天，其中至少 1 天对所有选定的水质因子取样分析，其他天数根据预测需要，配合水文测量对拟预测的水质因子取样。不预测水温时，只在采样时测水温。预测水温时，需测水温日变化情况，一般采用每隔 6 小时测一次的方法，并计算日平均水温。一般情况下，每天每个水质因子只取一个样，水质变化很大时，应每间隔一定时间采样一次。

(七)河口水质取样

1. 取样断面布设原则

当排污口拟建于河口感潮段内时，其上游设置取样断面的数目与位置，应根据感潮段的实际情况决定，下游取样断面的布设原则与河流相同。取样断面上，取样点布设和采样方式与河流部分相同。

2. 河口取样次数

不同规模河口、不同等级的调查期规定中(表 4-12)，每期调查一次，每次调查 2 天，一次在大潮期，一次在小潮期。每个潮期的调查，均应分别采集同一天的高潮、低潮水样，各监测断面的采样尽可能同步进行。两天调查中，要对选定的所有水质参数取样。不预测水温时，只在采样时间测水温；预测水温时，需测日平均水温，一般可采用每隔 4~6 小时测一次的方法求平均水温。

(八)湖泊、水库水质取样

1. 取样位置的布设原则、方法和数目

取样位置应尽量覆盖推荐的整个调查范围,并能切实反映湖泊、水库的水质和水文特点(如进水区、出水区、深水区、浅水区、岸边区等)。以建设项目的排污口为中心,向周围辐射布设采样位置,每个取样位置间隔依据如下:

(1)大中型湖泊、水库。建设项目污水排放量<50 000 m^3/d 时,一级评价每 1~2.5 km^2 布设一个取样位置,二级评价每 1.5~3.5 km^2 布设一个取样位置,三级评价每 2~4 km^2 布设一个取样位置。建设项目污水排放量≥50 000 m^3/d 时,一级评价每 3~6 km^2 布设一个取样位置,二级、三级评价每 4~7 km^2 布设一个取样位置。

(2)小型湖泊、水库。建设项目污水排放量<50 000 m^3/d 时,一级评价每 0.5~1.5 km^2 布设一个取样位置,二级、三级评价每 1~2 km^2 布设一个取样位置。建设项目污水排放量≥50 000 m^3/d 时,各级评价每 0.5~1.5 km^2 布设一个取样位置。

2. 取样位置上取样点的布设

大中型湖泊、水库,平均水深<10 m 时,取样点设在水面下 0.5 m 处,但此点距底不应<0.5 m。平均水深≥10 m 时,首先根据现有资料查明此湖泊(水库)有无温度分层现象,如无资料可供利用,应先测水温。在取样位置水面以下 0.5 m 处测水温,以下每隔 2 m 水深测一个水温值,如发现两点间温度变化较大时,为找到斜温层,应在这两点间酌量加测几个点的水温。在水面下 0.5 m 及斜温层以下,距底 0.5 m 以上处各取一个水样。小型湖泊、水库,平均水深<10 m 时,在水面下 0.5 m 并距底不小于 0.5 m 处设一取样点。平均水深≥10 m 时,在水面下 0.5 m 处和水深 10 m 并距底不小于 0.5 m 处各设一取样点。

3. 取样方式

小型湖泊、水库,水深<10 m 时,每个取样位置取一个水样;水深≥10 m 时,一般只取一个混合样,在上、下层水质差别较大时,可不进行混合。大中型湖泊、水库,各取样位置上不同深度的水样均不混合。

4. 湖泊、水库取样次数

不同规模湖泊(水库)、不同评价等级的调查期规定中(表 4-12),每期调查一次,每次调查 3~4 天,至少有 1 天对所有选定的水质参数取样分析,其他天数根据预测需要,配合水文测量对拟预测的水质参数取样。表层溶解氧和水温每隔 6 小时测一次,并在调查期内适当检测藻类。

(九)特殊情况

对设有闸坝受人工控制的河流,其流动状况在排洪时期为河流流动。用水时期,如用水量大则类似河流,用水量小则类似狭长形水库。蓄水期类似狭长形水库。这种河流的取样断面、取样位置、取样点的布设及水质调查的取样次数等可参考前述河流、水库部分的取样原则酌情处理。

我国一些河网地区,河水流向、流量经常变化,水流状态复杂,特别是受潮汐影响的河网,情况更为复杂。这类河网,应按各河段的长度比例布设水质采样、水文测量断面。水质监测项目、取样次数、断面上取样垂线的布设可参照前述河流、河口的有关内容。调查时应注意水质、流向、流量的时间变化。

(十)水样的采集、保存和分析

河流、湖泊、水库水样保存、分析的原则与方法按《地表水环境质量标准》(GB 3838—2002),标准中未说明的情况参考《水和废水监测分析方法》。

河口水样保存、分析的原则与方法依水样的盐度而不同。水样盐度<3‰,采用河流、湖泊、水库的原则与方法;水样盐度≥3‰,按海湾原则与方法执行。

(十一)现有水质资料搜集与整理

现有水质资料主要从当地水质监测部门搜集。搜集对象包括相关水质监测报表、环境质量报告书、建于附近的建设项目环境影响报告书等技术文件中的水质资料。按照时间、地点和分析项目排列整理,收集所需资料,并尽量找出其中各水质参数间的关系及水质变化趋势,结合收集的同期水文资料,分析地面水环境各类污染物净化能力。

二、水环境现状评价方法

水质评价方法采用单因子指数评价法,将每个水质因子单独进行评价,利用统计及模式计算各水质因子达标率或超标率、超标倍数、水质指数等。单因子指数评价能客观反映评价水体的水环境质量状况,清晰判断评价水体的主要污染因子、主要污染时段和主要污染区域。

(一)评价方法

水质评价常采用单项指数法,推荐采用标准指数,其计算公式如下。

1. 一般水质因子(随水质浓度增加而水质变差的水质因子)

$$S_{ij} = c_{ij}/c_{s,i} \tag{4-3}$$

式中,S_{ij} 为标准指数;c_{ij} 为评价因子 i 在 j 点的实测统计代表值,单位为 mg/L;$c_{s,i}$ 为评价因子 i 的评价标准限值,单位为 mg/L。

2. 特殊水质因子

(1)溶解氧(DO)。当 $DO_j \geqslant DO_s$ 时,

$$S_{DO,j} = \frac{|DO_f - DO_j|}{DO_f - DO_s} \tag{4-4}$$

当 $DO_j < DO_s$ 时,

$$S_{DO,j} = 10 - 9\frac{DO_j}{DO_s} \tag{4-5}$$

式中,$S_{DO,j}$ 为溶解氧的标准指数;DO_f 为某水温、气压条件下的饱和溶解氧浓度,单位为 mg/L,计算公式常为

$$DO_i = 468/(31.6 + t) \tag{4-6}$$

式中,t 为水温,单位为℃;DO_j 为在 j 点的溶解氧实测统计代表值,单位为 mg/L;DO_s 为溶解氧的评价标准限值,单位为 mg/L。

(2)pH 值,其两端有限值,水质影响不同。当 $pH_j \leqslant 7.0$ 时,

$$S_{pH,j} = (7.0 - pH_j)/(7.0 - pH_{sd}) \tag{4-7}$$

当 $pH_j > 7.0$ 时,

$$S_{pH,j} = (pH_j - 7.0)/(pH_{su} - 7.0) \tag{4-8}$$

式中,$S_{pH,j}$ 为 pH 值的标准指数,pH_j 为 pH 值的实测统计代表值,pH_{sd} 为评价标准中 pH 值的下限值,pH_{su} 为评价标准中 pH 值的上限值。

水质因子的标准指数≤1时,表明该水质因子在评价水体中的浓度符合水域功能及水环境质量标准。

(二)实测统计代表值获取方法

实测统计代表值有三种获取方法,如下所示:

(1)极值法。适合某水质因子的监测数据量少、水质浓度变幅大的情况。

(2)均值法。适合某水质因子的监测数据量多、水质浓度变幅较小的情况。

(3)内梅罗法。适合某水质因子有一定的监测数据量,水质浓度变幅较大。常采用内梅罗法计算水质现状评价因子的监测统计代表值,其计算公式为

$$C = \sqrt{\frac{C_{极}^2 + C_{均}^2}{2}} \tag{4-9}$$

式中,C 为某水质监测因子的内梅罗值,单位为 mg/L;$C_{极}$ 为某水质监测因子的实测极值,单位为 mg/L;$C_{均}$ 为某水质监测因子的算术平均值,单位为 mg/L。

极值的选取主要考虑水质监测数据中反映水质状况最差的数据值。

第四节 地下水环境现状调查与评价

一、地下水环境现状调查

(一)调查目的与任务

地下水环境现状调查目的是查明天然及人为条件下地下水的形成、赋存和运移特征,以及地下水水量、水质的变化规律,为地下水环境现状评价、地下水环境影响预测、地下水开发利用与保护、环境水文地质问题的防治提供所需资料。

地下水环境现状调查应查明地下水系统的结构、边界、水动力系统及水化学系统特征,具体需查明以下问题:

(1)水文地质条件。包括地下水赋存条件,查明含水介质特征及埋藏分布情况;地下水补给、径流、排泄条件,查明地下水运动特征及水质、水量变化规律。

(2)地下水水质特征。包括地下水的化学成分及其形成条件和影响因素。

(3)地下水污染源分布。查明与建设项目污染特征相关的污染源分布。

(4)环境水文地质问题。原生环境水文地质问题调查,包括天然劣质水分布状况及由此引发的地方性疾病等环境问题;地下水开采过程中水质、水量、水位变化情况,以及引起的环境水文地质问题。

(5)地下水开发利用状况。查明分散、集中式地下水开发利用规模、数量、位置等,并收集集中式饮用水水源地水源保护区划分资料。

(二)调查方法和内容

地下水调查方法较复杂,需要采用地表水环境调查方法和地质调查技术方法。最基本的调查方法包括地下水环境地面调查(又称水文地质测绘)、钻探、物探、野外试验、室内分析、检测、模拟试验及地下水动态均衡研究等。随着现代科学技术的发展,不断产生新的地下水环境现状调查技术方法,大大提高了地下水环境现状调查的精度和工作效率,如遥感技术、地理信息系统技术、同位素技术、直接寻找地下水的物探方法及测定水文地质参数的技术方法等。

二、地下水环境地面调查

(一)地下水露头调查

地下水露头调查是整个地下水环境地面调查的核心。地下水露头种类分为:①天然露头,包括泉、地下水溢出带、某些沼泽湿地、岩溶区的暗河出口及岩溶洞穴等;②人工露头,包括水井、钻孔、矿山井巷及地下开挖工程等。在地下水露头调查中,应用最多的是泉和水井(钻孔)。在泉、井调查中,都应取水样,测定其化学成分。需要时,应在井孔中进行抽水试验等,以取得必需的参数。

1. 泉的调查

泉是地下水的天然露头,泉水出流表明地下水的存在。泉的调查研究内容有:

(1)查明泉水出露的地质条件(特别是出露的地层层位和构造部位)、补给的含水层,确定泉的成因类型和出露高程。可帮助确定区内的含水层层位,即有哪几个含水层或含水带。根据泉的出露标高,可确定地下水的埋藏条件。

(2)观测泉水的流量、涌势及高度,水质和泉水的动态特征;现场测定泉水的物理特性,包括水温、沉淀物、色、味及有无气体逸出等。可帮助确定含水层(带)的富水性、水质和动态变化规律,并在一定程度上反映出地下水是承压水还是潜水。

(3)泉水开发利用状况及居民长期饮用后的反映。

(4)对矿泉和温泉,在研究前述各项内容的基础上,应查明其含有的特殊组分、出露条件、与周围地下水的关系,并对其开发利用可能性做出评价。可帮助判别某些地质或水文地质条件,如断层、侵入体接触带或某种构造界面的存在,或区内存在多个地下水系统等。

2. 水井(钻孔)的调查

调查水井比调查泉的意义更大。调查水井能可靠地帮助确定含水层的埋深、厚度、出水段岩性和构造特征、含水层类型,确定含水层的富水性、水质和动态特征。水井(钻孔)的调查内容有:①调查和收集水井(孔)地质剖面和开凿时的水文地质观测记录资料;②记录井(孔)所处地形、地貌、地质环境及其附近的卫生防护情况;③测量井孔的水位埋深、井深、出水量、水质、水温及其动态特征;④查明井孔的出水层位,补给、径流、排泄特征,使用年限,水井结构等。

(二)地表水调查

地表水和地下水是地球大陆上水循环最重要的两个组成部分。两者之间一般存在相互转化的关系。只有查明两者的相互转化关系,才能正确评价地表水和地下水的资源量,避免重复和夸大,便于了解地下水水质形成和污染原因,利于正确制订区域水资源的开发利用和环境保护措施。除调查研究地表水体的类型、水系分布、所处地貌单元和地质构造位置外,还需调查以下内容。

(1)地表水与周围地下水水位的空间和时间变化特征。

(2)观测地表水的流速及流量,研究地表水与地下水之间量的转化性质,即地表水补给地下水地段或排泄地下水地段的位置。在各段的上游、下游测定地表水流量,以确定其补排量及预测补排量的变化。

(3)结合岩性结构、水位及其动态,确定两者间的补排形式。集中补给(注入式),常见于岩溶地区;直接渗透补给,常见于冲洪积扇上部的渠道两侧;间接渗透补给,常见于冲洪积扇中部的河谷阶地;越流补给,常见于丘陵岗地的河谷地区,为越流补给形式之一。从时间上考虑,常将补给(或排泄)分为常年、季节和暂时性三种方式。

(4)分析、对比地表水与地下水的物理性质与化学成分,查明二者水质特征及二者间的变化关系。

(三)气象资料调查

气象资料调查主要包括降水量、蒸发量的调查。降水是地下水资源的主要来源。降水量是指在一定时间段内降落在一定面积上的水体积,一般用降水深度表示,以 mm 为单位。降水资料序列长度的选定,既要考虑调查区大多数测站观测系列的长短,又要考虑观测系统的代表性和一致性。分析降水的时间变化规律时,应采用尽可能长的资料序列。调查区面积较大时,雨量站应在面上均匀分布;降水量变化梯度大的地区,选用的雨量站应加密,以满足分区计算要求,所采用降水资料也应为整编和审查的成果。

因蒸发面性质不同,蒸发可分为水面蒸发、土面蒸发和植物散发,三者统称蒸发或蒸散发。水面蒸发通常是在气象站用特别的器皿直接观测获得水分损失量,称为蒸发量或蒸发率,以日、月、年为时段,以 mm 为单位。调查区内实际水面蒸发量较气象站蒸发器皿测出的蒸发量要小,需进行折算,折算系数与蒸发皿直径有关,各个地区也有所差异。收集水位蒸发资料需说明蒸发皿的型号,并查阅有关手册确定折算系数。

(四)不同地区地下水环境地面调查内容

1. 平原区地下水资源地面调查

调查任务主要是在区域地貌类型、第四纪地质及新构造特征调查的基础上,查明主要含水层的岩性、埋藏条件和分布规律,地下水类型,含水层的富水性及水化学成分,咸淡水的空间分布规律等;调查研究地下水补给、径流、排泄条件,不同含水层之间的水力联系,第四系含水层与下伏基岩含水层之间的关系,地表水系的分布及其水文特征,地表水与地下水的补排关系;研究地下水动态变化特征,调查地下水集中开采区和井灌区的开采量与地下水的动态关系,研究大量采、排地下水形成地下水下降漏斗的原因及其发展趋势;同时调查特殊水文地质问题,如盐碱化、沼泽化、特殊水质、地方病及水质污染的形成条件、分布规律和防治措施。在具备回灌条件地区,应开展人工回灌条件研究,还应开展开发利用地下水引起的生态和环境问题调查。

对于山前冲洪积扇地区,应详细研究冲洪积扇的分布范围,扇前、后缘及两侧标高和地面坡度变化;通过观察天然剖面和人工露头,配合物探、钻探,研究组成冲洪积扇的第四纪堆积物的物质来源、地层结构和岩性特点,确定由冲积扇顶部到前缘的岩性变化,研究与实测典型露头剖面,结合钻孔对地层岩性进行分析对比;研究冲洪积扇不同部位含水层的岩性、厚度、埋深、富水性和水质变化情况,从扇顶到前缘方向地下水由潜水区过渡到承压水区,自流水区的分带规律;研究地下水溢出带的分布范围,溢出泉流量及总溢出量;寻找埋藏冲积扇并研究其水文地质特征、埋藏条件、分布规律,研究扇间区水文地质条件。

对于河谷平原区,应重点研究不同河流堆积物的特征及其分布,含水介质的富水性、水化学成分及分布规律;古河道带及古湖泊堆积物的分布、埋深及水文地质条件;海相、陆相地层的埋藏与分布及相互间的接触关系;微地貌形态、水质、水位埋深对盐碱化、沼泽化形成的影响。对盐碱化地区,应初步了解盐碱化的发育程度、分布范围及其成因,为土壤改良提供水文地质资料。另外,应调查地下水的埋藏深度、水化学类型和矿化度及其与土壤盐碱化的关系,了解地下水位临界深度。选择典型地段逐层采取土样,了解盐类垂直分布与变化规律,盐碱化与微地貌和地表水的分布关系。对沼泽化地区,应了解沼泽化的分布与成因,为保护利用沼泽化地区提供水文地质资料。

对于滨海平原地区,应调查海岸地貌、海岸变迁及现代海岸的升降变化,海相沉积物的岩性、颜色、厚度及其分布范围;通过对各含水层的抽水试验及水质分析,研究水质在垂直和水平方向上的变化,确定淡水含水层的富水段及其分布范围,以及咸水、淡水分布界线。在咸水区,着重研究咸淡水界面埋深,淡水层的埋藏条件与水量,淡水和咸水产生水力联系的可能性,为咸水的改造和利用提供资料。

2. 基岩丘陵区地下水资源地面调查

调查任务包括查明地层岩性、构造、地貌等因素对区域水文地质条件的影响,控制地下水形成、分布的主导因素和条件;划分含水层、组、带及地下水的类型,了解各类地下水的形成、富集、补给、径流、排泄条件及水质状况;访问和搜集有重大供水意义的井(孔)、泉和受季节影响较大的地下水动态资料。查明基岩自流水盆地和自流水斜地的水文地质条件,断裂、构造裂隙及岩体、岩脉与围岩接触带富水性的一般规律,具有一定供水意义的风化带中地下水的一般分布规律和水文地质条件。查明第四系发育的河谷平原、山间盆地等松散砂砾石含水层的一般水文地质条件。查明区域水化学的一般特征,初步了解热矿水成因、分布及其开发利用条件。了解地方病与环境地质的关系,了解由于水质污染而引起的"污染病"的状况和致病原因。有"三废"排出的工矿区和大量使用农药、化肥的地区,应调查由于地下水和地表水遭受污染而引起的"污染病"状况,搜集水中有毒成分含量、污染途径和污染质来源等资料,对浅层地下水更应注意污染问题的调查。初步了解矿区水文地质条件和以水利工程地质为主的区域工程地质条件。

一般基岩丘陵山区,地质构造往往是控制地下水的主导因素,在调查中必须运用由特殊到一般、由一般到特殊的工作方法,即由低序次的富水构造着手,找出控制地下水的高序次构造,据此预测低序次构造的富水性。在分清构造体系及其生成序次的基础上,对典型断裂构造,应查明其力学性质、断层规模、产状要素、胶结和充填程度、岩脉与岩体活动及其蚀变破碎情况、后期构造作用、被切割岩石的力学性质、裂隙发育程度及地下水活动痕迹等。

3. 岩溶地区地下水资源地面调查

调查岩溶含水层分布,研究地层、构造、岩脉与岩溶水的关系。调查地表有规律分布的各种岩溶形态、各种岩溶水点,如岩溶泉、地下河出口、出水洞等是调查的重点。测定空间位置、水位、流量、流速、水质,调查补给范围、补给来源。对岩溶水点的水位和流量,应获得最枯时期资料,并了解雨季动态变化。岩溶水地区地表水与地下水间相互转化的速度较快,特别是裸露、半裸露型及一些浅覆盖地区,地表河水流量变化较大,应研究其伏流情况,对流量变化显著的河流,应分段测定其流量,常年有水的河流宜在枯季测流,间歇性河流可在雨季测流。调查研究岩溶地下水系统补给、径流与排泄特征。不同类型岩溶地区,地下水环境现状调查的要求各有侧重。裸露地区主要查明岩溶发育特点及岩溶水点的详细情况。

在我国南方岩溶地区,尤其要查清地下暗河的分布、补给面积、流量与水质等状况。覆盖型岩溶地区,调查主要地下通道的位置及埋藏情况,查明岩溶强烈发育带,确定强径流带及富水地段,评价其水质、水量。埋藏型地区,获得各岩溶含水层组的埋深、厚度、水量、水质等初步资料。

4. 黄土地区地下水资源地面调查

我国北方分布着 54 万平方千米的黄土（包括黄土台塬、黄土丘陵和河谷平原—丘间谷盆区），厚度由数十米至数百米。黄土地区土质疏松、沟谷深切、地形破碎、水土易于流失、地表缺水严重，多呈半干旱景观。黄土地区的地下水资源地面调查侧重黄土地区的地貌特征调查。黄土区的地貌往往反映基底构造轮廓及下伏地层的分布与发育情况，控制地下水的赋存、运移。调查黄土台塬（包括呈阶梯状的台塬）、黄土丘陵（梁、峁、沟壑）、山前洪积扇（裙）和河谷阶地的形态等，收集黄土层中溶蚀、湿陷、沟谷切割密度及深度等数据，观察了解黄土地区水土流失及植被与地下水的关系等。通过对井、孔、泉水的研究，确定黄土层中的含水层位，分析地下水的赋存条件和分布规律。研究黄土地区的水文地球化学特征，了解地方病与水土、地貌的关系。研究合理开发黄土地区地下水的方案，并推测可能出现的环境地质问题。

5. 沙漠地区地下水资源地面调查

我国西北地区分布有大片沙漠地带，年降水量仅 50～100 mm，蒸发强烈。该区地下水环境现状调查的主要目的是解决当地生活、生产和治理沙漠用水，寻找地下水源，因此，要对所有地下水露头（钻孔、井、泉、湿地等）进行观测。在查清从边缘山地到沙漠内部，松散沉积物形成特征的基础上，查明沙丘覆盖的淡水层和近代河道两侧淡水层的分布及其水文地质条件，重点调查古河道、潜蚀洼地和微地貌（沙丘、草滩、湖岸、天然堤等）的分布及其地下水淡水层或透镜体的关系，以及可能汇水的冲洪积扇、冲湖积层的分布特征，寻找被掩埋的冲洪积扇、古河道及冰水堆积物；调查山地与戈壁带的接触条件和地下水溢出带，查明地下水的补给来源、运动规律及排泄特点；研究地下水的化学成分，植物生长与地下水化学成分的关系，从山前到腹地的地下水化学成分的变化规律；了解研究古气候特征，可指导寻找现代沙漠之下的地下水。

6. 冻土地区地下水资源地面调查

我国东北部和西部高寒山区有多年冻土区分布，区内年平均气温在 0℃ 以下，地壳表层常年被冻结或夏季表层融冻但下部仍冻结。冻结层内的地下水主要呈固态存在，冻结层下为液态地下水，但在冻结层内也常有融冻区分布。

该类地区进行地下水调查，除对地貌、地层岩性、构造条件进行一般性研究之外，应重点调查多年大面积冻结层的深度、片状冻结与岛状冻结层的分布规律及其特征，融冻期融冻层的厚度，常年积雪区范围、积雪量和融雪量，地表水体的分布、水位、流量等。查明河流融区、湖泊融区、构造融区的形成原因、发育特点、分布范围及融区内含水层的埋藏条件，水质、水量、地下水与地表水的水力联系。

冰锥、冰丘是多年冻土区地下水露头的特殊表现形式，应做详细调查。现代冰川区，要研究其运动规律及冰川地貌，查明冰水堆积、冰缘地貌分布规律，以及沉积物的类型、地下水埋藏特征。查明冻土区水化学的水平与垂直变化规律。

三、环境水文地质问题调查

(一) 地下水污染调查

地下水污染调查是地下水污染研究的基础和出发点。其主要目的是：①探测与识别地下污染物；②测定污染物的浓度；③查明污染物在地下水系统中的运移特性；④确定地下水的流向和速度，查明主径流向及控制污染物运移的因素，定量描述控制地下水流动和污染物运移的水文地质参数。场地调查获得的水文地质信息对水文地球化学调查、数值模拟和治理技术至关重要,主要包括初步场地勘察及初始评估、野外调查与监测两个阶段。

初步场地勘察及初始评估阶段包括已有资料的搜集整理和现场踏勘。描述场地的基本地质特征及对已搜集整理资料信息进行验证;搜集当地的水文资料,包括降雨和地表排水;搜集有关污染源和污染特性的资料;初步确定地下水系统概念模型。

该阶段主要分两个步骤:

(1)搜集前人资料,包括污染现场历史资料、地质与水文地质资料、水文资料的搜集。土地利用历史与现状资料可以指示污染现场地下水环境中可能存在的污染物。最关键的污染现场资料包括已知污染物或可能存在的污染物的性质,有关土壤、空气、水等污染迁移介质的环境管理标准,污染物的来源或可能来源,污染程度。前人的现场地质与水文地质调查报告可提供有关地形、岩土体和填埋材料的厚度及分布、含水层的分布、基岩高程、岩性、厚度、区域地质条件、构造特征(例如基岩中的断层)、土壤类型等方面的资料。遥感影像可为评价地质条件及地表排水特征提供重要信息,取水井的地质柱状图有助于了解水井附近的地质情况。收集污染物的排泄区、地下水位、地下水大致流向及地表排水方式资料。水文资料调查内容包括地表水的位置、流动情况、水质以及与地下水的水力联系方式等。有关地表水来源及流向的资料大多可由地形图获得,更详细的情况可由专门水资源报告获得。另外,如有场地水文地质平面图、剖面图及初步的概念模型等资料则最佳。

(2)初步现场踏勘,目的是证实从资料分析中得出的结论是否正确。踏勘需携带所有相关的平面图、剖面图及航空图件,用于近地表勘察的铁铲与手工钻,用于采集地表水或泉水的采样瓶等。调查已有资料没有记录的场地周围近期变化情况(如新建筑),通过分析不同时期的遥感影像掌握土地利用历史变化情况,根据场地的复杂程度和已有资料的情况,初步建立一个场地水文地质概念模型。

野外调查与监测主要包括:划分并刻画主要含水层,确定地下水流向,形成一个仿真度较高的地下水系统概念模型。能够刻画主要含水层并绘制场地附近地下水流场图,定性评价地下水脆弱性,并识别污染物可能的运移途径。调查现场特征及地下水监测孔安装情况,现场调查可采用直接方法(钻探、土壤采样、土工试验等)和间接方法(遥感影像、探地雷达、电法等)。调查者应有效地结合两种方法,从而获得全面的现场特征资料。

野外调查主要是土壤采样,确定土壤是否受到污染。与背景水平相对照,确定污染物是否存在及其浓度大小,确定污染物的浓度及其空间分布特征。采用野外试验与室内实验相结合的方法,研究污染土壤的性质。野外试验可提供有关土壤性质、地下水流动条件、污染物迁移等方面的资料。对于缺乏有关地下详细信息的研究场地,可使用地表物探技术获取场地的一些地层信息,如每组主要地层单元的相对位置和厚度、沉积物或岩石类型(地质描述)、矿物组成、粒径分布、塑性、主要孔隙(裂隙)和渗透性、次要孔隙(裂隙)的迹象、饱水度。在布置钻孔时应考虑远离特定的地表过程(如溪流)和人工回填堆(如许多垃圾填埋场)。钻孔深浅应根据场地而定,一般应到达低渗透性岩层的底部边界;如果没有有关地层渗透性信息时,钻孔应到达基岩。

地下水监测孔能够采集地下水水样并获取水位资料。监测孔设计不能改变水样的水质,设计因素一般考虑监测孔直径大小、成井材料等,其直径大小一般取决于获取地下水水样的设备(提桶、水泵等)的尺寸。从安全和处理费用的角度,应尽量使监测阶段抽取的地下水量最小化。监测孔成井技术规程规定井径的标准通常为 50 mm。监测孔成井材料应不吸收或过滤水样中的化学组分,且不应影响水样的代表性。监测孔位置和监测过程的目的密切相关。大多数的溶解性化合物在包气带以垂直运动为迁移方式,一旦到达饱水带以后,就将随着地下水的流动做水平运动。图4-9表示了一种典型的监测孔布置方式。"A"井为背景监测孔,位于现场中地形足够高的地方,这用来确保水井周围土壤中的充填物不会对水力传导系数造成任何影响。"B"井位于现场中可以探测到污染物迁移的地方,该井也用来验证污染治理措施的有效性。为了阻止污染物向监测孔套管的垂向迁移,该监测孔必须小心施工并加以密封。"C"井位于现场下坡度的地方,应尽可能及时地探测地下水水质的变化情况。"D"井位于现场的两侧。场地的地质条件、水文地质条件、污染物性质及勘察区域的范围都是确定监测孔的数目及布置方式的因素。场地的地质条件与水文地质条件越复杂,污染物的运动情况也越复杂。勘察区域的范围越大,监测孔的数目应越多。

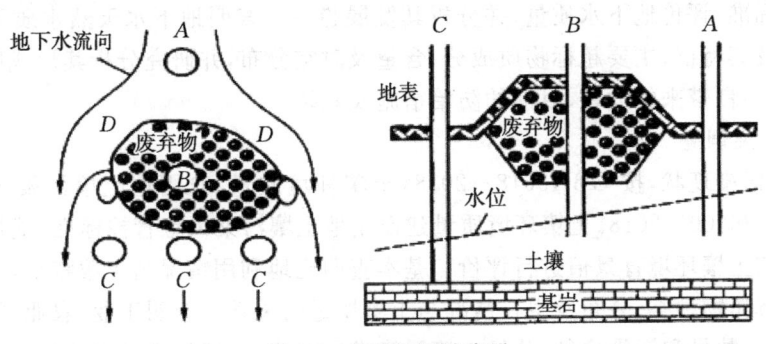

图 4-9 典型监测孔布设

地下水污染调查最终提交的资料应至少包括以下部分:说明场地水文地质条件的剖面图,每个主要含水层的水位等值线图,表示地下水侧向和垂向流动的剖面图,所有测定方法得出的水位和物理参数值列表,总结污染物运移的主要途径,总结可能影响污染物运移的附加场地条件。

(二)其他环境水文地质问题调查

1. 土地盐渍化调查

了解盐渍化土壤的区域类型,查明盐渍化土壤的分布范围、面积;查明不同类型盐渍化土壤母质的岩性成分、结构特征,表层土壤粒度组成、渗透性、含盐量及其组分;查明包气带及潜水含水层有关的岩土水理性质,重点是潜水的埋藏条件、分布特征、补径排条件,潜水水化学成分与性质和土壤溶液的酸碱度;确定土地盐渍化性质与程度,并分析其发展趋势。分析控制土壤盐渍化的自然和人为因素。了解气象、水文、地貌、地质、水文地质等自然因素,以及农田灌溉、水库渗漏等人为因素对土壤盐渍化形成过程的影响。了解土地盐渍化的危害性和对生态环境的影响,并分析其发展趋势。

2. 土地沼泽化调查

查明沼泽化土地的分布范围、面积与历史变化;查明泥炭沼泽地泥炭层和潜育沼泽地土层的特征及潜育化发育情况;了解植物、农作物的种类与生长情况及优势动物种群。查明沼泽水的输入、输出、水位与水深、水质、水流方式、淹水持续时间和淹水频率等水文条件,地下水主要赋存层位、补径排条件和水化学特征及其动态变化等水文地质特征。根据沼泽的形成条件,确定沼泽的成因类型,分析沼泽化的演化趋势及其对生态环境的正负效应。

3. 海水入侵调查

了解海水入侵的地质环境背景,包括区域地貌形态、岩性结构及组合、地质构造、海岸性质、海滨与入海河口变迁、地表水文、潮汐和气候气象特点等。查明咸、淡水层的岩性结构,含水介质及其特征,地下水水质咸化程度(Cl、Br和矿化度等)及其特征,地下水位动态变化及潮汐对地下水动态的影响,咸水体的空间分布范围(距海岸带的距离、面积)及咸水体与淡水体的接触关系,地下水、地表水与海水之间的水力联系、补排关系和海水入侵通道。分析控制海水入侵的自然因素和人为因素。了解海平面上升、潮汐等自然因素和抽、排地下水等人为因素与海水入侵的关系。查明海水入侵的途径,了解海水入侵的历史及变化规律。根据水化学分析结果,进行海水入侵程度分区,分析海水入侵发展趋势。了解海水入侵对土地资源、地下水资源和生态环境等的危害及趋势。了解海水入侵的勘查、监测、工程治理措施及效果。

4. 地下水天然劣质水调查

查明地下水水质现状,按 GB 5749—2006《生活饮用水卫生标准》和 DZ/T 0290—2015《地下水水质标准》评价地下水质量,并分析其发展趋势。查明地下水天然水质不良地段的分布、含水层位及其特征,主要超标物质成分、含量及时空分布,并研究分析其形成原因。了解地下水天然水质不良带来的危害、目前的防治措施及效果。

5. 土壤污染调查

查明土壤污染现状,按 GB 15618—2018《土壤环境质量 农用地土壤污染风险管控标准(试行)》和 GB 36600—2018《土壤环境质量建设用地土壤污染风险管控标准(试行)》评价土壤环境质量,或按土壤环境背景值进行评价。基本查明土地利用情况与土壤特征,了解当地植物与农作物、经济作物种类、分布及生长情况与土壤质量的关系。查明工业、农业、污水灌溉等污染源类型、分布、数量和污染途径,分析土壤污染发展趋势,了解污染带来的危害及目前的防治措施及效果。

四、环境水文地质试验

环境水文地质试验是地下水环境现状调查中不可缺少的重要手段,许多水文地质资料皆需通过环境水文地质试验才能获得。环境水文地质试验的种类很多,下面以野外抽水试验为主,其他几项试验为辅予以介绍。

(一)抽水试验的目的和任务

抽水试验是通过从钻孔或水井中抽水,定量评价含水层富水性,测定含水层水文地质参数和判断某些水文地质条件的一种野外试验工作方法。抽水试验的目的和任务包括:①直接测定含水层的富水程度和评价井(孔)的出水能力;②确定含水层水文地质参数(K、T、μ、μ^*、a)的主要方法;③为取水工程设计提供所需的水文地质数据,并根据水位降深和涌水量选择水泵型号;④直接评价水源地的可(允许)开采量;⑤查明某些其他手段难以查明的水文地质条件,如地表水与地下水之间及含水层之间的水力联系,以及边界性质和强径流带位置等。

(二)抽水试验分类

抽水试验包括单一抽水试验,也包括由各种单一抽水试验组合成的多种综合性抽水试验类型,一般应根据地下水环境现状调查工作的目的和任务确定具体的抽水试验类型。例如,在区域性地下水环境现状调查及专门性地下水环境现状调查的初始阶段,抽水试验的目的主要是获取含水层具代表性的水文地质参数和富水性指标(如钻孔的单位涌水量或某一降深条件下的涌水量),故一般选用单孔抽水试验即可。当只需要取得含水层渗透系数和涌水量时,一般多选用稳定流抽水试验;当需要获得渗透系数、导水系数、释水系数及越流系数等更多水文地质参数时,则须选用非稳定流的抽水试验方法。进行抽水试验时,一般不必开凿专门的水位观测孔,但为提高所求参数的精度和了解抽水流场特征,应尽量用更多已有的水井作为试验的水位观测孔。当已有观测孔不能满足要求时,则需开凿专门水位观测孔。

在专门性地下水环境现状调查的详勘阶段,为获得开采孔群(组)设计所需水文地质参数(如影响半径、井间干扰系数等)和水源地允许开采量(或矿区排水量)时,则须选用多孔干扰抽水试验。当设计开采量(或排水量)远小于地下水补给量时,可选用稳定流的抽水试验方法;反之,则选用非稳定流的抽水试验方法(表 4-11)。

表 4-11 抽水试验分类方法

分类依据	抽水试验类型	亚类	主要用途
Ⅰ 按井流理论	Ⅰ-1 稳定流抽水试验		(1)确定水文地质参数 K、$H(r)$、R; (2)确定水井的 Q-S 曲线类型:①判断含水层类型及水文地质条件;②下推设计降深时的开采量
	Ⅰ-2 非稳定流抽水试验	Ⅰ-2-1 定流量非稳定流抽水试验	(1)确定水文地质参数 μ、μ^*、K'/m'(越流系数)、T、a、B(越流因素)、l/a(延迟指数); (2)预测在某一抽水量条件下,抽水流场内任一时刻任一点的水位下降值
		Ⅰ-2-2 定降深非稳定流抽水试验	
Ⅱ 按干扰和非干扰理论	Ⅱ-1 单孔抽水试验	按有无水位观测	Ⅱ-1-1 无观测孔的单孔抽水试验	同Ⅰ
			Ⅱ-1-2 带观测孔的单孔抽水试验(带观测孔的多孔抽水试验;带观测孔的孔组抽水试验)	(1)提高水文地质参数的计算精度:①提高水位观测精度;②避开抽水井三维流影响; (2)准确求解水文地质参数; (3)了解某一方向上水力坡度的变化,从而认识某些水文地质条件
	Ⅱ-2 干扰抽水试验	按试验目的规模	Ⅱ-2-1 一般干扰抽水试验	(1)求取水工程干扰出水量; (2)求井间干扰系数和合理井距
			Ⅱ-2-2 大型群孔干扰抽水试验	(1)求水源地允许开采量; (2)暴露和查明水文地质条件; (3)建立地下水流(开采条件下)模拟模型
Ⅲ 按抽水试验的含水层数目	Ⅲ-1 分层抽水试验		单独求取含水层的水文地质参数
	Ⅲ-2 混合抽水试验		求多个含水层综合的水文地质参数

(三)抽水孔和观测孔的布置要求

1. 抽水孔(主孔)

主要依据试验的任务和目的布置抽水孔:①为求取水文地质参数的抽水孔,一般应远离含水层的透水、隔水边界,布置在含水层的导水及储水性质、补给条件、厚度和岩性条件等有代表性的地方;②对于探采结合的抽水井(包括供水详勘阶段的抽水井),布置在含水层(带)富水性较好或计划布置生产水井的位置上;③欲查明含水层边界性质、边界补给量的抽水孔,布置在靠近边界的地方,以便观测边界两侧明显的水位差异或查明两侧的水力联系程度。

2. 水位观测孔的布置要求

观测孔的水位观测数据,可以提高井流公式所计算出的水文地质参数的精度;可用多种作图方法求解稳定流和非稳定流的水文地质参数;可绘制抽水的入土流场图(等水位线或下降漏斗),可分析判明含水层的边界位置与性质、补给方向、补给来源及强径流带位置等水文地质条件。大型孔群抽水试验渗流场的时空特征,可作为建立地下水流数值模拟模型的基础。

求取含水层水文地质参数的观测孔,一般应与抽水主孔组成观测线,所求水文地质参数应具有代表性。一般应根据抽水时可能形成的水位降落漏斗的特点确定观测线的位置。均质各向同性、水力坡度较小的含水层,其抽水降落漏斗的平面形状为圆形,在与地下水流向垂直方向上布置一条观测线即可。均质各向同性、水力坡度较大的含水层,其抽水降落漏斗形状为椭圆形,下游一侧的水力坡度远较上游一侧的大,除垂直地下水流向布置一条观测线外,应在上游、下游方向上各布置一条水位观测线。均质各向异性的含水层,抽水水位降落漏斗常沿着含水层储、导水性质好的方向发展、延伸,该方向水力坡度较小;储、导水性差的方向为漏斗短轴,水力坡度较大。水位观测线应沿着不同储、导水性质的方向布置,以分别取得不同方向的水文地质参数。

观测线上观测孔数目,若只为求参数,1个即可;为提高参数的精度,则需2个以上;如欲绘制漏斗剖面,则需2~3个。观测孔距主孔距离,按抽水漏斗水面坡度变化规律,越靠近主孔距离应越小,越远离主孔距离应越大。为避开抽水孔三维流的影响,第一个观测孔距主孔的距离一般应约等于含水层的厚度(至少应大于10 m);最远的观测孔,要求观测到的水位降深应大于20 cm;相邻观测孔距离,也应保证两孔的水位差必须大于20 cm。

(四)渗水试验

渗水试验是一种在野外现场测定包气带土层垂向渗透系数的简易方法,在研究地面入渗对地下水的补给时,常采用渗水试验。在试验层中开挖一个截面积为0.3~0.5 m²的方形或圆形试坑,不断将水注入坑中,并使坑底的水层厚度保持一定(一般为10 cm厚,图4-10)。

当单位时间注入水量(即包气带土层的渗透流量)保持稳定时,可根据达西渗透定律计算包气带土层的渗透系数(K),即

$$K = V/I = \frac{Q}{WI} \quad (4-10)$$

式中,Q为稳定渗透流量,即注入水量,单位为m^3/d;V为渗透水流速度,单位为m/d;W为渗水坑的底面积,单位为m^2;I为垂向水力坡度。

$$I = \frac{H_K + Z + l}{l} \quad (4-11)$$

式中,H_K为包气带土层的毛细上升高度,可测定或用经验数据,单位为cm;Z为渗水坑内水层厚度,单位为cm;

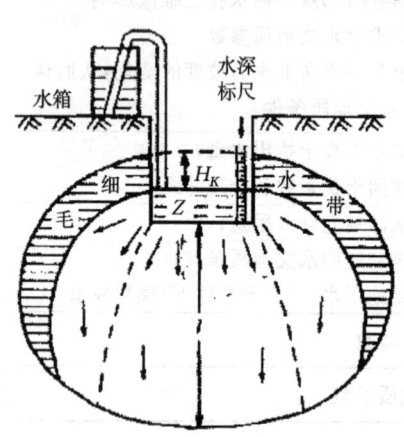

图4-10 试坑渗水试验示意

l为水从坑底向下渗入的深度,可通过试验前在试坑外侧、试验后在坑中钻孔取土样测定其不同深度的含水量变化,经对比后确定,单位为cm。

通常情况下,当渗入水到达潜水面后,H_K则为0。因Z远远小于l,故水力坡度值近似等于1($I \approx 1$),式(4-11)变为

$$K = \frac{Q}{W} = V \quad (4-12)$$

在上述基本合理的假定条件下,包气带土层的垂向渗透系数(K),实际上等于试坑底单位面

积上的渗透流量(单位面积注入水量),也等于渗入水在包气带土层中的渗透速度(V)。渗水试验最大缺陷是,水体下渗时常常不能完全排出岩层中的空气,对试验结果必然产生影响。

五、水文地质参数

水文地质参数是表征岩土水文地质性能大小的数量指标,是地下水资源评价的重要基础资料,主要包括含水层的渗透系数和导水系数、承压含水层储水系数、潜水含水层的给水度、弱透水层的越流系数及含水介质的水动力弥散系数。

可通过水文地质试验法(如野外现场抽水试验、注水试验、渗水试验及室内渗压试验、达西试验、弥散试验等)和地下水动态观测资料法确定水文地质参数。前者可在较短时间内求出含水层参数而得到广泛应用;后者比较经济,并且测定参数的范围比前者更为广泛。

(一)给水度

给水度是表征潜水含水层给水能力和储蓄水量能力的一个指标,在数值上等于单位面积的潜水含水层柱体,即当潜水位下降一个单位时,在重力作用下自由排出的水量体积和相应的潜水含水层体积的比值。给水度不仅与包气带的岩性有关,而且随排水时间、潜水埋深、水位变化幅度及水质的变化而变化(表 4-12)。

表 4-12 各种岩性给水度经验值

岩性	给水度	岩性	给水度
黏土	0.02~0.035	细砂	0.08~0.11
亚黏土	0.03~0.045	中细砂	0.085~0.12
亚砂土	0.035~0.06	中砂	0.09~0.13
黄土状亚黏土	0.02~0.05	中粗砂	0.10~0.15
黄土状亚砂土	0.03~0.06	粗砂	0.11~0.15
粉砂	0.06~0.08	黏土胶结的砂岩	0.02~0.03
粉细砂	0.07~0.010	裂隙灰岩	0.008~0.10

(二)渗透系数和导水系数

渗透系数又称水力传导系数,是描述介质渗透能力的重要水文地质参数。根据达西公式,渗透系数代表当水力坡度为 1 时,水在介质中的渗流速度,单位是 m/d 或 cm/s。渗透系数大小与介质的结构(颗粒大小、排列、空隙充填等)和水的物理性质(液体的黏滞性、容重等)有关。

导水系数即含水层的渗透系数与其厚度的乘积。其理论意义为水力梯度为 1 时,通过含水层的单宽流量,常用单位是 m^2/d。导水系数只适用于平面二维流和一维流,而在三维流及剖面二维流中无意义。

(三)水动力弥散系数

水动力弥散系数是研究地下水溶质运移问题的一个重要参数,表征在一定流速下,多孔介质对某种污染物质弥散能力的参数,在宏观上反映了多孔介质中地下水流动过程和空隙结构特征对溶质运移过程的影响。水动力弥散系数是一个与流速及多孔介质有关的张量。水动力弥散系数包括机械弥散系数与分子扩散系数。当地下水流速较大时可以忽略分子扩散系数,同时假设弥散系数与孔隙平均流速呈线性关系,可先求出弥散系数再除以孔隙平均流速便可获取弥散度。

(四)储水率和储水系数

储水率和储水系数是含水层的重要水文地质参数,表明含水层中弹性储存水量的变化和承压水头（潜水含水层中为潜水水头）相应变化之间的关系。储水率为当含水层水头变化一个单位时，从单位体积含水层中，因水体积膨胀（或压缩）及介质骨架的压缩（或伸长）而释放（或储存）的弹性水量，用 μ_s 表示，是描述地下水三维非稳定流或剖面二维流的水文地质参数。

储水系数表示当含水层水头变化一个单位时，从底面积为一个单位、高等于含水层厚度的柱体中所释放（或储存）的水量，用 S 表示。潜水层水层的储水系数等于储水率与含水层的厚度之积再加上给水度。

(五) 越流系数和越流因素

表示越流特性的水文地质参数是越流系数和越流因素。越流补给量的大小与弱透水层的渗透系数 K' 及厚度 b' 有关，即 K' 越大、b' 越小，则越流补给的能力就越大。当地下水的主要开采含水层底顶板均为弱透水层时，开采层和相邻的其他含水层有水力联系时，越流是开采层地下水的重要补给来源。

越流系数 σ 是当抽水含水层和供给越流的非抽水含水层之间的水头差为一个单位时，单位时间内通过两含水层之间弱透水层的单位面积的水量。显然，当其他条件相同时，越流系数越大，通过的水量就越多。

(六) 降水入渗补给系数

1. 基本概念

降水是自然界水分循环中最活跃的因子之一，是地下水资源形成的重要组成部分。地下水可恢复资源的多寡是与降水入渗补给量密切相关的。降水入渗补给系数 a 是指降水渗入量与降水总量的比值，a 值的大小取决于地表土层的岩性和土层结构、地形坡度、植被覆盖及降水量的大小和降水形式等。一般情况下，地表土层的岩性对 a 值的影响最显著。降水入渗系数可分为次降水入渗补给系数、年降水入渗补给系数、多年平均降水入渗补给系数，它随着时间和空间的变化而变化。降水入渗系数是一个无量纲系数，其值为 0～1。表 4-13 为原水利电力部水文局综合各流域的分析成果，列出了不同岩性在不同降水量年份条件下的平均年降水入渗补给系数的取值范围。

表 4-13　不同岩性和降水量的平均年降水入渗补给系数值

$P_\text{年}$/mm	岩性				
	黏土	亚黏土	亚砂土	粉细砂	砂卵砾石
50	0～0.02	0.01～0.05	0.02～0.07	0.05～0.11	0.08～0.12
100	0.01～0.03	0.02～0.06	0.04～0.09	0.07～0.13	0.10～0.15
200	0.03～0.05	0.04～0.10	0.07～0.13	0.10～0.17	0.15～0.21
400	0.05～0.11	0.08～0.15	0.12～0.20	0.15～0.23	0.22～0.30
600	0.08～0.14	0.11～0.20	0.15～0.24	0.20～0.29	0.26～0.36
800	0.09～0.15	0.13～0.23	0.17～0.26	0.22～0.31	0.28～0.38
1 000	0.08～0.15	0.14～0.23	0.18～0.26	0.22～0.31	0.28～0.38
1 200	0.07～0.14	0.13～0.21	0.17～0.25	0.21～0.29	0.27～0.37
1 500	0.06～0.12	0.11～0.18	0.15～0.22	—	—
1 800	0.05～0.10	0.09～0.15	0.13～0.19	—	—

注：引自原水利电力部水文局《中国地下水资源》。

2. 确定方法

常用地下水位动态资料来计算降水入渗补给系数。这种方法适用于地下水位埋藏深度较小的平原区。我国北方平原区地形平缓,地下径流微弱,地下水从降水获得补给,消耗于蒸发和开采。在一次降雨的短时间内,水平排泄和蒸发消耗都很小,可以忽略不计。

六、地下水质量评价方法

地下水质量的单组分评价,按照 GB/T 14848—2017《地下水质量标准》所列指标,划分为五类,代号与类别代号相同,不同类别标准值相同时,从优不从劣。例如挥发性酚,Ⅰ类和Ⅱ类标准值均为 0.001 mg/L,如水质分析的结果为 0.001 mg/L,则应定为Ⅰ类,而不应定为Ⅱ类。地下水质量评价以地下水水质调查分析资料或水质监测资料为基础,可采用标准指数法、污染指数法和综合评价方法。

(一)标准指数法

地下水质量分类指标限值按 GB/T 14848—2017《地下水质量标准》执行。对评价标准为定值的水质参数,其标准指数法公式为

$$P_i = \frac{C_i}{S_i} \tag{4-13}$$

式中,P_i 为标准指数,C_i 为水质参数 i 的监测浓度值,S_i 为水质参数 i 的标准浓度值。

对于评价标准为区间值的水质参数(如 pH 值),其标准指数式为

$$S_{pH} = \frac{7.0 - pH_i}{7.0 - pH_{sd}}, \quad pH_j \leqslant 7.0 \tag{4-14}$$

$$S_{pH} = \frac{pH_i - 7.0}{pH_{su} - 7.0}, \quad pH_j > 7.0 \tag{4-15}$$

式中,S_{pH} 为 pH 的标准指数,pH_i 为 i 点实测 pH 值,pH_{su} 为标准中 pH 值的上限值,pH_{sd} 为标准中 pH 值的下限值。

评价时,标准指数>1,表明该水质参数已超过了规定的水质标准,指数值越大,超标越严重。

(二)污染指数法

对照项目所在地区地下水的背景值或对照值,对地下水污染现状进行评价。方法与标准指数法类似。对照值为定值的水质参数,其污染指数法公式为

$$P_i = \frac{C_i}{S_i'} \tag{4-16}$$

式中,P_i 为污染指数,C_i 为水质参数 i 的监测浓度值,S_i' 为水质参数 i 的对照值浓度值。

地下水污染对照值为区间值的水质参数(如 pH 值),其污染指数式为

$$S_{pH} = \frac{7.0 - pH_i}{7.0 - pH_{sd}}, \quad pH_i \leqslant 7 \tag{4-17}$$

$$S_{pH} = \frac{pH_i - 7.0}{pH_{su} - 7.0}, \quad pH_i > 7 \tag{4-18}$$

式中,S_{pH} 为 pH 的污染指数;pH_i 为 i 点实测 pH 值;pH_{su} 为标准中 pH 值的上限值;pH_{sd} 为标准中 pH 值的下限值。

污染指数>1 时,表明该水质因子已受到污染,指数值越大,污染越严重。

(三)综合评价方法

地下水质量综合评价在单因子指数法的基础上按照以下步骤进行:①对各单项组分进行

评价,划分各组分所属质量类别;②对各类别按照表 4-14 所列规定确定各组分分值;③按照下列公式计算 F 值与 $\bar{F}$ 值。

表 4-14 类别单项组分评价分值

类别	I	II	III	IV	V
F_i	0	1	3	6	10

$$F = \sqrt{\frac{\bar{F}^2 + F_{max}^2}{2}} \tag{4-19}$$

$$\bar{F} = \frac{1}{n}\sum_{i=1}^{n} F_i \tag{4-20}$$

式中,F_i 为各单项组分评分值,$\bar{F}$ 为各单项组分评分值的平均值。

第五节 声环境现状调查与评价

声环境现状调查与评价,需根据声环境影响工作评价等级和评价范围,确定声环境现状调查范围、内容。调查一般需要给出评价范围内影响声传播的环境要素。

一、声环境现状调查

(一)调查目的

掌握评价范围内,声环境质量现状、声环境敏感目标和人口分布情况,为声环境现状评价和预测评价提供基础资料,也为管理决策部门提供现状情况,以便与项目建设后的声环境影响程度进行比较和判别。

(二)调查内容

调查内容包括:评价范围内现有的噪声源种类、数量及相应的噪声级;评价范围内现有的噪声敏感目标及相应的噪声功能区划和应执行的噪声标准;评价范围内各功能区噪声现状、边界噪声超标状况及受影响人口分布、敏感目标超标情况等。

(三)调查方法

收集资料法、现场调查和测量法及两种方法相结合为常用的调查方法。实际评价工作中,应根据噪声评价工作等级确定具体的调查方法。

二、评价量的含义和应用

(一)量度声波强度的物理量

1. 声压

声压指声波扰动引起的和平均大气压不同的逾量压强,为

$$\Delta p = p_1 - p_0 \tag{4-21}$$

式中,p_0 为平均大气压;p_i 为弹性媒质中疏密部分的压强,单位为 Pa,1 Pa=1 N/m²。

2. 声功率

声功率是指单位时间内声源辐射出来的总声能(k),或单位时间内通过某一面积的声能,记作 w,单位是 W。

$$w = \frac{Sp_e^2}{\rho_0 c} \tag{4-22}$$

式中，S 为包围声源的面积，单位为 m^2；$\rho_0 c$ 为媒质的特性阻抗，单位为 $Pa \cdot s/m$；p_e 为某时间段内的瞬时声压的均方根值。

3. 频率（f）和倍频带

声波的频率（f）为每秒媒质质点振动的次数，单位为赫兹（Hz）。声波按频率划分，次声波的频率范围为 $10^{-4} \sim 20$ Hz，可听声波频率范围为 $20 \sim 2 \times 10^4$ Hz，超声波的频率范围为 $2 \times 10^4 \sim 10^9$ Hz。环境声学中研究的声波一般为可听声波，可听声波的频率范围较宽，按下述公式将可听声波划分为 10 个频带。

$$f_2 = 2^n f_1 \tag{4-23}$$

式中，f_1 为下限频率，单位为 Hz；f_2 为上限频率，单位为 Hz，$n=1$ 时就是倍频带。

倍频带中心频率可按下式计算

$$f_0 = \sqrt{f_1 \cdot f_2} \tag{4-24}$$

噪声监测仪器中有频谱分析仪器（滤波器），可测量不同频带的声压级。倍频带的划分范围和中心频率见表 4-15。

表 4-15 倍频带中心频率和上下限频率　　　　　　　　　单位：Hz

下限频率 f_1	中心频率 f_0	上限频率 f_2
22.3	31.5	44.5
44.6	63	89
89	125	177
177	250	354
354	500	707
707	1 000	1 414
1 414	2 000	2 828
2 828	4 000	5 656
5 656	8 000	11 312
11 312	16 000	22 624

4. 声压级

某声压 p 与基准声压之比的常用对数乘以 20，称为该声音的声压级，以分贝（dB）计，计算式为

$$L_p = 20 \lg \frac{p}{p_0} \tag{4-25}$$

空气中的参考声压 p_0 规定为 2×10^{-5} Pa，这个数值是正常人耳对 1 000 Hz 声音刚刚能觉察到的最低声压值（或可听声阈）。人耳可听见的声压为 2×10^{-5} Pa，痛域声压为 20 Pa，两者相差 100 万倍。按式（4-25）计算，L_p（听阈）= 0 dB，L_p（痛阈）= 120 dB。

如果测量得到的是某一中心频率倍频带上限和下限频率范围内的声压级，则可称其为某中心频率倍频带的声压级，由可听声范围内 10 个中心频率倍频带的声压级经对数叠加可得到总声压级。

5. 声功率级

某声源的声功率与基准声功率之比的常用对数乘以 10，称为该声源的声功率级，以分贝

(dB)计,计算式为

$$L_w = 10\lg\frac{w}{w_0} \tag{4-26}$$

式中,$w_0 = 10^{-12}$ W。

声压级和声功率级的关系可表示为

$$L_p = L_w - 10\lg S \tag{4-27}$$

式中,S 为包围声源的面积,单位为 m^2。

上述公式的适用条件是自由声场或半自由声场,声源无指向性,其他声源的声音均小到可以忽略。自由声场的声源位于空中,它可以向周围媒质均匀、各向同性地辐射球面声波,S 为球面面积。半自由声场是声源位于广阔平坦的刚性反射面上,向下半个空间的辐射声波也全部被反射到上半空间来,S 为半球面面积。

(二)A 声级 L_A 和最大 A 声级 L_{Amax}

环境噪声的度量,不仅与噪声的物理量有关,还与人对声音的主观听觉有关。人耳对声音的感觉不仅和声压级大小有关,还和频率的高低有关。声压级相同而频率不同的声音,听起来响度不一样,高频声音比低频声音响,这是人耳听觉特性所决定的。为了能用仪器直接测量出人的主观响度感觉,研究人员为声级计(测量噪声的仪器)设计了一种特殊的滤波器,叫 A 计权网络。通过 A 计权网络测得的噪声值更接近人的听觉,测得的声压级称为 A 计权声级,简称 A 声级,以 L_{PA} 或 L_A 表示,单位为 dB(A)。由于 A 声级能较好地反映人们对噪声的主观感觉,它几乎成为一切噪声评价的基本量(表 4-16)。倍频带声压级和 A 声级的换算关系,设各倍频带声压级为 L_{Pi},那么 A 声级为

$$L_A = 10\lg\left[\sum_{i=1}^{n} 10^{0.1(L_{Pi} - \Delta L_i)}\right] \tag{4-28}$$

式中,ΔL_i 为第 i 个倍频带的 A 计权网络修正值,单位为 dB;n 为总倍频带数。

A 声级一般用来评价噪声源。对特殊的噪声源在测量 A 声级的同时还需要测量其频率特性,频发、偶发噪声、非稳态噪声往往需要测量最大 A 声级(L_{Amax})及其持续时间,而脉冲噪声应同时测量 A 声级和脉冲周期。

表 4-16 A 计权网络修正值

频率/Hz	63	125	250	500	1 000	2 000	4 000	8 000	16 000
ΔL_i/dB	−26.2	−16.1	−8.6	−3.2	0	1.2	1.0	−1.1	−6.6

(三)等效连续 A 声级 L_{Aeq} 或 L_{eq}

A 声级用来评价稳态噪声具有明显的优点,但在评价非稳态噪声时存在明显不足。因此,人们提出了等效连续 A 声级(简称"等效声级"),即将某一段时间内连续暴露的不同 A 声级变化,用能量平均的方法以 A 声级表示该段时间内的噪声大小,单位为 dB(A)。

等效连续 A 声级的数学表达式为

$$L_{eq} = 10\lg\left(\frac{1}{T}\right)\int_0^T 10^{0.1L_A(t)} d_t \tag{4-29}$$

式中,L_{eq} 为在 T 段时间内的等效连续 A 声级,单位为 dB(A);$L_A(t)$ 为 t 时刻的瞬时 A 声级,单位为 dB(A);T 为连续取样的总时间,单位为 min。

等效连续 A 声级是应用较广泛的环境噪声评价量。我国制定的 GB 3096—2008《声环境

质量标准》、GB 12348—2008《工业企业厂界环境噪声排放标准》、GB 12523—2011《建筑施工场界环境噪声排放标准》、GB 12525—1990《铁路边界噪声限值及其测量方法》、GB 22337—2008《社会生活环境噪声排放标准》等多项环境噪声排放标准，均采用该评价量作为标准。根据环境噪声实际变化情况确定不同的测量时间段，将测量结果代表某段时间的环境噪声状况。昼间时段测得的等效声级称为昼间等效连续 A 声级（L_d），夜间时段测得的声级称为夜间等效连续 A 声级（L_n）。

(四)计权等效连续感觉噪声级 L_{WECPN} 或 WECPNL

计权等效连续感觉噪声级（L_{WECPN} 或 WECPNL）是在有效感觉噪声级的基础上发展而来，用于评价航空噪声的方法，其特点在于既考虑了在全天 24 小时的时间内飞机通过某一固定点所产生的有效感觉噪声级的能量平均值，同时也考虑了不同时间段内的飞机数量对周围环境所造成的影响。

一日计权等效连续感觉噪声级的计算公式为

$$WECPNL = \overline{EPNL} + 10\lg(N_1 + 3N_2 + 10N_3) - 39.4 \tag{4-30}$$

式中，$\overline{EPNL}$ 为 N 次飞行的有效感觉噪声级的能量平均值，单位为 dB；N_1 为 7～19 时的飞行次数；N_2 为 19～22 时的飞行次数；N_3 为 22～次日 7 时的飞行次数。

计算式中所需参数如飞机噪声的 EPNL 与距离的关系，一般采用美国联邦航空局提供的数据或通过类比实测得到，具体计算步骤可依据 GB 9661—1988《机场周围飞机噪声测量方法》进行。

计权等效连续感觉噪声级仅作为评价机场飞机噪声影响的评价量，对照评价的标准也是《机场周围飞机噪声环境标准》。

三、环境噪声现状测量

(一)环境噪声测量标准方法

现阶段环境噪声现状测量采用的方法执行以下标准：GB 3096—2008《声环境质量标准》、GB 9661—1988《机场周围飞机噪声测量方法》、GB 12348—2008《工业企业厂界环境噪声排放标准》、GB 22337—2008《社会生活环境噪声排放标准》、GB 12523—2011《建筑施工场界环境噪声排放标准》、GB 12525—1990《铁路边界噪声限值及其测量方法》、GB 14227—2006《城市轨道交通车站站台声学要求和测量方法》。

(二)噪声源数据

噪声源数据可通过类比测量法和引用已有数据获得。首先应考虑类比测量法，评价等级为一级，必须采用类比测量法；评价等级为二级、三级，可引用已有的噪声源声级数据。

1. 类比测量

在噪声预测过程中，应选取与建设项目的声源具有相似的型号、工况和环境条件的声源进行类比测量，并根据条件的差别进行必要的声学修正。为了获得声源声级的准确数据，必须严格按照现行国家标准进行测量。环境影响报告书应说明声源声级数据的测量方法标准。

2. 引用已有数据

引用类似的声源声级数据，必须是公开发表的、经过专家鉴定并且是按有关标准测量的数据。环境影响报告书应当指明被引用数据的来源。

(三)环境噪声现状测量要求

1. 测量量

环境噪声测量量为等效连续 A 声级;频发、偶发噪声,非稳态噪声测量量还应包括最大 A 声级及噪声持续时间。机场飞机噪声的测量量为等效感觉噪声级(L_{EPNL}),进而根据飞行架次计算计权等效连续感觉噪声级(L_{WECPNL})。

声源的测量量为 A 声功率级(L_{Aw})或中心频率为 63 Hz~8 kHz 8 个倍频带的声功率级(L_W),距离声源 r 处的 A 声级[$L_{A_{(r)}}$]或中心频率为 63 Hz~8 kHz 8 个倍频带的声压级[$L_{P_{(r)}}$],等效感觉噪声级(L_{EPNL})。

2. 测量时段

应在声源正常运行工况下选择适当时段测量。每一测点应分别进行昼间、夜间时段的测量,以便与相应标准对照。噪声起伏较大的情况(如道路交通噪声、铁路噪声、飞机机场噪声),应增加昼间、夜间的测量次数。测量时段应具代表性。每个测量时段的采样或读数方式以现行标准方法规范要求为准。

3. 测量记录内容

测量记录内容包括测量仪器型号、级别及仪器使用过程的校准情况;各测量点的编号、测量时段和对应的声级数据(备注中需说明测量时的环境条件);有关声源运行情况(如设备噪声包括设备名称、型号、运行工况、运转台数,道路交通噪声包括车流量、车种、车速等)。

四、声环境现状监测的布点要求

(一)布点范围

为充分了解评价范围内声环境质量现状,布设的现状监测点应能覆盖整个评价范围,要求选择的监测点的监测结果能够描述出评价范围内的声环境质量。为达到上述目标,评价范围内的厂界(或场界、边界)和敏感目标的监测点位均应在调查的基础上,合理布设。由于声波传播过程中受地面建筑物和地面对声波吸收的影响,同一敏感目标不同高度上的声级会有所不同,因此当敏感目标高于三层(含三层)建筑工况和环境条件的声源进行类比测量,需根据条件的差别进行必要的声学修正。为了获得声源声级的准确数据,必须严格按照现行国家标准进行测量。环境影响报告书应当说明声源声级数据的测量方法标准。

(二)环境现状监测布点

在实际评价中,评价范围内有的不存在明显的声源,有的存在明显噪声源,如工业噪声、交通运输噪声、建筑施工噪声、社会生活噪声等。布点时应根据声源的不同情况采用不同的布点方法。

五、环境噪声现状评价方法

环境噪声现状评价包括噪声源现状评价和声环境质量现状评价,其评价方法是对照相关标准评价达标或超标情况,并分析其原因,同时评价受噪声影响的人口分布情况。

噪声源现状评价,应对评价范围内现有噪声源种类、数量及相应的噪声级、噪声特性进行评价,并开展主要噪声源分析等。

环境噪声现状评价,应当根据评价范围内现有噪声敏感区、保护目的分布情况、噪声功能区的划分情况等,对评价范围内环境噪声现状,包括各功能区噪声级、超标状况进行评价并开展主要噪声源分析。此外,还应说明受噪声影响的人口分布状况。

环境噪声现状评价结果应附表格和图示,清楚说明主要噪声源位置、各边界测量点和环境敏感目标测量点位置,给出相关距离和地面高差。改扩建飞机场,需要绘制现状 WECPNL 的等声级线图,说明周围敏感目标受不同声级的影响情况。

六、典型工程环境噪声现状水平调查方法

(一)工矿企业环境噪声现状水平调查

现有车间的噪声现状调查,重点是 85 dB(A)以上的噪声源分布和声级分析。厂区内噪声水平调查一般采用网格法,每间隔 10～50 m 划分正方形网格(大型厂区可取 50～100 m),在交叉点(或中心点)布点测量,并将测量结果标在图上。

厂界噪声水平调查测量点应布置在厂界外 1 m 处,间隔为 50～100 m,大型项目可取 100～300 m,具体测量方法参照相应的标准规定。

生活居住区噪声水平调查,可将生活区划成网格测量,进行总体水平分析,或针对敏感目标,参照 GB 3096—2008《声环境质量标准》布置测点,调查敏感点处噪声现状水平。

所有调查数据按有关标准选用的参数进行数据统计和计算,为现状评价提供数据基础。

(二)公路、铁路环境噪声现状水平调查

公路、铁路为线型工程,其噪声现状水平调查应重点关注沿线的环境噪声敏感目标,主要调查评价范围内有关城镇、学校、医院、居民集中区或农村生活区在沿线的分布和建筑情况,以及执行的相应噪声标准。

测量调查环境噪声背景值,若敏感目标较多时,应分路段测量环境噪声背景值(逐点或选典型代表点布点)。若存在现有噪声源(包括固定源和流动源),应调查其分布状况和对周围敏感目标影响的范围与程度。

环境噪声现状水平调查一般测量等效连续 A 声级。必要时,除调查昼间和夜间背景噪声值外,还应调查噪声源的影响距离、超标范围和程度、全天 24 小时等效声级值,作为现状评价和预测评价的依据。

(三)飞机场环境噪声现状水平调查

在机场周围进行环境调查时,应调查评价范围内声环境功能区划、敏感目标和人口分布,以及噪声源种类、数量和相应的噪声级。评价范围内没有明显噪声源且声级较低(≤45 dB)时,噪声现状监测点可依据评价等级分别选择 3～6 个测点,测量等效连续 A 声级。

改扩建工程,应根据现有飞机飞行架次、飞行程序和机场周围敏感点分布,分别选择 3～18 个测点进行飞机噪声监测;无敏感点的可在机场近台、远台设点监测。在每个测点分别测量不同机型起飞、降落时的最大 A 声级、持续时间(最大声级下 10 dB 的持续时间)或 EPNL。飞机架次较多的机场可实施连续监测,并根据飞越该测点的不同机型和架次,计算该测点的 WECPNL,同时给出年日平均飞行架次和机型,绘制现状等声级线图。

第六节 生态现状调查与评价

一、生态现状调查

生态现状调查至少要进行两个阶段:影响识别和评价因子筛选前的初次调查与现场踏勘,环境影响评价中的详细勘测和调查。

(一)生态现状调查要求

生态现状调查是生态现状评价、影响预测的基础和依据,调查的内容和指标应能反映评价工作范围内的生态背景特征和现存主要生态问题。有敏感生态保护目标(包括特殊生态敏感区和重要生态敏感区)或其他特别保护要求对象时,应做专题调查。生态现状调查应在收集资料的基础上开展现场工作,调查范围应不小于评价工作的范围。

一级评价应给出采样地样方实测、遥感等方法测定的生物量、物种多样性等数据,给出主要生物物种名录、受保护的野生动植物物种等调查资料;二级评价的生物量和物种多样性调查可依据已有资料推断,或实测一定数量的、具有代表性的样方予以验证;三级评价可充分借鉴已有资料进行说明。

生态现状调查常用方法包括资料收集、现场勘查、专家和公众咨询、生态监测、遥感调查、海洋生态调查和水库渔业资源调查等,具体参考 HJ 19—2011《环境影响评价技术导则 生态影响》附录 A;图件收集和编制要求参考 HJ 19—2011《环境影响评价技术导则 生态影响》附录 B。

(二)调查内容

1. 生态背景调查

根据生态影响的空间和时间尺度特点,调查影响区域内涉及的生态系统类型、结构、功能和过程,以及相关的非生物因子特征(如气候、土壤、地形地貌、水文及水文地质等),重点调查受保护的珍稀濒危物种、关键种、土著种、建群种、特有种、天然的重要经济物种等。涉及国家级和省级保护物种、珍稀濒危物种和地方特有物种时,应逐个或逐类说明其类型、分布、保护级别、保护状况等;涉及特殊生态敏感区和重要生态敏感区时,应逐个说明其类型、等级、分布、保护对象、功能区划、保护要求等。

2. 主要生态问题调查

调查影响区域内已存在的制约本区域可持续发展的主要生态问题,如水土流失、沙漠化、石漠化、盐渍化、自然灾害、生物入侵和污染危害等,指出其类型、成因、空间分布、发生特点等。

(三)调查方法

1. 资料收集法

收集现有的能反映生态现状或生态背景的资料。从表现形式上包括文字资料和图形资料,从时间上包括历史资料和现状资料,从行业类别上包括农、林、牧、渔和环境保护部门,从资料性质上包括环境影响报告书、有关污染源调查、生态保护规划和规定、生态功能区划、生态敏感目标的基本情况及其他生态调查材料等。使用资料收集法时,应保证资料的现势性,引用资料必须建立在现场校验的基础上。

2. 现场勘查法

现场勘查应遵循整体与重点相结合的原则,综合考虑主导生态因子结构与功能完整性的同时,突出重点区域和关键时段的调查,并通过对影响区域的实际踏勘,核实收集的资料准确性,以获取实际资料和数据。

3. 专家和公众咨询法

专家和公众咨询法是对现场勘查的有益补充。通过咨询有关专家,收集评价工作范围内的公众、社会团体和相关管理部门对项目影响的意见,发现现场踏勘中遗漏的生态问题。专家和公众咨询应与资料收集和现场勘查同步开展。

4. 生态监测法

当资料收集、现场勘查、专家和公众咨询提供的数据无法满足评价的定量需要,或项目可能产生潜在的或长期累积效应时,可考虑选用生态监测法。生态监测应根据监测因子的生态学特点和干扰活动特点确定监测的位置和频次,进行代表性布点。生态监测方法与技术要求须符合国家现行的有关生态监测规范和监测标准分析方法。生态系统生产力调查,必要时需现场采样、实验室测定。

5. 遥感调查法

当涉及区域范围较大或主导生态因子的空间等级尺度较大,通过人力踏勘较为困难或难以完成评价时,可采用遥感调查法。遥感调查过程中须辅助必要的现场勘查工作。

(四)植物的样方调查和物种重要值

自然植被的调查经常需开展现场样方调查。样方调查首先须确定样地大小,一般草本的样地在 $1\ m^2$ 以上,灌木林样地在 $10\ m^2$ 以上,乔木林样地在 $100\ m^2$ 以上。样地大小依据植株大小和密度确定。其次须确定样地数目,样地的面积应包括群落的大部分物种,一般可用物种与面积的关系曲线确定样地数目。样地的排列包括系统排列和随机排列两种方式。样方调查中"压线"植物的计量须合理统计。

在样方调查(主要是进行物种调查、覆盖度调查)的基础上,可依下列方法计算植被中物种的重要值

$$密度 = 个体数目 / 样地面积 \tag{4-31}$$

$$相对密度 = \frac{一个种的密度}{所有种的密度} \times 100\% \tag{4-32}$$

$$优势度 = 底面积(或覆盖面积总值) / 样地面积 \tag{4-33}$$

$$相对优势度 = \frac{一个种度优势}{所有种度优势} \times 100\% \tag{4-34}$$

$$频度 = 包含该种样地数 / 样地总数 \tag{4-35}$$

$$相对频度 = \frac{一个种的频度}{所有种的频度} \times 100\% \tag{4-36}$$

$$重要值 = 相对密度 + 相对优势度 + 相对频度 \tag{4-37}$$

(五)水生生态调查

水生生态系统有海洋生态系统和淡水生态系统两大类别。淡水生态系统又有河流生态系统和湖泊生态系统之别。

建设项目的水生生态调查,一般应包括水质、水温、水文和水生生物群落的调查,并且应包括鱼类产卵场、索饵场、越冬场、洄游通道、重要水生生物及渔业资源等特别问题的调查。水生生态调查一般按规范的方法进行,如海洋水质和底泥监测须按《海洋监测规范》系列国家标准执行;海洋生物调查按《海洋调查规范》系列国家标准执行,该系列规范对样品采集、保存和分析方法等都进行了规定。

水生生态调查一般包括初级生产量、浮游生物、底栖生物、潮间带生物和鱼类资源等,有时还有水生植物调查等。

1. 初级生产量的测定方法

(1)氧气测定法,即黑白瓶法。用三个玻璃瓶,一个用黑胶布包上,再包以铅箔。从待测的

水体深度取水,保留一瓶(初始瓶 IB)以测定水中原来溶氧量。将另一对黑白瓶沉入取水样深度,经过 24 小时或其他适宜时间,取出进行溶氧测定。根据初始瓶(IB)、黑瓶(DB)、白瓶(LB)溶氧量,即可求得:

$$LB-IB=净初级生产量 \tag{4-38}$$
$$IB-DB=呼吸量 \tag{4-39}$$
$$LB-DB=总初级生产量 \tag{4-40}$$

昼夜氧曲线法是黑白瓶方法的变形。每隔 2~3 小时测定一次水体的溶氧量和水温,做成昼夜氧曲线。白天由于水中自养生物的光合作用,溶氧量逐渐上升;夜间由于全部好氧生物的呼吸,溶氧量逐渐减少。这样,就能根据溶氧的昼夜变化来分析水体群落的代谢情况。因为水中溶氧量还随温度而改变,因此必须对实际观察的昼夜氧曲线进行校正。

(2)CO_2 测定法。用塑料帐将群落的一部分罩住,测定进入和抽出的空气中 CO_2 含量。如黑白瓶方法比较水中溶氧量那样,本方法也要用暗罩和透明罩,也可用夜间无光条件下的 CO_2 增加量来估计呼吸量。测定空气中 CO_2 含量的仪器是红外气体分析仪,或用古老的吸收法。

(3)放射性标记物测定法。将放射性 ^{14}C 以碳酸盐($^{14}CO_3^{2-}$)的形式,放入含有自然水体浮游植物的样瓶中,沉入水中经过短时间培养,滤出浮游植物,干燥后在计数器中测定放射活性,然后通过计算,确定光合作用固定的碳量。因为浮游植物在暗中也能吸收 ^{14}C,因此还要用"暗呼吸"作校正。

(4)叶绿素测定法。通过薄膜将自然水进行过滤,然后用丙酮提取,将丙酮提出物在分光光度计中测量光吸收,再通过计算,化为每平方米含叶绿素多少克。叶绿素测定法最初应用于海洋和其他水体,较用 ^{14}C 和氧测定方法简便,花费时间也较少。

有很多新技术正在发展,其中最著名的包括利用海岸区彩色扫描仪、先进的分辨率很高的辐射计、美国专题制图仪或欧洲斯波特卫星(SPOT)等遥感器的方法。

2. 浮游生物调查

浮游生物包括浮游植物和浮游动物,也包括鱼卵和仔鱼。许多水生生物在幼虫期,都是以浮游状态存在,进行浮游生活。浮游生物调查指标包括:①种类组成及分布,包括种及其类属和门类、不同水域的种类数(种/网);②细胞总量,平均总量(个/立方米)及其区域分布、季节分析;③生物量,单位体积水体中的浮游生物总重量(mg/m^3);④主要类群,按各种类的浮游生物的生态属性和区域分布特点进行划分;⑤主要优势种及分布,细胞密度(个/立方米)最大的种类及其分布;⑥鱼卵和仔鱼的数量(粒/网或尾/网)及种类、分布。

3. 底栖生物调查

底栖生物活动范围小,常可作为水环境状态的指示性生物。底栖生物也是很多鱼类的饵料生物,它的丰富与否与水生生态系统的生产能力密切相关。在水生生态调查与评价中,底栖生物的调查与评价是必不可少的。

底栖生物的调查指标包括:①总生物量(g/m^2)和密度(个/立方米);②各种类的底栖生物及其相应的生物量、密度;③种类—组成—分布;④群落组成、分布及其优势种;⑤底质类型。

4. 潮间带生物调查

海洋生态中,潮间带是一个特殊生境,因而养育了特殊的潮间带生物。很多海岸建设工程会强烈影响潮间带生态。潮间带生物调查的采样和标本处理按《海洋调查规范》进行,一般按不同的潮区进行调查,其主要调查指标是:①鉴定潮间带生物种和类属;②生物量(g/m^2)和密度(个/平方米)及其分布,包括平面分布和垂直分布;③群落类型和结构,按潮区分别调查;④相应群落的底质类型(砂、岩、泥)。

5. 鱼类

鱼类是水生生态调查的重点,一般调查方法为网捕,也附加市场调查法等。鱼类调查既包括鱼类种群的生态学调查,也包括鱼类作为资源的调查。一般调查指标有:①区分目、科、属、种及其相应的分布位置;②渔获密度(尾/网),相应的种类、地点;③渔获生物量(克/网)及相应的种类、地点;④不同温度区及其适宜鱼类种类,不同水层(上层、中层、底层)中、不同水域(静水、流水、急流)的鱼类分布;⑤经济鱼类和常见鱼类的种类、生产力;⑥地方特有鱼类种类、生活史(食性、繁殖与产卵、洄游等)、特殊生境要求与利用,种群动态;⑦列入国家和省级一类、二类保护名录中的鱼类、分布、生活史、种群动态及生境条件。

(六)水库渔业资源调查

水库渔业资源调查按 SL 167—2014《水库渔业资源调查规范》执行,主要包括以下内容。

1. 水库形态与自然环境调查

主要调查水库工程概况、水库形态特征、集雨区概况、淹没区概况、消落区概况、气候气象和水文条件等。

2. 水的理化性质调查

(1)采样点布设。按环境条件的异同将水库分为若干个区域,然后确定能代表该区域特点的地方作为采样点。一般可在水库的上游、中游、下游的中心区和出、入水口区以及库湾中心区等水域布设采样点(表 4-17)。

表 4-17 采样点的控制数量

水面面积/hm^2	<500	500~<1 000	1 000~<5 000	5 000~<10 000	≥10 000
采样点数量/个	2~4	3~5	4~6	5~7	≥6

(2)采样层次。水深小于 3 m 时,可只在表层采样;水深为 3~6 m 时,至少应在表层和底层采样;水深为 6~10 m 时,至少应在表层、中层和底层采样;水深大于 10 m 时,10 m 以下除特殊需要外一般不采样,10 m 以上至少应在表层、5 m 和 10 m 水深层采样。

(3)采样方法。水样用采水器采集。每个采样点应采水样 2L。分层采样时,可将各层所采水样等量混合后取 2L,但水库下游中心区采样点的各层水样宜分别处理,以便分析垂直分布。

(4)水样灌瓶。水样瓶应事先洗净。水样灌瓶前,应用水样冲洗水样瓶 2~3 次。测定溶解氧的水样,应立即通过导管自瓶底注入 250 mL 磨口细口玻璃瓶中,并溢出 2~3 倍所灌瓶容积的水。除测定溶解氧的水样外,其他水样不宜灌满。水样灌瓶后,应立即加入固定液。

(5)水样的固定和保存。测定溶解氧的水样,应加入 2 mL 硫酸锰溶液和 2 mL 碱性碘化钾溶液固定。测定总碱度、总硬度、氮量、磷量、氯化物、硫酸盐、总铁、钠、钾等项目的水样,每升水样中加入 2~4 mL 氯仿固定。测定化学耗氧量的水样,每升水样中缓慢加入 1 mL 3+1 硫酸溶液固定。固定后的水样,应尽快置于低温下(0~4℃)避光保存,并带回实验室后立即进行测定。

(6)测定项目。必做的检测项目包括水温、透明度、电导率、pH 值、溶解氧、化学耗氧量、总碱度、总硬度、氨氮、硝酸盐氮、总氮、总磷、可溶性磷酸盐等。选做的检测项目包括重碳酸盐、碳酸盐、钙、镁、氯化物、硫酸盐、亚硝酸盐氮、总铁、钠、钾、污染状况等。

3. 水生生物调查

通过采样、样品固定、种类鉴定、计数、生物量计算等,分析浮游植物和浮游动物的种类组成,并按分类系统列出名录表,记录浮游植物和浮游动物的数量和生物量。测定浮游植物叶绿素 a、叶绿素 b、叶绿素 c 的含量。采用黑白瓶测氧法测定浮游植物的初级生产力,记录细菌总数、异养细菌数量和细菌生物量的测定结果。

分析底栖生物中软体动物、水生昆虫和水栖寡毛类的种类组成,并按分类系统列出名录表,记录数量和生物量的调查结果。分析着生藻类和着生原生动物的种类组成,并按分类系统列出名录表,记录计数结果。分析大型水生植物的种类组成,并按分类系统列出名录表,记录称重结果。开展鱼类种类组成、渔获物分析、主要经济鱼类年龄与生长、虾等水生经济动物等调查。开展经济鱼类产卵场调查。

(七) 海洋生态调查

海洋生态调查按 GB/T 12763.9—2007《海洋调查规范第 9 部分:海洋生态调查指南》执行。海洋生态调查包括海洋生态要素调查和海洋生态评价两大部分。

1. 海洋生态要素调查

海洋生物群落结构要素调查包括微生物、叶绿素 a、游泳动物、底栖生物、潮间带生物和污损生物调查,均按 GB/T 12763.6—2007 的规定执行,分别绘制总浮游植物和各粒级浮游植物细胞密度的分布图和粒级结构图,绘制浮游动物总数和各粒级的分布图和粒级结构图。各粒级浮游植物细胞密度的等值线取值标准及各粒级的富有动物个体数量和生物量等值线取值标准均参照 GB/T 12763.6—2007 执行,也可视具体情况酌情增减。海洋生态系统功能调查,目前着重调查初级生产力、新生产力和细菌生产力,具体调查内容按 GB/T 12763.6—2007 的规定执行。

海洋水文要素调查包括深度、水温、盐度、水位和海流调查,按 GB/T 12763.2—2007 规定执行。温跃层和盐跃层调查方法同水温和盐度的调查方法,判断标准执行 GB/T 12763.7—2007 规定。记录海面状况,收集入海河流径流量和输沙量数据。

海洋气象要素调查包括日照时数、气温、风速、风向、天气状况等,气温、风速、风向的调查,按 GB/T 12763.3—2007 的规定执行。

海洋光学要素调查包括海面照度、水下向下辐照度调查,按 GB/T 12763.5—2007 的规定执行。真光层深度计算为提取表层和每米水层的向下辐照度数据,做垂直分布图,确定向下辐照度为表层的 100%、50%、30%、10%、5% 和 1% 的深度。真光层判断标准为:取向下辐照度为表层 1% 的深度作为真光层的下界深度;若真光层大于水深,取水深作为真光层的深度。

透明度调查按 GB/T 17378.4—2007 的规定执行。

海水化学要素调查包括总氮、硝酸盐、亚硝酸盐、铵盐、总磷、活性磷酸盐、活性硅酸盐、溶解氧和 pH 调查,按 GB/T 12763.4—2007 的规定执行。化学耗氧量调查按 GB/T 17378.4—2007 的规定执行。重金属(总汞、铜、铅、镉、总铬、砷)、有机污染物(硫化物、氰化物、有机氯农药、挥发酚类)和油类调查按 GB/T 12763.4—2007 和 GB/T 17378.4—2007 的规定执行。所测定的要素可根据调查任务和海区的具体情况酌情增减。调查悬浮颗粒物和颗粒有机物(POM),以及颗粒有机碳(POC)和颗粒氮(PN)。

海洋底质要素调查包括底质类型、粒度、有机碳、总氮、总磷、pH 值和 Eh 值的调查,按

GB/T 12763.8—2007 的规定执行。硫化物、有机氯、油类、重金属(总汞、铜、铅、镉、总铬、砷、硒)的调查按 GB/T 17378.5—2007 的规定执行。

人类活动要素调查包括海水养殖生产要素调查、海洋捕捞生产要素调查、入海污染要素调查、海上油田生产要素调查和其他人类活动要素调查。

2. 海洋生态评价

海洋生态评价主要包括海洋生物群落结构分析与评价、生态系统功能评价和生态压力评价。群落结构分析与评价的主要方法为单元分析法和多变量分析法。

(1) 单元法分析包括以下几个内容：

生物量评价。评价对象包括微生物、浮游植物群落、浮游动物群落、游泳动物群落、底栖生物群落、潮间带生物群落和污损生物群落。分析各类群的个体数量(微生物指菌落数量,浮游植物指细胞数量,底栖生物、潮间带生物和污损生物指栖息密度和生物量),绘制空间分布图,评价其变化趋势。

优势种评价。评价对象包括浮游植物群落、浮游动物群落、游泳动物群落、底栖生物群落、潮间带生物群落和污损生物群落。采用优势度指数进行评价,分析群落优势种丰度及其优势度,绘制空间分布图,评价其变化趋势。优势度优劣的计算公式为

$$D_i = n_i/N \cdot 100\% \tag{4-41}$$

式中,D_i 为第 i 种的百分比优势度;n_i 为该站位第 i 种的数量;N 为该站位群落中所有种的数量,单位可用个体数、密度、重量等表示。

指示种评价。评价对象包括浮游植物群落、浮游动物群落、游泳动物群落、底栖生物群落、潮间带生物群落和污损生物群落。分析不同环境压力(如有机污染、重金属污染、油污染等)下生物群落出现的指示性物种,计算其生物量,绘制空间分布图,评价环境和群落的变化趋势。

关键种评价。评价对象为海洋食物网,包括浮游食物网、高营养阶层食物网、底栖碎屑食物网等。主要分析食物网各营养阶层的关键物种,计算其生物量,绘制空间分布图,评价其变化趋势。

物种多样性评价。评价对象包括浮游植物群落、浮游动物群落、底栖生物群落、潮间带生物群落。采用物种多样性指数评价。物种多样性指数一般采用香农(Shannon)多样性指数计算。制作空间分布图,评价其变化趋势。多样性指数的等值线取值标准为 0.5、1.0、1.5、2.0、2.5、3.0、3.5、4.0、4.5、5.0、6.0、7.0、8.0。以上取值标准,可视具体情况酌情增减。

群落均匀度评价。评价对象包括浮游植物群落、浮游动物群落、底栖生物群落、潮间带生物群落。采用均匀度指数评价,计算不同生物群落的均匀度,制作空间分布图,评价其变化趋势。均匀度指数等值线取值标准为 0.2、0.4、0.6、0.8、1.0。以上取值标准,可视具体情况酌情增减。

群落演变评价。评价对象包括浮游植物群落、浮游动物群落、底栖生物群落、潮间带生物群落。采用演变速率指标 β 多样性指数评价,测度群落间的相似性大小。绘制演变图,评价其演变趋势。演变速率(E)介于 $0 \sim 1$。$E = 0$,两个群落结构完全相同,没有发生演变;$E = 1$,两个群落结构完全不同,没有共同种,发生完全演变。通常情况下,$0 < E < 1$,两个群落的结构发生部分改变。

(2) 多变量分析评价的对象主要为适应于无运动能力或运动能力较弱的浮游植物、浮游动物和区域性较强的底栖生物和潮间带生物群落。可采用一系列以等级相似性为基础的非参数

技术方法,如等级聚类、非度量多维标度分析、主成分分析(PCA),分析生物群落的空间格局和确定主要支配因素。等级聚类是确定生物群落样品的自然分组,使组内样品彼此间相较于组间样品更为相似,分析结果以树枝图形式表示,该图给出了样品间彼此的相似性水平。非度量多维标度是在一个低维标序空间中建立一个样品的"地图"或构型图,使样品间欧氏距离的等级顺序与其相似性或非相似性的等级顺序保持一致,能够比较准确地反映复杂的生物群落样品间的关系。非度量多维标度与等级聚类结合使用可有效揭示群落变化的连续梯度。主成分分析是把多维空间的点向低维空间做有效投影以使点的排列遭受最小可能的畸变,得到较少的主要分量,并尽可能多地反映原来变量的信息,找出生物群落变化的主要支配因素。上述多变量分析的数据处理可编程计算,也可采用统计软件。最终绘制多变量分析有关图表,如等级聚类图、主分量贡献图、ABC 曲线、K-优势度曲线等。

海洋生态系统功能评价包括初级生产功能、新生产功能、细菌生产功能评价3个方面。海洋生态系统中初级生产功能主要由浮游植物承担,初级生产提供了生态系统运转的大部分能量来源。初级生产功能采用初级生产力评价,单位为 $mg/(m^3 \cdot d)$ 或 $g/(m^2 \cdot d)$(均以碳计)。绘制初级生产功能的空间分布图,评价其变化趋势。新生产指由浮游植物利用新进入真光层的营养盐完成的有机物生产。新生产功能采用新生产力评价,单位为 $mg/(m^3 \cdot d)$ 或 $g/(m^2 \cdot d)$(均以碳计)。绘制新生产功能的空间分布图,评价其变化趋势。海洋生态系统中细菌生产功能主要由异养细菌承担,细菌生产提供了生态系统运转的补充能量来源。细菌生产功能采用细菌生产力评价,单位为 $mg/(m^3 \cdot d)$ 或 $g/(m^2 \cdot d)$(均以碳计)。绘制细菌生产功能的空间分布图,评价其变化趋势。

海洋生态压力评价包括富营养化压力、污染压力、养殖压力和捕捞压力评价4个方面。富营养化压力评价采用海水营养指数,可通过两种方法计算营养指数。第一种方法考虑化学耗氧量、总氮、总磷和叶绿素 a。当营养指数大于4时,认为海水达到富营养化。第二种方法考虑化学耗氧量、溶解无机氮、溶解无机磷。当营养指数大于1,认为水体富营养化。污染压力评价主要通过氮污染压力指数、磷污染压力指数、油污染压力指数和 COD 污染压力指数进行具体评价。其中,某月(年)的氮污染压力指数等于该月(年)的入海氮通量除以该月(年)水体中总氮平均含量;某月(年)的磷污染压力指数等于该月(年)的入海磷通量除以该月(年)水体中总磷平均含量;某月(年)的油污染压力指数等于该月(年)的入海油通量除以该月(年)水体中油的平均含量;某月(年)的 COD 污染压力指数等于该月(年)的入海 COD 通量除以该月(年)水体中 COD 的平均含量。依据这些压力指数计算结果,确定高污染压力海区,分别分析氮污染压力、磷污染压力、油污染压力和 COD 污染压力的变化趋势。养殖压力评价采用养殖压力指数法。滤食性贝类和浮游生物食性鱼类的养殖压力指数等于单位时间内养殖收获净输出的有机碳(氮)通量除以该调查区同时期水体中颗粒有机碳(氮)的平均含量,单位时间为月或年。捕捞压力分为Ⅰ类和Ⅱ类捕捞压力。Ⅰ类捕捞压力是指在高营养阶层因捕捞而直接减少的渔业生物现存量。Ⅱ类捕捞压力是指在低营养阶层因捕捞而加速了浮游生态系统中颗粒有机物质输出。Ⅰ类捕捞压力指数指某月(年)的捕捞压力指数等于该月(年)渔获量除以该月(年)的渔业资源现存量。Ⅱ类捕捞压力指数法指某月(年)的捕捞压力指数等于该月(年)渔获物的有机碳(氮)通量除以该月(年)海水中颗粒有机碳(氮)平均含量。

(八)遥感—地理信息系统—全球定位系统技术的应用

遥感—地理信息系统—全球定位系统,即"3S"技术,在生态学调查与研究中,具有重要作用。

1. 遥感技术

1972年美国发射了第一颗地球资源卫星,标志着人类进入了航天遥感时代。美国先后发射了一系列的陆地资源卫星,包括MSS(分辨率为80 m)、TM(7个波段,分辨率除第6段为120 m外,其他均为30 m)、ETM+(8个波段,热红外波段分辨率为60 m,全色波段分辨率为15 m,其余波段分辨率均为30 m)。1999年美国发射成功的小卫星上载有IKONOS传感器,其空间分辨率高达1 m,低空间高时相频率AVHRR(NOAA系列,分辨率为1 km)和其他遥感载体及测试雷达相继投入使用。法国发射了SPOT卫星,分辨率为20 m,全色波段分辨率为10 m。印度发射的IRS卫星全色波段的分辨率为6.25 m。

1999年中国和巴西成功发射联合研制中巴地球资源卫星01星(CBERS-01),截至2007年9月CBERS-02B成功入轨,已形成对地观测图像业务能力,多光谱CCD相机空间分辨率为19.5 m,可广泛应用于农作物估产、环境保护与监测、城市规划和国土资源勘测等领域。2008年中国的环境与灾害监测预报小卫星A、B星成功发射,搭载的CCD相机具有超过720 km幅宽的覆盖能力,红外相机具有夜间的灾害监测能力,高光谱相机具有高分辨率探测能力。A、B星能够实现对全国范围48小时无缝覆盖观测,同时还具有对境外灾害与环境事件的监测能力,大大提高了环保部门大范围、快速、动态、立体地开展生态监测及评价、跟踪部分类型突发环境污染事件的发生和发展的监测能力。

遥感记录数据的方式包括胶片格式和计算机可以处理的图像格式。遥感是指通过任何不接触被观测物体的手段来获取信息的过程和方法,包括航天遥感、航空遥感、船载遥感、雷达以及照相机摄制的图像,可提供地形、地貌、地面水体植被类型及其分布、土地利用类型及其面积、生物量分布、土壤类型及其水体特征、群落蒸腾量、叶面积指数及叶绿素含量等。最常用的是美国陆地资源卫星影像,每个波段的信息反映了不同的生态学特点(表4-18)。

表4-18 美国陆地资源卫星TM的7个波段及其能够测量的生态学特性

波段	主要生态学应用
波段1(0.45~0.52 μm) 可见蓝光区	识别水体、土壤和植被; 识别针叶林与阔叶林植被; 识别人为的(非自然)地表特征
波段2(0.52~0.60 μm) 可见绿光区	测量植被绿光反射峰值; 识别人为的(非自然)地表特征
波段3(0.60~0.90 μm) 可见红光区	监测叶绿素吸收; 识别植被类型; 识别人为的(非自然)地表特征
波段4(0.76~0.90 μm) 近红外反射区	识别植被类型及生物量; 识别水体和土壤湿度
波段5(1.55~1.75 μm) 中红外反射区	识别土壤温度和植物含水量; 识别雪和云
波段6(10.4~12.5 μm) 远红外反射区	识别植物受胁迫程度、土壤温度; 测量地表热量
波段7(2.08~2.35 μm) 中红外反射区	识别矿物和岩石类型; 识别植被含水量

2. 地理信息系统技术

地理信息系统是在计算机支持下,对空间数据进行采集、存储、检索、运算、显示和分析的管理系统。空间数据指不同来源和方式的遥感和非遥感手段所获取的数据。它有多种数据类型,包括地图、遥感数据和统计数据等,共同特点是具有确切的空间位置。空间数据是各种地理特征和现象的符号化表示,包括空间位置、属性特征和时态特征。空间位置数据描述地物所在位置,既可以根据大地参考系定义,如大地经纬度坐标,也可以是地物间的相对位置关系,如空间上的距离、邻接、重叠、包含等属性数据,又称非空间数据,是描述地物特征的定性或定量指标,包括语义与统计数据等。时态特征是指数据采集或地理现象发生的时刻或时段。

(九)陆地生态系统生产能力估测与生物量测定

生态系统生产力和生物量是其环境功能的综合体现。生态系统生产力的本底值,或理论生产力、理论的净第一性生产力,可作为生态系统现状评价的类比标准(表 4-19)。而生态系统的生物量,又称"现存量",是指一定地段面积内(单位面积或体积内)某个时期生存着的活有机体的数量。生长量或生产量则用来表示"生产速度"。生物量是衡量环境质量变化的主要标志。生物量的测定,采用样地调查收割法。

1. 陆地生态系统生产能力估测

生产能力估测是通过对自然植被净第一性生产力的估测来完成的。净第一性生产力估测方法很多,但还没有公认的模式,常用方法有:①地方已有成果应用法;②参考权威著作提供的数据;③区域蒸散模式。模型的推导和数学表达式为

$$
\left.\begin{aligned}
NPP &= RDI^2 \cdot \frac{r(1+RDI+RDI^2)}{(1+RDI)\cdot(1+RDI^2)} \times \exp(-\sqrt{9.87+6.25RDI}) \\
RDI &= (0.629+0.237PER-0.00313PER^2)^2 \\
PER &= PET/r = BT \times 58.93/r \\
BT &= \sum t/365 \text{ 或 } \sum T/12
\end{aligned}\right\} \quad (4\text{-}42)
$$

式中,RDI 为射干燥度;r 为年降水量,单位为 mm;NPP 为自然植被净第一性生产力,单位为 t/(hm²·a);PER 为可能蒸散率;PET 为年可能蒸散量,单位为 mm;BT 为年平均生物温度,单位为℃;t 为小于 30℃与大于 0℃的日均值,单位为℃;T 为小于 30℃与大于 0℃的月均值。

表 4-19 自然植被净第一性生产力的测算结果(青藏铁路格望段)

生态系统类型	降水量/mm	生物温度 BT/℃	净第一性生产力 NPP /[t/(hm²·a)]
Ⅰ 温凉干旱平原、河谷、荒漠为主的生态系统			
Ⅰ-1 温凉干旱砂质荒漠生境	30	2 500	0.05
Ⅰ-2 温凉干旱砾质荒漠生境	30	2 500	0.05
Ⅰ-3 温凉干旱宽河谷荒漠生境	35	1 500	0.33
Ⅰ-4 高寒干旱山地荒漠生境	100	94	0.53
Ⅱ 高寒荒漠草原过渡型生态系统	150	80	0.74
Ⅲ 高寒山地草原生态系统	150	30	0.68

2. 生物量实测

主要实测方法包括 4 种:①样地调查收割法,森林选用 1 000 m²、疏林及灌木林选用

500 m², 草本群落选用 100 m² 作样地面积。②皆伐实测法, 为精确测定生物量或用作标准来检查其他测定方法的精确程度, 采用皆伐法, 即将林木伐倒之后, 测定各部分的材积, 并根据比重或烘干重换算成干重, 各株林木干重之和为林木的植物生物量。③平均木法, 采伐并测定具有林分平均断面的树木生物量, 再乘以总株数; 为保证测定的精度, 可采伐多株具有平均断面积的样木, 测定其生物量, 再计算单位面积的干重, 将研究地段的林木按其大小分级, 在各级内再取平均木, 然后再换算成单位面积的干重。④随机抽样法, 研究地段上随机选多株样木, 伐倒并测定其生物量, 将样木生物量之和乘以研究地段总胸高断面积与样木胸高断面积之和之比, 得到全林的生物量。

二、生态现状评价

生态现状评价是对调查所得的信息资料进行梳理分析, 判别轻重缓急, 明确主要问题及其根源的过程。

(一) 生态现状评价要求

在区域生态基本特征现状调查的基础上, 对评价区的生态现状进行定量或定性评价, 应采用文字和图件相结合的表现形式, 图件制作应遵照 HJ 19—2011《环境影响评价技术导则 生态影响》附录 B 规定。

在阐明生态系统现状的基础上, 分析影响区域内生态系统状况的主要原因。评价生态系统的结构与功能状况(如水源涵养、防风固沙、生物多样性保护等主导生态功能)、生态系统面临的压力和存在的问题、生态系统的总体变化趋势等。

分析和评价受影响区域内动植物等生态因子的现状组成、分布。当评价区域涉及受保护的敏感物种时, 应重点分析该敏感物种的生态学特征。当评价区域涉及特殊生态敏感区或重要生态敏感区时, 应分析其生态现状、保护现状和存在的问题等。

(二) 生态现状评价方法

生态系统评价方法大致可分为生态系统质量评价方法和社会经济角度评价方法。生态系统质量的评价方法主要考虑生态系统属性信息, 较少考虑其他方面的意义。社会经济角度评价方法是从社会—经济的观点评价生态系统, 估计人类社会经济对自然环境的影响, 评价人类社会经济活动所引起的生态系统结构、功能的改变及其改变程度, 提出保护生态系统和补救生态系统损失的措施, 目的在于保证社会经济持续发展的同时保护生态系统免受或少受有害影响。两类评价方法的基本原理相同, 但由于影响因子和评价目的的不同, 评价的内容和侧重点不同, 方法的复杂程度也不尽相同。

生态评价中的方法选用, 应根据评价问题的层次特点、结构复杂性、评价目的和要求等因素决定, 采用《环境影响评价技术导则 生态影响》(HJ 19—2011)推荐的方法, 如列表清单、图形叠置、生态机理分析、指数与综合指数、类比分析、系统分析、生物多样性评价、海洋及水生生物资源影响评价等。

(三) 列表清单法

列表清单法是 Little 等人于 1971 年提出的一种定性分析方法。该方法简单明了、针对性强, 适合于规模较小、工程简单的项目。采用列表清单法是将拟实施的开发建设活动的影响因素与可能受影响的生态因子分别列在同一张表格的行与列内, 逐点进行分析, 并逐条阐明影响的性质、强度等, 进而分析开发建设活动的生态影响。主要应用于开发建设活动对生态因子的影响分析、生态保护措施的筛选、物种或栖息地重要性或优先度比选等方面。

【例】应用列表清单法分析某煤矿项目建设对区域生态造成的影响(刘大胜 等,1999)。

某煤炭矿区位于湖区,规模为 30 km²,湖内动植物资源丰富,国家级保护鸟类 11 种,距矿区 200~300 m 外有国家重要湿地保护区,根据矿区生态背景和项目性质,矿区的影响主要来自于矿区占地和矿区开采后地表塌陷的危险。

列出影响因素及可能受影响的生物和非生物清单(表 4-20),并进行分析。

(1)矿区用水。项目所在区域为湖区,水资源丰富,地下水位高,矿区主要用水为煤炭洗选。由于拟建设规模较小,因此矿区用水不会占用湖区很多水资源,因此湖区的陆生植被生长、湿地水域面积及植被不会受到影响。

(2)矿区占地。矿区属于温带阔叶林带,由于人类活动区域自然植被所剩无几,以人工植被占主导。矿区建设规模占地 30 km²,主要是农田占用,并且区域内无稀有濒危物种,因此矿区占地不会对陆生植被造成很大影响。根据调查,矿区离最近的湖堤距离为 200~300 m,矿区占用部分鱼塘,鱼塘周围均为矮生芦苇,不属于区域主要保护的湿地类型,因此矿区占地对湿地植被的影响不大。矿区所在湖区鸟类资源丰富,但矿区植被占用主要是农田植被,并且农田作业对鸟类的干扰较大,因此矿区基本无鸟巢和鸟类分布,因此对鸟类栖息地影响不大。

(3)地表塌陷。矿井采煤一般会引起下沉、倾斜移动及水平变形等地表形态变化,并造成地表塌陷现象。根据项目所在地理位置和项目性质,预测矿区塌陷会对建筑和道路及水生生物群落两个方面造成影响。矿区所在湖区的湖泊类型为河迹洼地型淡水湖湖泊,年淤积厚度 4 mm,矿井预测塌陷区绝大部分位于湖中部的某区域,塌陷深度一般在 1~2 m,矿井塌陷将会给区域内的建筑物、道路等带来一定影响。项目所在湖区,湖泊水深 1.5 m,浮游植物混生,群落分层现象不明显,湖区塌陷有利于水生生物分层,但塌陷较深时会导致湖面面积缩小,影响水生生物的生境。此外,湖区突然崩塌会造成湖内鱼类的资源的减少。

因此,矿区建设对湖区生态的主要影响是矿区塌陷后对区域内建筑、道路的影响及矿区塌陷严重时对湖区面积和水生生物的影响,矿区建设后应以预防塌陷为主。

表 4-20 项目影响因素和可能受影响的生物和非生物

影响因素	可能受影响的生物和非生物
矿业用水	陆生植被、湿地
矿区占地	陆生植被、湿地资源、鸟类栖息地
地表塌陷	建筑、道路、水生生物群落

(四)图形叠置法

图形叠置法是把两个及以上的生态信息叠加到一张图上,构成复合图,表示生态变化的方向和程度。本方法直观、形象,简单明了,一般适合于具有区域性质的大型项目,如大型水利工程、交通建设等。图形叠置法包括以下两种。

1. 指标法

指标法首先确定评价区域范围,然后开展生态调查,收集评价工作范围与周边地区自然环境、动植物等信息,同时收集社会经济和环境污染、环境质量信息,进而开展影响识别并筛选拟评价因子,包括识别和分析主要生态问题。研究拟评价生态系统或生态因子的地域分异特点与规律,建立表征拟评价生态系统、生态因子或生态问题特性的指标体系,并通过定性或定量分析方法对指标赋值或分级,再依据指标值进行区域划分。最后将上述区划信息绘制成图。

【例】某铁路沿线土壤侵蚀。

以风蚀为主,因此选取风力、坡度坡向、土壤类型、植被类型几个因素对土壤侵蚀敏感性进行评价。其中,风力选取年平均大风(>8级)日数指标反映,坡度坡向使用该地区数字高程模型数据生成,植被与土壤资料来自遥感解译的植被、土壤类型图。利用专家经验对这4个指标进行权重赋值(风力:10,坡度坡向:4,土壤类型:7,植被类型:7)及各指标赋值。借助地理信息系统按相关公式将各图层叠加、计算,得到土壤侵蚀敏感性等级分布图。

2. 3S叠图法

3S叠图法首先选用地形图或经过精校正的遥感影像作为工作底图,底图范围应略大于评价工作范围。在底图上描绘主要生态因子信息,如植被覆盖、动物分布、河流水系、土地利用和特别保护目标等。开展影响识别与筛选评价因子,进而运用3S技术,分析评价因子的不同影响性质、类型和程度。最后将影响因子图和底图叠加,得到生态影响评价图。

【例】利用3S技术在某铁路项目的应用。

根据遥感影像数据,选择1:10万地形图为底图,在遥感影像上选择若干明显的点,利用卫星系统接收机测出其坐标,在遥感图像处理软件ERDAS IMAGNE下,将影像和地形图进行几何精纠正,采用人机交互判读法,解译区域地貌、土壤、植被类型图,并将这些生态信息描绘在底图上。然后开展影响识别和筛选评价因子,根据项目特点筛选出评价因子为植被及土壤因子。

根据项目背景,铁路沿线地区有植被类型11种,以灌木荒漠和半灌木荒漠为主,农业植被、盐生半灌木荒漠和裸地荒漠所占的面积也较大。铁路沿线土壤有6类10种,以石膏灰棕漠土、典型盐土、灌淤土和龟裂状灰棕漠土为主。根据植被覆盖状况、土壤的理化性状等,不同类型的土壤、植被稳定性分值由专家赋给(分值为1~10,越稳定分值越高)。

基于地理信息系统,利用评价公式(由评价模型得出)将植被稳定性图和土壤稳定性图进行空间叠加分析和计算,并将稳定性分值分级,得到铁路沿线地区生态系统稳定性评价图,最后进行分析评价。

(五)景观生态学法

景观生态学法主要是针对具有区域性质的大型项目(如大型水利工程)、线性项目(如铁路、输油、输气管道等),重点研究项目对区域景观的切割作用带来的影响。切割作用导致区域景观破碎化,对区域生态的影响有利与否不能一概而论。例如,拟建高速公路穿越草原,导致草原的自然景观破坏,造成草原景观美感受损,同时景观破碎化加剧,导致草原的人为干扰加大,影响草原防风固沙功能。相反,坡耕地改梯田,也增加了区域斑块多样性,造成景观破碎,但是相比坡耕地,梯田能够防止水土流失,提高区域土壤保持的功能,因此同样是区域景观破碎化,但在不同的区域对生态的影响不同,需要区分区域差异性。

基质是景观生态学的重要概念,通常采用植被重要值方法来判断某景观的基质。植被重要值决定某一斑块类型在景观中的优势,也称优势度值(D_o),由密度(R_d)、频率(R_f)和景观比例(L_p)3个参数构成。具体数学表达式为

$$R_d = \left(\frac{斑块 i 的数目}{斑块总数}\right) \times 100\% \tag{4-43}$$

$$R_f = \left(\frac{斑块}{出现的样方数} \times 总样方数\right) \times 100\% \tag{4-44}$$

$$L_p = (斑块 i 的面积 \times 样地总面积) \times 100\% \tag{4-45}$$

$$D_o = 0.5 \times [0.5 \times (R_d + R_f) + L_p] \times 100\% \tag{4-46}$$

(六) 系统分析法

系统分析法把要解决的问题作为一个系统,对系统要素进行综合分析,找出解决问题的可行方案。具体步骤包括限定问题、确定目标、调查研究、收集数据、提出备选方案和评价标准、备选方案评估和提出最可行方案。系统分析的具体方法有专家咨询法、层次分析法、模糊综合评判法、综合排序法、系统动力学灰色关联法等。应用系统分析法进行生态影响预测与评价要注意方法的适用性。模糊综合判断法、系统动力学灰色关联法一般都适用于大尺度的区域生态影响评价,专家咨询法、层次分析法、综合排序法适用于建设项目的生态影响评价。

三、生态敏感保护目标

(一) 法规确定的保护目标

敏感保护目标常作为环境影响评价的重点,也是衡量评价工作是否深入或是否完成的标志。然而,敏感保护目标是一个比较笼统的概念,一般是指一切重要的、值得保护或需要保护的目标。我国相关法规已明确了保护目标,分别为:具有代表性的各种类型的自然生态系统区域;珍稀、濒危的野生动植物自然分布区域;重要的水源涵养区域;具有重大科学文化价值的地质构造、著名溶洞和化石分布区、冰川、火山、温泉等自然遗迹;人文遗迹、古树名木;风景名胜区、自然保护区等;自然景观;海洋特别保护区、海上自然保护区、滨海风景游览区;水产资源、水产养殖场、鱼蟹洄游通道;海涂、海岸防护林、风景林、风景石、红树林、珊瑚礁。

《建设项目环境影响评价分类管理名录(试行)》中,将一些地区确定为环境敏感区,并作为建设项目环境影响评价类别确定的重要依据。分类管理名录中的环境敏感区包括以下区域:自然保护区、风景名胜区、世界文化和自然遗产地、饮用水水源保护区;基本农田保护区、基本草原、森林公园、地质公园、重要湿地、天然林、珍稀濒危野生动植物天然集中分布区、重要水生生物的自然产卵场及索饵场、越冬场和洄游通道、天然渔场、资源性缺水地区、水土流失重点防治区、沙化土地封禁保护区、封闭及半封闭海域、富营养化水域;以居住、医疗卫生、文化教育、科研、行政办公等为主要功能的区域,文物保护单位,具有特殊历史、文化、科学、民族意义的保护地。

(二) 生态敏感区的识别

根据生态敏感程度,结合《建设项目环境影响评价分类管理名录》定义的特殊生态敏感区、重要生态敏感区和一般区域等三类区域,进行生态敏感区识别。另外,饮用水水源保护区、封闭及半封闭海域、富营养化水域是水环境影响评价的重要内容,不再作为生态敏感区;基本农田保护区不作为重要生态敏感区;基本草原不作为重要生态敏感区。对于编制专题报告、有其他部门进行行政许可的相关内容,如土地预审、防洪评价、水土保持、地灾、压矿等涉及的河流源头区、洪泛区、蓄滞洪区、防洪保护区、水土保持三区等也不作为特殊和重要生态敏感区,因为我国进行了水土保持三区划分,全国的土地都应在三区范围内,这就意味着所有的评价都要涉及重要生态敏感区,这显然是不合理的。风景名胜区是为了游览而非绝对的保护,在不破坏其保护目标的前提下,还需要建设公路等附属设施。

第七节 环境现状调查与评价实例

本书以"府谷县华府矿业有限公司煤炭资源整合项目(0.60 Mt/a)环境影响报告书"相关内容为实例进行节选介绍。

一、自然环境与社会环境调查

自然环境概况包括地形地貌调查、气候与气象调查、地表水系调查。自然环境与社会环境调查在此不做表述。

二、大气环境现状调查与评价

府谷县环境监测站于 2014.10.20 至 2014.10.26 对评价区大气环境质量进行了监测。

(一)监测点设置

评价区内布设 3 个监测点，分别为拟建工业场地西北部的因瓦沟村、矿井拟建工业场地和东南部的大路梁村。

(二)监测项目及频率

监测项目为 PM_{10}、SO_2、NO_2 的 24 小时平均浓度及 SO_2、NO_2 的 1 小时平均浓度。按照相关监测规范，监测一期，连续监测 7 天。SO_2、NO_2 的 1 小时浓度每天监测 4 次，监测时段为 02、08、14、20 时，每小时至少采样 45 分钟；SO_2、NO_2、PM_{10} 等指标 24 小时平均浓度各点每天采样时间不少于 20 小时。

(三)分析方法及检出限

大气环境各监测项目的分析方法及检出限见表 4-21。

表 4-21 监测分析方法及检出限

分析项目	采样方法	分析方法名称	方法来源或标准编号	方法低检出限
SO_2	溶液吸收法	甲醛吸收—盐酸副玫瑰苯胺光度法	HJ 482—2009	0.007 mg/m³
NO_2	溶液吸收法	溶液吸收—盐酸萘乙二胺分光光度法	HJ 479—2009	0.005 mg/m³
PM_{10}	滤膜阻流法	测定重量法	HJ 618—2011	0.01/m³

(四)监测结果

大气环境监测结果表明，各测点大气环境中 SO_2、NO_2 的 1 小时平均浓度值和 SO_2、NO_2 及 PM_{10} 的 24 小时平均浓度值均符合 GB 3095—2012《环境空气质量标准》中的二级标准要求，当地大气环境质量现状较好(表 4-22)。

表 4-22 大气环境监测数据统计

监测项目		采样点	因瓦沟村	拟建工业场地	大路梁村
SO_2	1 h 平均浓度范围/(mg/m³)		0.010~0.062	0.012~0.050	0.012~0.059
	最大浓度占标率/%		12.4	10	11.8
	超标率/%		0	0	0
	24 h 平均浓度范围/(mg/m³)		0.036~0.047	0.036~0.043	0.033~0.044
	最大浓度占标率/%		31.3	28.7	29.3
	超标率/%		0	0	0
NO_2	1 h 平均浓度范围/(mg/m³)		0.007~0.131	0.038~0.192	0.030~0.195
	最大浓度占标率/%		65.5	96	97.5
	超标率/%		0	0	0

三、地下水环境质量现状调查与评价

本项目于 2016.5.20 至 2016.5.21 由西安圆方环境卫生检测技术有限公司对地下水现状监测点氟化物进行监测。

(一)监测点布置

本次地下水评价共设 3 个监测点,监测点具体信息详见表 4-23。

表 4-23 地下水监测点位统计

编号	位置	监测内容	水位标高/m	水位埋深/m	井深/m	监测层位
1	对家峁	水质、水位	1 123	8	30	第四系潜水
2	洗煤厂	水质、水位	1 016	8	20	第四系潜水
3	新窑村	水质、水位	1 211	5	10	第四系潜水

(二)监测项目及频率

水质监测项目包括 pH 值、高锰酸盐指数、溶解性总固体、硫酸盐、硝酸盐、氨氮、氟化物、砷、汞镉、六价铬、细菌总数、总大肠菌群共 12 项。同时测量井口坐标、井深、井口标高、静水位标高、水温。监测频率为一期 2 天,每天 1 次,井口坐标、井深、静水位标高、水温只测量 1 次。

(三)分析方法及检出限

水样的采集、保存方法按环境监测技术等相关规范执行,各监测项目的分析方法及检出限见表 4-24。

表 4-24 水环境监测项目分析方法及检出限

监测项目	分析方法及来源	主要仪器	低检出限
pH	玻璃电极法(GB 6920—1986)	PHS-3C 型酸度计	0.01
溶解性总固体	重量法《水和废水监测分析方法》(第四版)	BS224S 型电子天平	4 mg/L
高锰酸盐指数	酸性高锰酸钾法(GB 11892—1989)	50 mL 滴定管	0.5 mg/L
氨氮	纳氏试剂分光光度法(HJ 535—2009)	752 分光光度计	0.025 mg/L
硫酸盐	铬酸钡分光光度法(HJ/T 342—2007)		1 mg/L
硝酸盐	酚二磺酸分光光度法(HJ 484—2009)		0.02 mg/L
氟化物	离子选择电极法(GB 7484—1987)	PHS-3C 型酸度计	0.05 mg/L
砷	二乙基二硫代氨基甲酸银分光光度法(GB 7485—1987)		0.007 mg/L
六价铬	二苯碳酰二肼分光光度法(GB 7467—1987)	752 分光光度计	0.004 mg/L
细菌总数	平板法(GB/T 5750.12—2006)		个/毫升
总大肠菌群	多管发酵法(GB/T 5750.12—2006)		个/升
硫酸盐	铬酸钡分光光度法(HJ/T 342—2007)		1 mg/L

四、声环境质量现状调查与评价

府谷县环境监测站于 2014.10.21 至 2014.10.22 对本工程的声环境影响评价区范围内的声环境质量进行了现场监测。

(一)监测点的设置

本项目共设置 6 个监测点,其中在拟建工业场地东、南、西、北厂界各设 1 监测点,在西南侧对家峁村、南侧新窑村各设置 1 个监测点。

(二)监测项目、频率及方法

监测项目为本工程的等效声级。监测频率为一期 2 天,昼间、夜间各 2 次,主要依据《声环境质量标准》中的规定进行具体监测方法的选择。

(三)监测结果

监测结果表明,工业场地厂界及敏感点各监测点的环境噪声监测值均满足 GB 3096—2008《声环境质量标准》2 类标准,该区声环境质量总体较好(表 4-25)。

表 4-25 环境噪声现状监测结果　　　　　　　　　　　　　　　单位:dB(A)

序号	监测点		10月21日		10月22日		备注
			昼间	夜间	昼间	夜间	
1	工业场地	东厂界	51.1	42.2	50.3	41.2	晴,监测时风速为1.0 m/s
2		南厂界	48.3	41.1	52.9	43.2	
3		西厂界	43.7	39.3	48.3	41.8	
4		北厂界	46.5	38.9	50.1	36.3	
5	敏感点	对家峁	53.8	44.4	52.3	41.1	
6		新窑村	51.6	46.9	53.5	33.2	
GB 3096—2008 2 类标准			60	50	60	50	—

五、生态现状调查与评价

(一)生态功能区划

根据《陕西省生态功能区划》的分类,华府煤矿在一级分区上属黄土高原农牧生态区,在二级分区上属黄土丘陵沟壑水土流失控制生态亚区,在三级分区上属榆神府黄土梁水蚀风蚀控制区。其功能保护要求为通过自然和人工干预等手段保持现有生态功能不退化,在条件具备的前提下促使其生态功能向良性方向发展。

(二)植被样方调查结果

1. 样方调查点位布设

2013 年 11 月 14 日进行现场生态环境样方调查,发现本项目植被分带不明显。在调查路线上选取代表性群落进行典型取样,共选取 6 个样点。

2. 植物资源现状

评价区内主要植物包括 34 科 113 种。其中,藜科、豆科、菊科、禾本科和萝藦科植物是主要种类。植物类群分布具有一定的典型性。自然植被建群种和优势种为典型的旱生和沙生植物,是评价区主要物种水分生态类型。多年生草本(地面芽植物)和一、二年生草本植物占绝对优势,是评价区主要植物类型。另外,区内饲用植物资源丰富,植被在评价区内及周边生长状况良好(图 4-11)。经本次实地调查,结合已有资料,评价区内未发现国家级和省级重点保护植物,也未发现列入中国珍稀濒危植物红皮书和濒危野生动植物种国际贸易公约附录中的物种。

3. 样方调查结果

评价区内主要群落类型为山杨、黄花蒿、沙鞭和硬质早熟禾所构成的乔木和草本群落,属典型的沙生植被。分布有以一、二年生沙生先锋植物构成的沙生植物群落,分布广泛的有藜科、菊科、禾本科和十字花科的植物。因气候地带性,评价区不存在天然乔木群落,仅在村落和农田附近，当地群众零星或成行栽培有旱柳、山杨、侧柏等人工固沙或防风林。丘间谷地、沙丘间滩地及村落附近等局部地段分布有草甸化植物群落，面积较大（表4-26、表4-27）。

图4-11 评价区植被生长状况

表4-26 样方1调查基本状况——沙鞭群落

样方编号	府谷县-001	群落类型	沙鞭群落	样方大小	2 m×2 m
调查地点	陕西省榆林市府谷县新民镇新尧村				
具体位置描述：新尧村附近					
纬度	39°03.449′	地貌	( )山地 ( )低洼地 ( )平原 ( )丘陵 (◆)高原		
经度	110°39.504′	坡位	( )谷地 ( )下部 ( )中部 (◆)上部 ( )梁顶		
海拔/m	1 208	植被起源	( )原生 (◆)次生 ( )人工		
坡向	ES70°	干扰程度	( )无干扰 (◆)轻微 ( )中度 ( )强烈		
坡度/(°)	20	土壤类型	风沙土	周围植被	旱柳、杂草
垂直结构	层高/m	盖度/%	优势种		
乔木层	—	—	—		
灌木层	—	—	—		
草本层	0.60	90	沙鞭		
饱和度/种	8	生物量/(g/m²)	210		
调查人	宗秀雨、王英、郭江超				
记录人	宗秀雨	调查日期	2013.11.14		

表4-27 样方1调查记录

样方号：府谷县-001		植被类型：沙鞭群落			
群落总盖度：85%		备注：			
序号	植物名称	多度	盖度/%	平均高度/m	物候
1	沙鞭 psammochloa villosa	Cop3	90	0.6	果后期
2	软毛虫实 corispermum puberulum	Sol	<1	0.6	果后期
3	猪毛菜 salsola collina	Sol	<1	0.4	果后期
4	曼陀罗 datura stramonium	Un	<1	0.4	果后期
5	反枝苋 amaranthus retroflexus	Sp	3	0.2	果后期
6	大籽蒿 artemisia sieversiana	Sol	<1	0.4	果后期
7	苦苣菜 setaria viridis	Sol	<1	0.1	果后期
8	狗尾草 setaria viridis	Sol	<1	0.3	果后期

注：灌木物种计数样方内地实际丛数，即统计绝对多度；草本植物按德氏多度记录其相对多度，其标准参照中国生态系统监测规范，即 Soc(极多)、Cop^3(很多)、Cop^2(多)、Cop^1(尚多)、Sp(少)、Sol(极少)、Un(仅1株)。下同。

(三)土地利用现状特征

评价区土壤有机质含量较低,耕性较差,土地利用方式受地形、气候及水分条件控制。牧草地是该区主要土地利用类型,广泛分布于黄土沟谷,植被种类主要有白莲蒿、沟叶羊茅、禾草、杂类草等。其次是旱地,主要分布于黄土梁、黄土峁,点块状分布,为一年一熟农作物。第三是林地,主要分布于黄土谷坡地带。农村居民地、采矿用地、交通运输用地、河流等在评价区内分布面积均较小(表4-28)。

表4-28 评价区内土地利用类型面积统计

土地利用类型		生态评价范围/km²	面积百分比/%
耕地	旱地	277.5	28.04
林地	有林地	44.51	4.50
	灌木林地	64.14	6.48
	其他林地	60.37	6.10
	小计	169.02	17.08
草地	天然牧草地	477.04	48.21
	其他草地	0.44	0.04
	小计	477.48	48.25
住宅用地	农村居民地	8.23	0.83
工矿仓储用地	采矿用地	44.38	4.49
	小计	52.61	5.32
水域及水利设施用地	河流	0.84	0.08
交通运输用地	农村道路	6.01	0.61
	公路	4.64	0.47
	小计	10.65	1.08
特殊用地		1.39	0.14
总计		989.49	100.00

(四)土壤侵蚀

评价区的土壤侵蚀为水力侵蚀,土壤侵蚀强度较大,以微度、轻度水力侵蚀为主。矿区范围微度水力侵蚀及轻度水力侵蚀分布于整个评价区;中度水力侵蚀零星分布于该区内,坡面以草丛为主;强度水力侵蚀西部面积大于东部,坡面以草丛为主,植被覆盖度相对较低;极强度水力侵蚀分布于评价区黄土沟谷及黄土峁,西南部分布面积大(表4-29)。

表4-29 评价区土壤侵蚀类型与强度统计

土壤侵蚀类型与强度		面积/hm²	占评价区总面积百分比/%
水力侵蚀	微度侵蚀(11)	388.38	39.25
	轻度侵蚀(12)	390.09	39.42
	中度侵蚀(13)	72.08	7.28
	强度侵蚀(14)	91.37	9.23
	极强度侵蚀(15)	46.73	4.72
	河流	0.84	0.08
合计		989.49	100

(五)生态环境现状评价结论

综上所述,评价区地貌类型为山麓斜坡、黄土梁峁冲蚀地貌、沟谷区地貌,属半干旱草原生态系统,土壤类型以绵沙土为主,风沙土也有零星分布。土地利用类型以天然牧草地和旱地为主。植被类型结构以草丛和旱地植被为主。土壤侵蚀以微度、轻度侵蚀为主,主要分布于宽阔的河谷及平坦黄土梁地带。中度侵蚀主要分布于黄土梁峁地带;强烈、极强烈侵蚀主要分布于黄土陡斜坡、谷肩及黄土冲沟地带。农业种植结构分为粮食作物、经济作物两大类,其中粮食作物以谷子、糜子、玉米等为主,经济作物以油料作物为主。

可见,该区域生态环境受外来因素干扰较少,生态系统基本稳定,生态环境抗干扰能力差,因此必须重视煤炭建设开发带来的生态影响,同时做好生态环境的修复与复垦工作。

第五章 环境影响预测与评价

第一节 环境影响识别与评价因子筛选

一、环境影响识别

(一)概念与分类

环境影响识别是通过系统检查拟建项目的各项"活动"与各环境要素之间的关系,识别可能的环境影响,包括环境影响因子、影响对象(环境因子)、环境影响程度和环境影响的方式。

按照拟建项目的"活动"对环境要素的作用属性,环境影响可以分为有利影响、不利影响,直接影响、间接影响,短期影响、长期影响,可逆影响、不可逆影响等。在环境影响程度识别中,通常按3个或5个等级定性划分影响程度。例如,不利环境影响按5个等级划分为极端不利、非常不利、中度不利、轻度不利和微弱不利。

(二)识别对象

在建设项目的环境影响识别中,技术上一般应考虑以下问题:①项目的特性(如项目类型、规模等);②项目涉及的当地环境特性及环境保护要求(如自然环境、社会环境、环境保护功能区划、环境保护规划等);③识别主要的环境敏感区和环境敏感目标;④从自然环境和社会环境两方面识别环境影响;⑤突出对重要的或社会关注的环境要素的识别。

应识别出可能导致的主要环境影响(影响对象)、主要环境影响因子(项目中造成主要环境影响者),说明环境影响属性(性质),判断影响程度、影响范围和可能的时间跨度。

二、环境影响识别方法

(一)清单法

清单法包括简单型清单、描述型清单和分级型清单3种。简单型清单仅是一个可能受影响的环境因子表,不做其他说明,可做定性的环境影响识别分析,但不能作为决策依据。描述型清单较简单型清单增加了环境因子如何度量的准则。分级型清单是在描述型清单基础上又增加了对环境影响程度进行分级。

(二)矩阵法

矩阵法由清单法发展而来,不仅具有影响识别功能,还具有影响综合分析评价功能。它将清单中所列内容系统地加以排列,把拟建项目的各项"活动"和受影响的环境要素组成一个矩阵,在拟建项目的各项"活动"与环境影响之间建立起直接的因果关系,以定性或半定量的方式说明拟建项目的环境影响。该类方法主要有相关矩阵法和迭代矩阵法。

(三)其他识别方法

具有环境影响识别功能的方法还包括叠图法和影响网络法。叠图法是通过一系列的环境、资源图件的叠置来识别、预测环境影响,表示环境要素、不同区域的相对重要性,以及表征对不同区域和不同环境要素的影响。叠图法适用于涉及地理空间较大的建设项目,如"线型"影响项目(公路、铁道、管道等)和区域开发项目。影响网络法是采用因果关系分析网络来解释和描述拟建项目的各项"活动"与环境要素之间的关系,除了具有相关矩阵法的功能外,还可识别间接影响和累积影响。

三、环境影响评价因子的筛选方法

(一)大气环境影响评价因子

大气环境影响评价中,应根据拟建项目的特点和当地大气污染状况对污染因子(即待评价的大气污染物)进行筛选。首先,选择该项目等标排放量 P_i 较大的污染物为主要污染因子;其次,应考虑在评价区内已造成严重污染的污染物,列入国家主要污染物总量控制指标的污染物也应将其作为评价因子。等标排放量 P_i (m^3/h)的计算公式为

$$P_i = \frac{Q_i}{C_{oi}} \times 10^9 \tag{5-1}$$

式中, Q_i 为第 i 类污染物单位时间的排放量,单位为 t/h; C_{oi} 为第 i 类污染物空气质量标准,单位为 mg/m^3。

空气质量标准 C_{oi} 按《环境空气质量标准》中二级、1 小时平均值计算,该标准未包括的项目,可参照 GBZ 1—2010《工业企业设计卫生标准》中的相应值选用。上述标准中只规定了日平均容许浓度限值的大气污染物, C_{oi} 一般可取日平均容许浓度限值的 3 倍,对于致癌物质、毒性可积累或毒性较大(如苯、汞、铅等),可直接取其日平均容许浓度限值。

(二)水环境影响评价因子的筛选方法

水环境影响评价因子从所调查的水质参数中选取。需要调查的水质参数有两类:一类是常规水质参数,反映水域水质一般状况;另一类是特征水质参数,代表拟建项目将来的排水水质。在某些情况下,还需调查一些补充项目。

常规水质参数主要包括 GB 3838—2002《地表水环境质量标准》所列的 pH 值、溶解氧、高锰酸盐指数、化学耗氧量、五日生化需氧量、总氮或氨氮、酚、氰化物、砷、汞、铬(六价)、总磷及水温,根据水域类别、评价等级及污染源状况进行适当增减。特殊水质参数是根据建设项目特点、水域类别及评价等级以及建设项目所属行业的特征水质参数表进行选择,具体情况可以适当删减。被调查水域(如自然保护区、饮用水水源地、珍贵水生生物保护区、经济鱼类养殖区等)的环境质量要求较高,并且评价等级为一级、二级,应考虑调查水生生物和底质。调查项目可根据具体工作要求确定或从下列项目中选择部分内容:水生生物方面主要调查浮游动植物、藻类、底栖无脊椎动物的种类和数量、水生生物群落结构等。底质方面主要调查与建设项目排水水质有关的易积累的污染物。

根据对拟建项目废水排放特点和水质现状调查结果,选择对地表水环境危害较大以及国家和地方要求控制的污染物作为评价因子。预测评价因子应能反映拟建项目废水排放对地表水体的主要影响。建设期、运行期、服务期满后各阶段均应根据具体情况确定预测评价因子。

第二节　大气环境影响预测与评价

一、大气环境影响预测方法

大气环境影响预测的前提是必须掌握评价区域内的污染源源强、排放方式和布局等有关污染排放的参数,同时还须掌握评价区域内大气传输与迁移扩散规律等。大气环境影响预测的步骤一般为:①确定预测因子;②确定预测范围与计算点;③确定污染源计算清单;④确定气象条件;⑤确定地形数据;⑥确定预测内容和设定预测情景;⑦选择预测模式;⑧确定模式中的相关参数;⑨进行大气环境影响预测与评价。

(一)预测因子

预测因子应根据评价因子而定,选取有大气环境质量标准的评价因子为预测因子。项目排放的特征污染物也应选择有代表性的作为预测因子。预测因子应结合工程分析的污染源分析,区别正常排放、非正常排放下的污染因子。尤其在非正常排放情况下,应充分考虑项目的特征污染物对环境的影响。此外,对评价区域污染物浓度已经超标的物质,如果拟建项目也排放此类污染物,即使排放量比较小,也应在预测因子中考虑。

(二)预测范围和计算点

计算点一般包括预测网格点和预测关心点。预测网格点需要计算网格浓度的区域,其分布应具有足够的分辨率,尽可能精确预测污染源对评价区的最大影响。网格点可根据具体情况采用直角坐标网格或极坐标网格,网格点应覆盖整个评价区域。预测关心点的选择包括评价范围内所有的大气环境质量敏感点(区)和环境质量现状监测点。大气环境质量敏感区是指评价范围内按 GB 3095—2012《环境空气质量标准》规定划分为一类功能区的自然保护区、风景名胜区和其他需要特殊保护的地区,二类功能区中的居民区、文化区等人群较集中的大气环境保护目标,以及对项目排放大气污染物敏感的区域,包括对排放污染物敏感的农作物的集中种植区域、文物古迹建筑等。

(三)污染源计算清单

大气污染源按预测模式的模拟形式分为点源、面源、线源、体源 4 种类别。颗粒物污染物还应按不同粒径分布计算相应的沉降速度。如果符合建筑物下洗的情况,需要调查建筑物下洗参数。

(四)气象条件

大气污染物扩散与当地气象条件密切相关,大气预测所采用的气象参数能否代表评价项目所在区域的气象特征是影响预测结果是否准确的重要因素。不同评价等级的项目所需期限条件的要求,根据不同的预测模式有不同的数据要求,所需长期气象条件也有不同。评价等级为一级的需要近 5 年内至少连续 3 年的逐日、逐次气象数据;评价等级为二级的需要近 3 年内的至少连续 1 年的逐日、逐次气象数据。此外不同的预测模式所需气象参数也略有不同(表 5-1)。

表 5-1　不同预测模式气象参数要求

气象条件	ADMS-EIA	AERMOD	CALPUFF
常规地面气象观测数据	必须为地面逐时气象参数	必须为地面逐时气象参数	必须为地面逐时气象参数
高空气象数据	可选	必须为对应每日至少一次探空数据	必须有一个或以上探空站,对应每日至少一次探空数据
近地面补充高空数据	可选	可选	可选

地面观测资料的常规调查项目包括时间(年、月、日、时)、风向(以角度或按 16 个方位表示)、风速、干球温度、低云量、总云量。根据不同评价等级预测精度要求及预测因子特征,可选择的调查观测资料的内容包括湿球温度、露点温度、相对湿度、降水量、降水类型、海平面气压、观测站地面气压、云底高度、水平能见度等。

常规高空探测资料的常规调查项目包括时间(年、月、日、时),探空数据层数,每层的气压、高度、气温、风速、风向(以角度或按 16 个方位表示)。根据所调查常规高空气象探测站的实际探测时次确定每日观测资料的时次,一般应至少每日调查 1 次(北京时间 08 时)距地面 1 500 m 高度以下的高空气象探测资料。高空气象探测资料应采用距离项目最近的常规高空气象探测站。如果高空气象探测站与项目的距离超过 50 km,高空气象资料可采用中尺度气象模式模拟的 50 km 内的格点气象资料。

根据 HJ 2.2—2018《环境影响评价技术导则 大气环境》要求,一级和二级评价项目,计算小时平均浓度需采用长期气象条件,进行逐时或逐次计算。选择污染最严重的(针对所有计算点)小时气象条件和对各大气环境保护目标影响最大的若干个小时气象条件(可视对各大气环境敏感区的影响程度而定)作为典型小时气象条件。计算日平均浓度需采用长期气象条件,进行逐日平均计算。选择污染最严重的(针对所有计算点)日气象条件和对各大气环境保护目标影响最大的若干个日气象条件(可视对各大气环境敏感区的影响程度而定)作为典型日气象条件。

长期气象条件是指达到一定时限及观测频次要求的气象条件。长期气象条件中,每日地面气象观测时次应至少 4 次或以上,对于仅能提供一日 3 次的气象数据,应按国家气象局《地面气象观测规范》对夜间 02 时缺测数据进行补充。

(五)地形数据

在非平坦区域的评价范围内,地形的起伏对污染物的传输、扩散会有一定的影响。复杂地形的污染物扩散模拟需要输入地形数据。根据《环境影响评价技术导则 大气环境》规定的方法判断复杂地形,即距污染源中心点 5 km 内的地形高度(不含建筑物)等于或超过排气筒高度时,定义为复杂地形。如果评价区域属于复杂地形,应根据模式需要,收集地形数据。地形数据包括预测范围内各网格点高度、各污染源、预测关心点、监测点地面高程。此外,对于不同的预测范围,地形数据应满足相应的分辨率要求。地形数据的来源应予以说明,结合评价范围及预测网格点的设置合理选择地形数据的精度。

(六)确定预测内容和设定预测情景

设定合理有效的预测方案,有利于全面了解污染源对区域环境的影响。预测方案设计的关键因素是合理选择污染源的组合方案。在选择污染源及其排放方案时,应注意结合工程特点,将污染源类别分为新增加污染源、削减污染源、被取代污染源及评价范围内其他污染源,而新增污染源又分为正常排放和非正常排放两种排放形式。在预测结果中,应能明确反映拟建项目新增污染源在正常排放、非正常排放下对环境的最大影响,并能有效分析预测其在范围内是否超标、超标程度、超标位置、超标概率等;不同厂址布局、污染排放方式、污染治理方案对环境污染物浓度的变化;改扩建项目建成后环境污染物浓度的变化情况;以及叠加背景浓度后大气环境质量的变化情况等。

(七)预测模式

采用《环境影响评价技术导则 大气环境》推荐模式清单中的进一步预测模式进行大气环境影响预测。结合模式的适用范围和对参数的要求合理选择具体模式。进一步预测模式是多源预测模式,包括 AERMOD、ADMS 和 CALPUFF,适用于一级、二级评价工作的进一步预测工作。各预测模式可基于评价范围的气象特征及地形特征,模拟单个或多个污染源排放的污染物在不同平均时限内的浓度分布。不同预测模式有不同的数据要求及适用范围(表 5-2)。

表 5-2 推荐预测模式一般适用范围

分类	AERMOD	ADMS	CALPUFF
适用评价等级	一级、二级评价	一级、二级评价	一级、二级评价
污染源类型	点源、面源、体源	点源、面源、线源和体源	点源、面源、线源和体源
适用评价范围	小于等于 50 km	小于等于 50 km	大于 50 km
对气象数据最低要求	地面气象数据及对应高空气象数据	地面气象数据	地面气象数据及对应高空气象数据
适用污染源类型	点源、面源和体源	点源、面源、线源和体源	点源、面源、线源和体源
适用地形及风场条件	简单地形、复杂地形	简单地形、复杂地形	简单地形、复杂地形、复杂风场
模拟污染物	气态污染物颗粒物	气态污染物颗粒物	气态污染物、颗粒物、恶臭、能见度
其他	街谷模式		长时间静风、岸边熏烟

(八)模式中的相关参数

大气环境影响预测应针对区域特征和不同的污染物及预测范围、预测时段,对模式参数进行比较分析,合理选择模式参数(表 5-3)。例如,计算 TSP 的长期平均浓度(日均及以上平均时段),需注意合理选择重力沉降及干、湿沉降参数,计算 SO_2 和 NO_2 浓度,应注意根据输出结果选用合理的半衰期及化学转化系数,并对预测模式中的有关模型选项及化学转化等参数进行说明。

表 5-3 不同预测模式所需主要参数

参数类型	ADMS-EIA	AERMOD	CALPUFF
地表参数	地表粗糙度,最小 M-0 长度	地表反照率、BOWEN 率、地表粗糙度	地表粗糙度、土地使用类型、植被代码
干沉降参数	干沉降参数	干沉降参数	干沉降参数
湿沉降参数	湿沉降参数	湿沉降参数	湿沉降参数
化学反应参数	化学反应选项	半衰期、NO_x 转化系数、臭氧浓度等	化学反应计算选项

(九)大气环境影响预测分析与评价

按设计的各种预测情景和方案分别进行模拟计算,并对结果进行分析与评价,主要内容包括:

(1)对大气环境敏感区的环境影响分析,应考虑预测值和同点位现状背景值最大值的叠加影响;对最大地面浓度点的环境影响分析可考虑预测值和所有现状背景值平均值的叠加影响。

(2)叠加现状背景值,分析项目建成后最终的区域环境质量状况,即新增污染源预测值+现状监测值-削减污染源计算值(如果有)-被取代污染源计算值(如果有)=项目建成后最终的环境影响。若评价范围内还有其他在建项目、已批复环境影响评价文件的拟建项目,也应考虑其建成后对评价范围的共同影响。

(3)分析典型小时气象条件下,项目对大气环境敏感区和评价范围的最大环境影响,分析是否超标、超标程度、超标位置,分析小时浓度超标概率和最大持续发生时间,并绘制评价范围内出现区域小时平均浓度最大值时所对应的浓度等值线分布图。

(4)分析典型日气象条件下,项目对大气环境敏感区和评价范围的最大环境影响,分析是否超标、超标程度、超标位置,分析日平均浓度超标概率和最大持续发生时间,并绘制评价范围内出现区域日平均浓度最大值时所对应的浓度等值线分布图。

(5)分析长期气象条件下,项目对大气环境敏感区和评价范围的环境影响,分析是否超标、超标程度、超标范围及位置,并绘制预测范围内的浓度等值线分布图。

(6)分析评价不同排放方案对环境的影响,即从项目的选址、污染源的排放强度与排放方式、污染控制措施等方面评价排放方案的优劣,并针对存在的问题(如果有)提出解决方案。

(7)对解决方案进一步预测和评价,并给出最终推荐方案。

(十)评价结论与建议

在环境影响报告中预测部分的最后,应结合不同预测方案的预测结果,从项目选址、污染源的排放强度与排放方式、大气污染控制措施、区域大气环境质量承载能力及总量控制等方面进行综合评价,明确给出大气环境影响可行性结论。

二、大气环境影响预测推荐模式说明

(一)估算模式

估算模式是一种单源预测模式,可计算点源、面源和体源等污染源的最大地面浓度,以及建筑物下洗和熏烟等特殊条件下的最大地面浓度,估算模式中嵌入了多种预设的气象组合条件,包括一些最不利的气象条件,此类气象条件在某个地区有可能发生,也有可能不发生。经估算模式计算出的最大地面浓度大于进一步预测模式的计算结果。对于小于1小时的短期非正常排放,可采用估算模式进行预测。估算模式适用于评价等级及评价范围的确定。

(二)进一步预测模式

1. AERMOD 模式系统

AERMOD 是一个稳态烟羽扩散模式,可基于大气边界层数据特征模拟点源、面源、体源等排放出的污染物在短期(小时平均、日平均)、长期(年平均)的浓度分布,适用于农村或城市地区、简单或复杂地形。AERMOD 考虑了建筑物尾流的影响,即烟羽下洗。模式使用每小时连续预处理气象数据模拟大于等于1小时平均时间的浓度分布。AERMOD 包括两个预处理模式,即 AERMET 气象预处理和 AERMAP 地形预处理模式。AERMOD 适用于评价范围小于等于 50 km 的一级、二级评价项目。

2. ADMS 模式系统

ADMS 可模拟点源、面源、线源和体源等排放出的污染物在短期(小时平均、日平均)、长期(年平均)的浓度分布,还包括一个街道窄谷模型,适用于农村或城市地区、简单或复杂地形。模式考虑了建筑物下洗、湿沉降、重力沉降和干沉降及化学反应等功能。化学反应模块包括计算 NO、NO_2 和 O_3 等之间的反应。ADMS 有气象预处理程序,可以用地面的常规观测资料、地表状况及太阳辐射等参数模拟基本气象参数的廓线值。在简单地形条件下,使用该模型模拟计算时,可以不调查探空观测资料。ADMS-EIA 版适用于评价范围小于等于 50 km 的一级、二级评价项目。

3. CALPUFF 模式系统

CALPUFF 是一个烟团扩散模型系统,可模拟三维流场随时间和空间发生变化时污染物的输送、转化和清除过程。CALPUFF 适用于从 50 km 到几百千米范围内的模拟尺度,包括了近距离模拟的计算功能,如建筑物下洗、烟羽抬升、排气筒雨帽效应、部分烟羽穿透、次层网格尺度的地形和海陆的相互影响、地形的影响;还包括长距离模拟的计算功能,如干沉降、湿沉降的污染物清除、化学转化、垂直风切变效应、跨越水面的传输、熏烟效应以及颗粒物浓度对能见度的影响。CALPUFF 适合于特殊情况,如稳定状态下的持续静风、风向逆转、在传输和扩散过程中气象场时空发生变化下的模拟。CALPUFF 适用于评价范围大于等于 50 km 的一级评价项目,以及复杂风场下的一级、二级评价项目。

(三)大气环境防护距离计算模式

大气环境防护距离计算模式是基于估算模式开发的计算模式,此模式主要用于确定无组织排放源的大气环境防护距离。大气环境防护距离一般不超过 2 000 m,如计算无组织排放超标距离大于 2 100 m,则应建议削减源强后重新计算大气环境防护距离。大气环境防护距离计算模式主要输入参数包括面源有效高度(m)、面源宽度(m)、面源长度(m)、污染物排放速率(m/s)和小时评价标准(mg/m^3)。

三、大气环境影响预测实例

(一)案例背景

某地拟新建一项目,拟建厂址位于平原地区,周围地形条件属简单地形。项目主要大气污染源为锅炉烟囱,主要排放污染物为常规污染物 SO_2、NO_2(排放的 NO_x 全部按 NO_2 计),特征污染物为 HCl(表 5-4)(注:本案例暂不考虑工艺和运输过程中的无组织排放及非正常排放)。项目周边主要敏感点分布及说明见表 5-5,各敏感点与污染源的相对位置见图 5-1。

表 5-4 大气污染物排放参数

排放源	坐标	主要污染物	小时浓度限值/(mg/m^3)	排放量/(kg/h)	烟气出口流速/(m/s)	烟囱参数 H/m	烟囱参数 Φ/m	烟气出口温度/(℃)
锅炉烟囱	(0,0)	SO_2	0.50	56	24	70	2.0	120
		NO_2	0.24	50				
		HCl	0.05	6.5				

表 5-5　评价范围主要敏感点

序号	敏感点	坐标	距污染源距离/m	保护目标;功能区
1	某村庄甲	−50,−1 175	1 176	约 80 户,350 人;二类
2	某实验小学	−1 195,−1 960	2 296	职工、学生约 600 人;二类
3	某居民小区乙	−1 230,−956	1 554	约 2 000 人;二类
4	某居住小区丙	−1 680,1 125	2 022	约 650 人;二类
5	某居住小区丁	695,1 290	1 465	约 800 人;二类

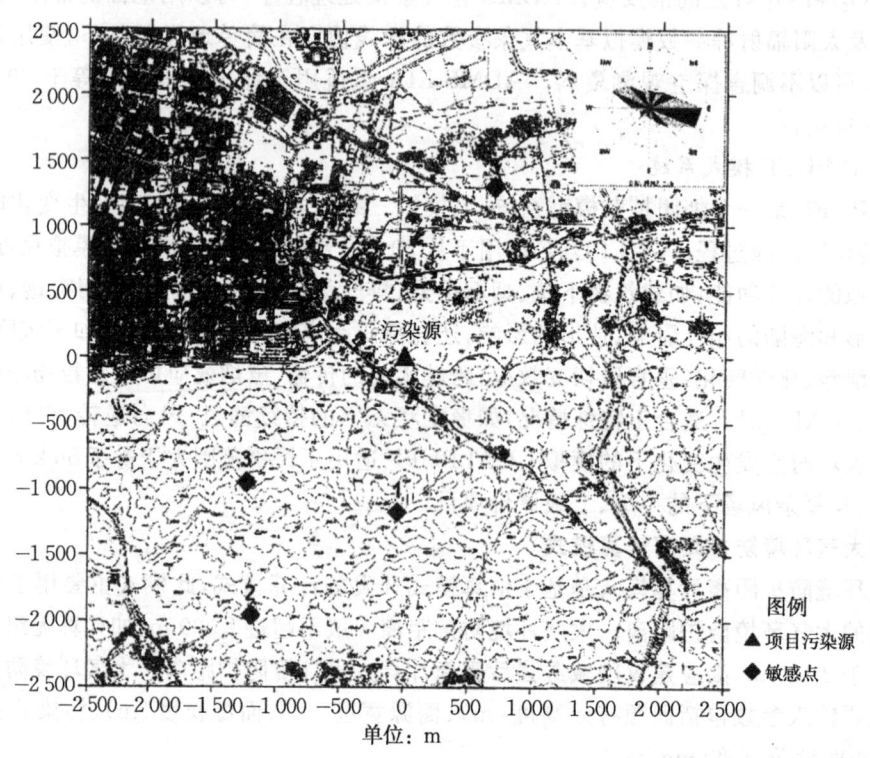

图 5-1　污染源及敏感点分布

(二)评价等级与评价范围

采用 HJ 2.2—2018 推荐模式清单中的估算模式分别计算污染源 3 种污染物的下风向轴线浓度,并计算相应浓度占标率(表 5-6)。计算结果显示,3 种污染物的最大地面浓度占标率 $P_{max} = \mathrm{Max}(P_{SO_2}, P_{NO_2}, P_{HCL})$ 大于 10%,但小于 80%。地面浓度占标准限值 10% 时所对应的最远距离 $D_{10\%} = 2.3$ km,超过项目厂界。根据评价等级判断标准,确定该项目的评价等级为二级。

评价范围取 NO_2 浓度占标准限值 10% 时距污染源最远距离 $D_{10\%}$,即以污染源为中心点,计算出的评价范围半径为 2.3 km 或边长为 2 km×2.3 km。根据 HJ 2.2—2008 的补充规定,评价范围的直径或边长一般不应小于 5 km,则该项目最终评价范围确定为以项目为中心,边长为 5 km 的正方形。

表 5-6 采用估算模式计算结果

距源中心下风向距离 D /m	SO$_2$ 下风向预测浓度 c_{i1} /(mg/m³)	SO$_2$ 浓度占标率 P_{i1} /%	NO$_2$ 下风向预测浓度 c_{i2} /(mg/m³)	NO$_2$ 浓度占标率 P_{i2} /%	HCl 下风向预测浓度 c_{i3} /(mg/m³)	HCl 浓度占标率 P_{i3} /%
100	0	0	0	0	0	0
200	0	0	0	0	0	0
300	0.000 3	0.05	0.000 2	0.1	0	0.06
400	0.006 2	1.23	0.005 5	2.29	0.000 7	1.43
500	0.020 7	4.15	0.018 5	7.72	0.002 4	4.81
600	0.029 4	5.88	0.026 3	10.94	0.003 4	6.83
700	0.029 6	5.92	0.026 4	11.02	0.003 4	6.87
800	0.043 3	8.65	0.038 6	16.09	0.005	10.04
900	0.048 9	9.78	0.043 7	18.19	0.005 7	11.35
1 000	0.048 5	9.7	0.043 3	18.05	0.005 6	11.26
1 100	0.046	9.19	0.041 0	17.10	0.005 3	10.67
1 200	0.043 2	8.65	0.038 6	16.09	0.005	10.04
1 300	0.040 8	8.15	0.036 4	15.17	0.004 7	9.46
1 400	0.038 6	7.71	0.034 4	14.35	0.004 5	8.95
1 500	0.036 6	7.32	0.032 7	13.61	0.004 2	8.49
1 600	0.034 8	6.96	0.031 1	12.95	0.004	8.08
1700	0.033 2	6.64	0.029 6	12.35	0.003 9	7.70
1 800	0.031 7	6.35	0.028 3	11.80	0.003 7	7.37
1 900	0.030 4	6.08	0.027 1	11.31	0.003 5	7.05
2 000	0.029 2	5.83	0.026 0	10.85	0.003 4	6.77
2 100	0.028	5.61	0.025 0	10.43	0.003 3	6.51
2 200	0.027	5.4	0.024 1	10.04	0.003 1	6.27
2 300	0.026	5.21	0.023 3	9.69	0.003	6.05
2 400	0.025 3	5.06	0.022 6	9.41	0.002 9	5.87
2 500	0.025 7	5.13	0.022 9	9.55	0.003	5.96
2 600	0.025 9	5.17	0.023 1	9.62	0.003	6.00
2 700	0.025 9	5.19	0.023 2	9.65	0.003	6.02
2 800	0.025 9	5.18	0.023 1	9.63	0.003	6.01
2 900	0.025 7	5.15	0.023 0	9.58	0.003	5.98
3 000	0.025 5	5.1	0.022 8	9.49	0.003	5.92
3 500	0.023 7	4.73	0.021 1	8.81	0.002 7	5.49
4 000	0.021 5	4.3	0.019 2	8.01	0.002 5	5.00
4 500	0.019 6	3.91	0.017 5	7.28	0.002 3	4.54
5 000	0.019 1	3.81	0.017 0	7.09	0.002 2	4.43
下风向最大浓度	0.049 2	9.85	0.044 0	18.31	0.005 7	11.43
浓度占标准限值 10%时距源最远距离 $D_{10\%}$ /m	—		2 300		1 300	

(三)气象参数收集与统计

根据 HJ 2.2—2018 规定和模式参数需要,气象参数的收集包括地面气象参数及高空气象参数两类。

1. 地面气象参数

项目地面气象参数采用当地 2007 年全年逐日(一日 8 次)地面观测数据,经插值处理获得全年逐时(一日 24 次)气象数据。地面气象数据包括风向、风速、总云量、低云量、干球温度、相对湿度、露点温度和站点处大气压 8 项,其中前 5 项属于 AERMOD 预测模式必需参数。根据 2007 年地面气象观测数据(表 5-7、表 5-8)、相应月平均温度变化及月平均风速变化(图 5-2、图 5-3)、全年和各季节风向玫瑰图(图 5-4),可以看出评价区域内风频最大的风向分别是 E 风向(风频 13.49%)、ESE 风向(风频 12.77%)和 SE 风向(风频 7.15%),连续 3 个风向角的风频之和大于 30%,因此该地区 2007 年主导风向为东风偏南范围。

表 5-7 年平均温度的月变化(2007 年)

月份	1月	2月	3月	4月	5月	6月	7月	8月	9月	10月	11月	12月
温度/℃	6.1	11.9	13.8	16.6	24.3	26.4	32.9	29.8	24.9	20.5	13.5	9.8

表 5-8 年平均风速的月变化(2007 年)

月份	1月	2月	3月	4月	5月	6月	7月	8月	9月	10月	11月	12月
风速/(m/s)	1.03	1.49	1.61	1.68	1.87	1.66	2.2	2.12	1.39	1.48	1.16	1.19

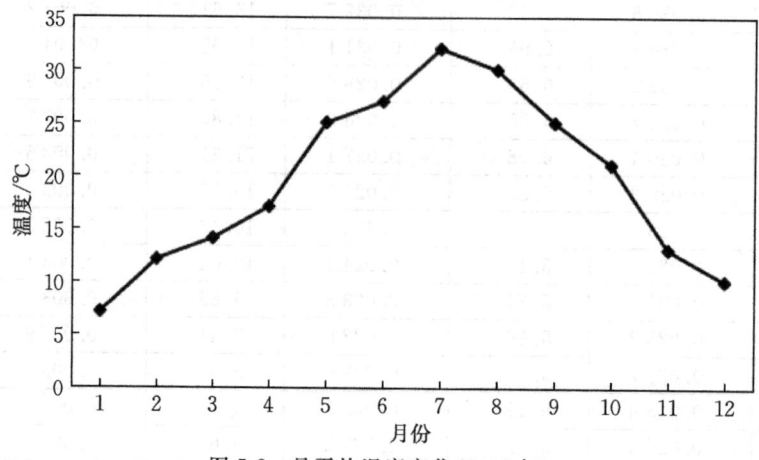

图 5-2 月平均温度变化(2007 年)

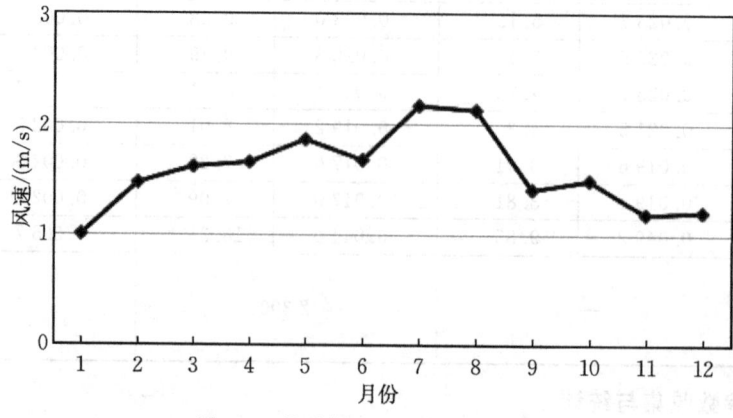

图 5-3 月平均风速变化(2007 年)

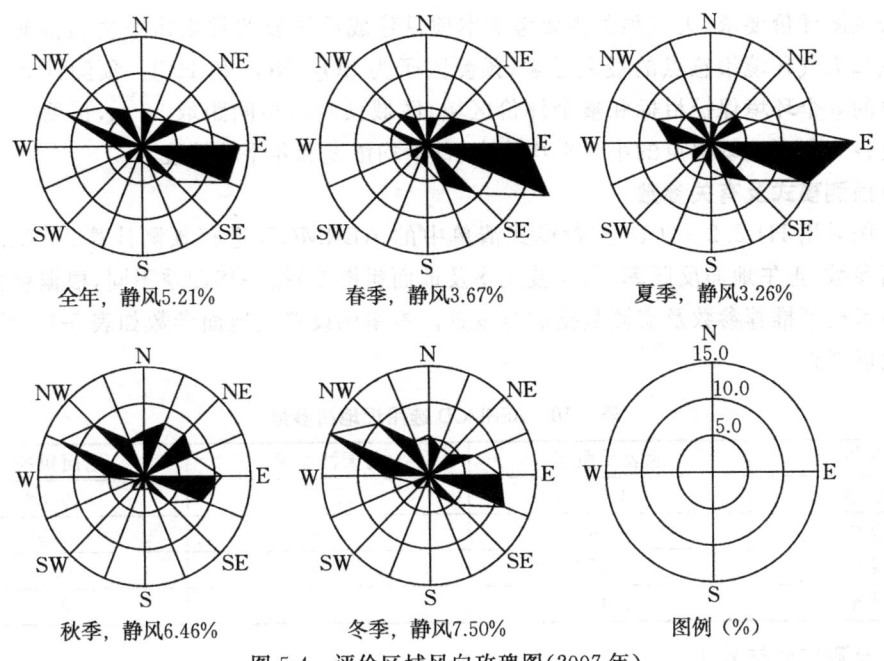

图 5-4 评价区域风向玫瑰图(2007 年)

2. 高空气象参数

因项目周围 50 km 范围内无高空气象探测站点,高空气象数据采用环境工程评估中心环境质量模拟重点实验室的中尺度气象模拟数据。模拟高空气象数据模拟网格点编号为(130,53),模拟网格点距离项目所在地直线距离为 12 km。

该高空气象数据是采用中尺度数值模式 MM5 模拟生成,把全国共划分为 149×149 个网格,每个网格的分辨率为 27 km×27 km。该模式的原始数据包括地形高度、土地利用、陆地—水体标志、植被组成等数据,数据源主要为美国的 USGS 数据,原始气象数据采用美国国家环境预报中心的 NCEP/NCAR 的再分析数据。全年共输出高空气象模拟数据文件 12 个,每个文件包括各月逐日、一日两次高空气象模拟数据。数据文件的文件名共 12 位,前 4 位代表年,第 5~6 位代表月份,第 7~12 位代表该网格点编号。各文件中包括的高空气象数据内容如表 5-9 所示。

表 5-9 高空气象数据内容

名称	单位
年月日时	—
探空数据层数	—
气压	hPa
高度	m
干球温度	℃
露点温度	℃
风速	m/s
风向	—

(四)预测方案

根据预测评价要求,大气预测主要考虑本项目建成后排放的常规污染物和特征污染物对评价区域和大气环境敏感点的最大影响,预测因子为 SO_2、NO_2 和 HCl。预测计算点包括评价范围内的 5 个环境保护目标和整个评价区域,区域预测网格间距取 50 m,预测内容包括计算区域及各大气环境敏感点的小时平均浓度、日平均浓度和年平均浓度。

(五)预测模式及有关参数

本案例采用 HJ 2.2—2018 推荐模式清单中的 AERMOD 进行预测计算。AERMOD 所需近地面参数(正午地面反照率、白天波文率及地面粗糙度)按一年四季不同,根据项目评价区域特点参考模型推荐参数及实测数据进行设置。本案例设置近地面参数如表 5-10 所示,地形按平坦地形考虑。

表 5-10 AERMOD 选用近地面参数

季节	地表反照率	白天波文率	地面粗糙度
冬季	0.35	1.5	0.38
春季	0.14	1.0	0.38
夏季	0.16	2.0	0.38
秋季	0.18	2.0	0.38

(六)预测结果与分析

采用 AERMOD 推荐模式分别计算 SO_2、NO_2 和 HCl 对评价范围内各大气环境敏感点和区域最大浓度影响值,并叠加现状监测背景浓度值进行分析。

1. 项目贡献浓度预测

根据各大气环境敏感点及区域最大浓度点 NO_2 浓度预测结果,绘制区域 NO_2 小时平均浓度最大值所对应时刻的区域浓度等值线图、区域出现日平均浓度最大值所对应时刻的区域浓度等值线图及年平均浓度等值线图(图 5-5 至图 5-7)。

表 5-11 NO_2 预测结果 单位:mg/m^3

预测点	小时最大浓度				日均最大浓度				年均浓度		
	预测浓度	占标率	出现位置	出现时刻	预测浓度	占标率	出现位置	出现时刻	预测浓度	占标率	出现位置
某村庄甲	0.015 6	6.50%	—	07022009	0.002 1	1.71%	—	070220	0.000 5	0.58%	—
某试验小学	0.019 1	7.96%	—	07012709	0.001 7	1.39%	—	070127	0.000 2	0.30%	—
某居住小区乙	0.020 6	8.58%	—	07121910	0.001 6	1.29%	—	071219	0.000 4	0.47%	—
某居住小区丙	0.018 6	7.75%	—	07011411	0.002 0	1.63%	—	070429	0.000 3	0.35%	—
某居住小区丁	0.010 6	4.42%	—	07021910	0.001 5	1.26%	—	070523	0.000 2	0.29%	—
区域最大浓度点	0.032 0	13.33%	−1 300, 0	07011410	0.007 2	5.99%	−350, −100	070530	0.001 4	1.70%	−450, 0
浓度标准	0.24				0.12				0.08		

2. 项目贡献浓度叠加背景浓度值分析

各敏感点及区域最大浓度点叠加背景浓度结果如表 5-12 所示。其中各大气环境敏感点背景浓度取同点位处的现状背景值最大值进行叠加分析,区域最大浓度点的背景浓度取所有现状背景值平均值。根据预测结果,绘制叠加区域背景浓度值后区域小时浓度等值线图、日平均浓度等值线图(图 5-8、图 5-9)。

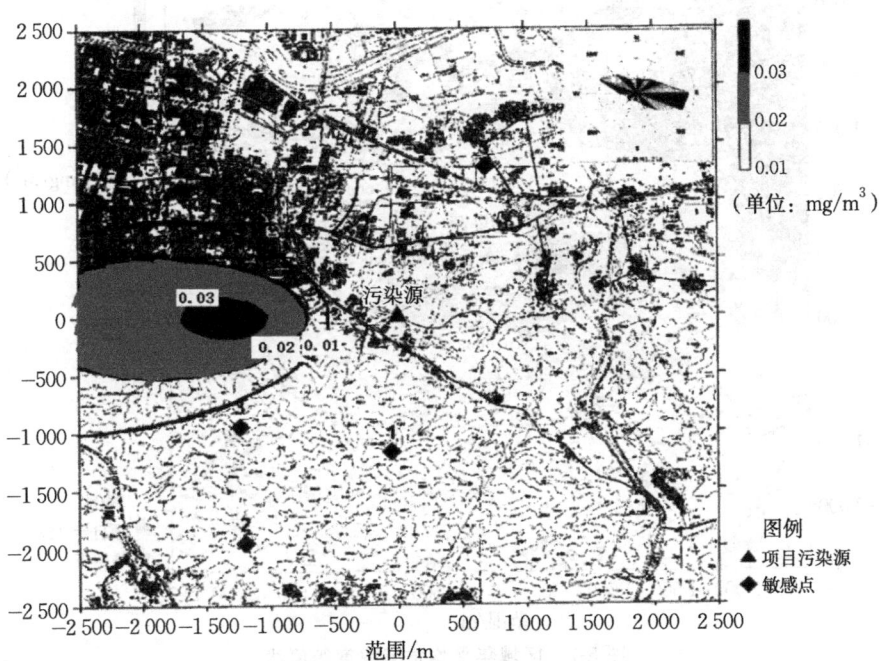

图 5-5 区域小时贡献浓度等值线(2007 年 1 月 14 日 10 时)

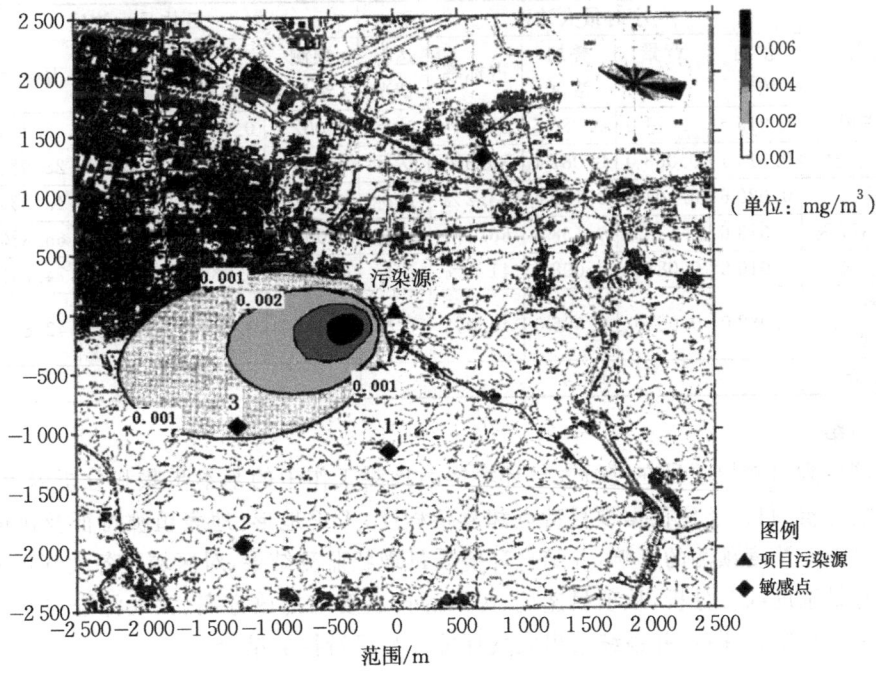

图 5-6 区域日平均贡献浓度等值线(2007 年 5 月 30 日)

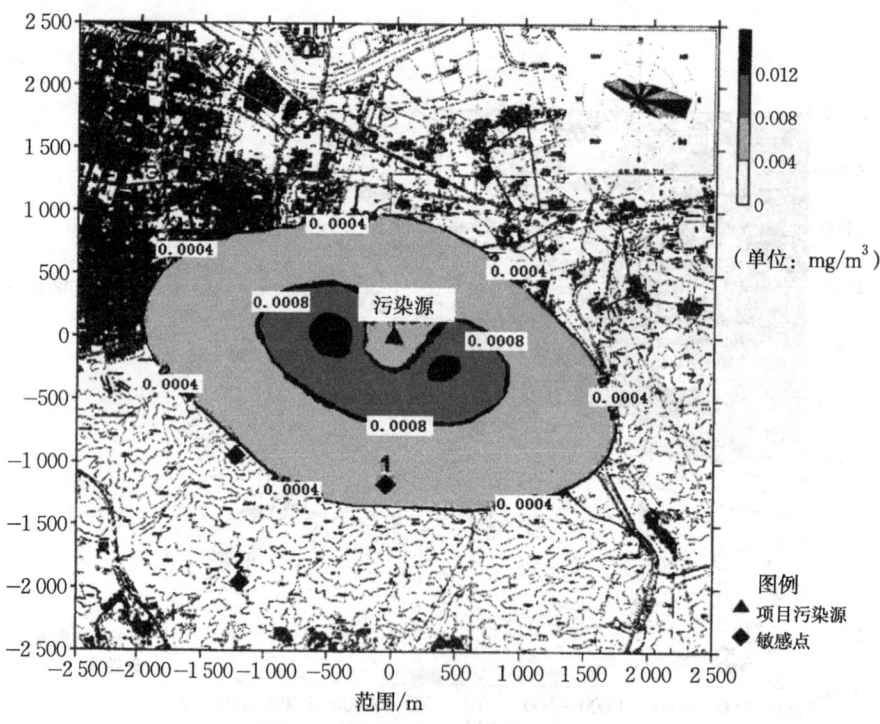

图 5-7 区域年平均贡献浓度等值线

表 5-12 NO₂ 预测结果叠加背景浓度结果　　　　　　单位：mg/m³

预测点	小时最大浓度					日均最大浓度				
	预测浓度	背景浓度	叠加浓度	占标率	达标情况	预测浓度	背景浓度	叠加浓度	占标率	达标情况
某村庄甲	0.015 6	0.071 0	0.086 6	36.1%	达标	0.002 1	0.056 0	0.058 1	48.4%	达标
某试验小学	0.019 1	0.068 0	0.087 1	36.3%	达标	0.001 7	0.033 0	0.034 7	28.9%	达标
某居民乙	0.020 6	0.107 0	0.127 6	53.2%	达标	0.001 6	0.051 0	0.052 6	43.8%	达标
某居住小区丙	0.018 6	0.140 0	0.158 6	66.1%	达标	0.002 0	0.077 0	0.079 0	65.8%	达标
某居住小区丁	0.010 6	0.088 0	0.098 6	41.1%	达标	0.001 5	0.088 0	0.089 5	74.6%	达标
区域最大浓度点	0.032 0	0.064 0	0.096 0	40.0%	达标	0.007 2	0.044 2	0.051 4	42.8%	达标
浓度标准	0.24					0.12				

(七)小结

本案例仅列出常规项目在进行大气环境影响预测工作中的基本步骤和分析内容,对于实际环境影响评价项目,还应根据项目特点和复杂程度,考虑地形、地表植被特征及污染物的化学变化等参数对浓度预测的影响,并结合环境质量现状监测结果,对区域及各大气环境敏感点进行叠加背景浓度综合分析,从项目选址、污染源排放度与排放方案、大气污染控制措施及总量控制等多方面综合评价,并最终给出大气环境影响可行性的结论。

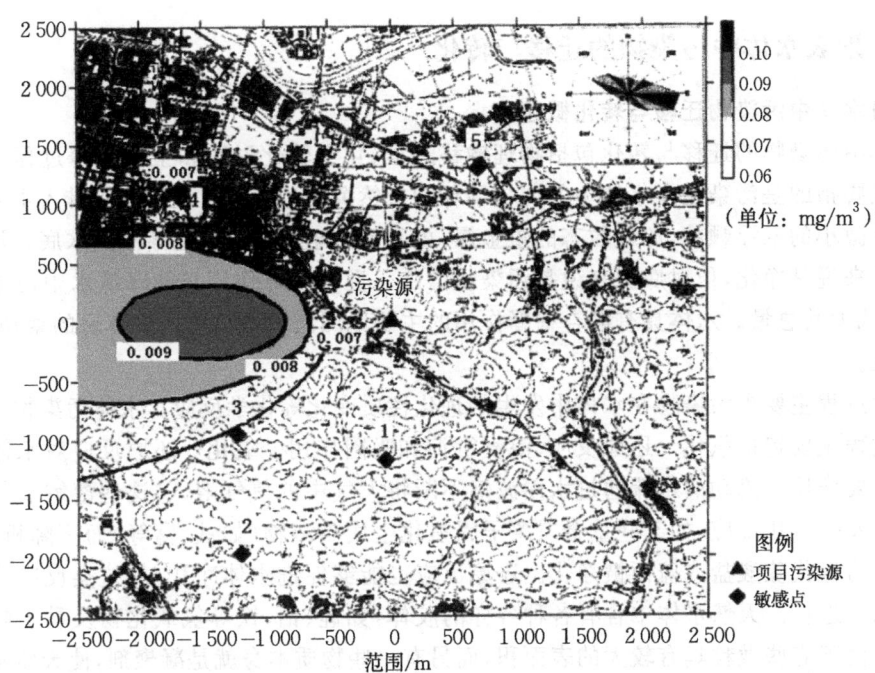

图 5-8　区域叠加背景值小时浓度等值线(2007 年 1 月 14 日 10 时)

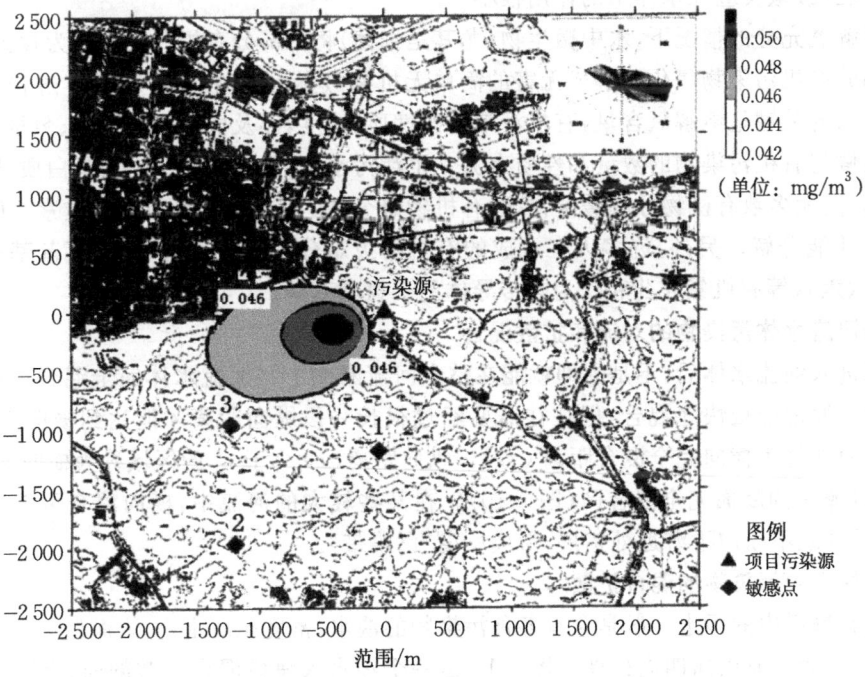

图 5-9　区域叠加背景值日平均浓度等值线(2007 年 5 月 30 日)

第三节 地表水环境影响预测与评价

一、地表水体中污染物的迁移与转化

(一)水体中污染物迁移与转化概述

水体中污染物的迁移与转化包括物理输移过程、化学转化过程和生物自净过程。物理过程作用主要指的是污染物在水体中的混合稀释和自然沉淀过程。沉淀作用指排入水体的污染物中含有微小的悬浮颗粒,如颗粒态的重金属、虫卵等由于流速较小逐渐沉到水底。污染物沉淀对水质来说是净化,但对底泥来说是污染物增加。混合稀释作用只能降低水中污染物的浓度,不能减少其总量。水体具有混合稀释作用的主要原因是污染物进入水体后的紊动扩散、移流和离散。

化学过程主要指污染物在水体中发生的理化性质变化等化学反应。水体污染物迁移转化的化学过程主要包括氧化—还原反应、混凝沉淀和吸附作用。氧化—还原反应对水体化学净化具有重要作用。流动的水流通过水面波浪不断将大气中的氧气溶入,这些溶解氧与水中的污染物将发生氧化反应,如某些重金属离子因氧化生成难溶物(如铁、锰等)而沉降析出,硫化物可氧化为硫代硫酸盐或硫而被净化。还原反应也能够促进水体净化,但这类反应多在微生物的作用下进行。天然水体中含有各种各样的胶体,如硅、铝、铁等氢氧化物及黏土颗粒和腐殖质等。由于有些微粒具有较大的表面积,而另有一些物质本身就是凝聚剂,使天然水体具有混凝沉淀作用和吸附作用,某些污染物因混凝沉淀或吸附作用从水中去除。另外,由于天然水体接近中性,酸碱反应在水体中的作用很小。

在溶解氧充分的情况下,水中微生物(尤其是细菌)将一部分有机污染物作为食饵消耗掉,将另一部分有机污染物氧化分解成无害的简单无机物,这就是生物自净的基本过程。影响生物自净作用的关键是溶解氧含量,有机污染物的性质、浓度,以及微生物的种类、数量等。生物自净的快慢与有机污染物的数量和性质有关。生活污水、食品工业废水中的蛋白质、脂肪类等极易分解,但大多数有机物分解缓慢,少数有机物难分解,如造纸废水中的木质素、纤维素等,需经数月才能分解。另外,许多人工合成的有机物极难分解并有剧毒,如双氯苯基三氯乙烷(DDT)、六六六等有机氯农药和作为热传导体的多氯联苯等。

(二)河流水体污染物的对流和扩散混合

废水进入河流水体后,不是立即就能在整个河流断面上与河流水体完全混合。虽然在垂直方向上一般都能很快地混合,但往往需要经过很长一段纵向距离才能达到横向完全混合。这段距离通常称为横向完全混合距离(x_1)。纵向距离(x)小于x_1的区域称为横向混合区,大于x_1的区域称为断面完全混合区(图5-10)。在某些较大的河流中,横向混合可能达不到对岸,横向混合区不断向下游远处扩展,形成所谓"污染带"。

(三)海水中污染物的混合扩散

排放到海洋中的污水一般是含有各种污染物的淡水,密度比海水小,入海后一面与海水混合而稀释,一面在海面向四周扩展。图5-11是一个污水入海后混合扩散剖面,反映了弱混合海域(即潮汐较小、潮流不大、垂直混合较弱海域)的扩散状况。可以看出,污水稀释的过程是排放到海中的污水浮在海洋表层向外扩展,海水逐渐混入污水中,随着离排污口距离的增加,

稀释倍数也逐渐增加。污水层的厚度在排放口附近较深，然后逐渐减小。向外扩展到一定程度（污水的密度达到一定界限值）即形成扩展前沿——锋面，这时污水的稀释倍数达到60～100倍。锋面外侧的海水明显向污水层下方潜入，形成清晰的界面，即所谓锋面，这样的界面在污水层的底部也清晰可见。锋面受到风和潮的作用，其形状和出现的地点会不断变化，有时会变得模糊不清。

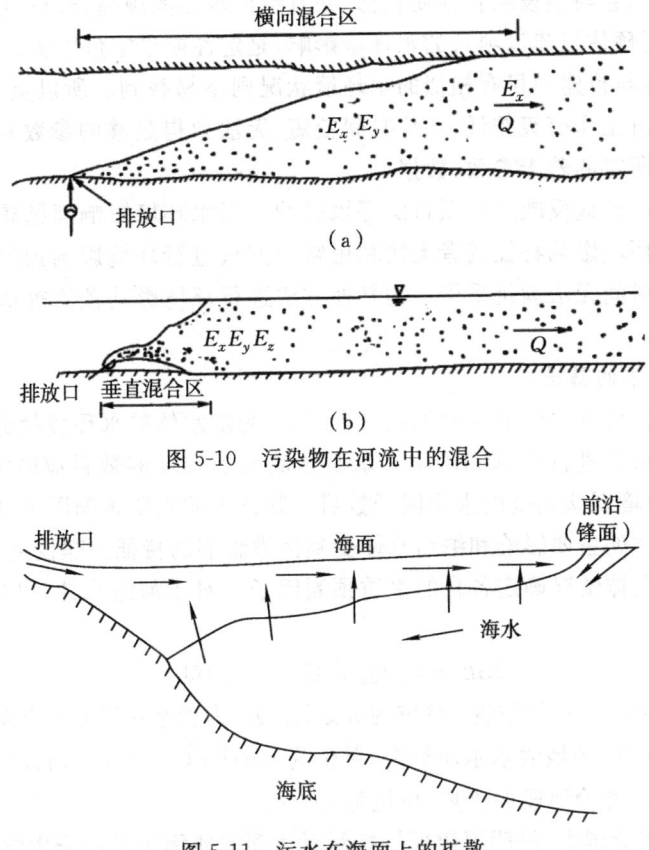

图 5-10　污染物在河流中的混合

图 5-11　污水在海面上的扩散

污水层的厚度通常为 1～2 m，污水从排出口到达它的前沿需 1～2 h。根据大量的实测资料，扩散域的面积与排放量之间经验关系为

$$\lg A = 1.226 \lg Q + 0.0855 \tag{5-2}$$

式中，A 为如果是淡水，则表示稀释 60～100 倍时的扩展范围，单位为 m^2；如果是温排水，则表示形成 1～2℃温差的限界面积，单位为 m^2；Q 为排放量，单位为 m^3/d。

二、地表水环境影响预测方法

(一)预测方法概述

1. 地表水水质预测方法

数学模式法即基于水体净化机制建立数学方程预测建设项目引起的水体水质变化。该法在许多水域有成功应用的水质模型范例。数学模式法比较简便，应首先考虑。但这种方法需要一定的计算条件和必要的输入参数，而且污染物在水中的净化机制，很多方面尚难用数学模式表达。

物理模型法即依据相似理论,在按一定比例缩小的环境模型上进行水质模拟试验,预测由建设项目引起的水体水质变化。此方法能反映比较复杂的水环境特点且定量化程度较高,再现性好,但需要相应的试验条件和较多的基础数据,并且制作模型会耗费大量的人力、物力和时间。在无法利用数学模式法预测、评价级别较高、对预测结果要求较严时,应选用此法。

类比分析法即调查与建设项目性质相似,并且纳污水体的规模、流态、水质也相似的工程。根据调查结果,分析预估拟建建设项目的水环境影响,是定性或半定量方法。已建的相似工程有可能找到,但此工程与拟建项目有相似的水环境状况则不易找到。所以类比调查法所得结果往往比较粗略。评价工作等级较低、评价时间较短、无法取得足够的参数和数据时,采用类比法求得数学模式中所需的若干参数、数据。

专业判断法即定性地反映建设项目的环境影响。当水环境影响问题较特殊,一般环评人员难以准确识别其环境影响特征或者无法利用常用方法进行环境影响预测,或者由于建设项目环境影响评价的时间无法满足采用上述其他方法进行环境影响预测等情况下,可选用此种方法。

2. 水质预测因子的筛选

水质预测因子应根据建设项目的工程分析结果、受纳水体的水环境状况、评价工作等级和当地环境管理的要求等进行筛选和确定。水质预测因子选取的数目应既能说明问题又不过多,一般应少于水环境现状调查的水质因子数目。筛选出的水质预测因子,应能反映拟建项目废水排放对地表水体的主要影响和纳污水体受到污染影响的特征。建设期、运行期、服务期满后各阶段可以根据具体情况确定各自的水质预测因子。对于河流水体,可按下式将水质参数排序后从中选取

$$ISE = C_{pi}Q_{pi}/(C_{si} - C_{hi})Q_{hi} \tag{5-3}$$

式中,C_{pi} 为水污染物 i 的排放浓度,单位为 mg/L;Q_{pi} 为含水污染物 i 的废水排放量,单位为 m^3/s;C_{si} 为水污染物 i 的地表水水质标准,单位为 mg/L;C_{hi} 为评价河段水污染物 f 的浓度,单位为 mg/L;Q_{hi} 为评价河段的流量,单位为 m^3/s。

ISE 值是负值或者越大,说明拟建项目排污对该项水质因子的污染影响越大。

3. 预测条件的确定

受纳水体的水质状况应按照评价工作等级要求和建设项目外排污水对受纳水体水质影响的特性,确定相应水期及环境水文条件下的水质状况、水质预测因子的背景浓度。一般采用环评实测水质成果数据或者利用收集到的现有水质监测资料数据。

拟预测的排污状况一般分废水正常排放(或连续排放)和不正常排放(或瞬时排放、有限时段排放)两种情况进行预测。两种排放情况均需确定污染物排放源强、排放位置和排放方式。

拟预测的设计水文条件即在水环境影响预测时应考虑水体自净能力不同的多个阶段。内陆水体,自净能力最小的时段一般为枯水期,个别水域由于面源污染严重也可能在丰水期;北方河流,冰封期的自净能力很小,情况特殊。在进行预测时需要确定拟预测时段的设计水文条件,如河流10年一遇连续7天枯水流量、河流多年平均枯水期月平均流量等。

水质模型参数和边界条件(或初始条件)即在利用水质模型进行水质预测时,需要根据建模、验模的工作程序确定水质模型参数的数值。确定水质模型参数的方法有实验测定法、经验公式估算法、模型实测法、现场实测法等。对于稳态模型,需要确定预测计算的水动力、水质边

界条件；对于动态模型或模拟瞬时排放、有限时段排放等，还需要确定初始条件。

(二)河流水质数学模式预测方法

1. 河流稀释混合模式

点源污染的河水、污水稀释混合方程，对于点源排放持久性污染物，河水和污水完全混合、反映河流稀释能力的方程为

$$c = \frac{c_p Q_p + c_h Q_h}{Q_p + Q_h} \tag{5-4}$$

式中，c 为完全混合的水质浓度，单位为 mg/L；Q_p 为污水排放量，单位为 m³/s；c_p 为污染物排放浓度，单位为 mg/L；Q_h 为上游来水流量，单位为 m³/s；c_h 为上游来水污染物浓度，单位为 mg/L。

非点源方程，河流有非点源（面源）汇入水体的情形，可按下式计算河段污染物的浓度为

$$c = \frac{c_p Q_p + c_h Q_h}{Q_p + Q_h} + \frac{W_S}{86.4 Q} \tag{5-5}$$

$$Q = Q_p + Q_h + \frac{Q_S}{x_s} \cdot x \tag{5-6}$$

式中，W_S 为沿程河段内 $x=0$ 到 $x=x_s$ 非点源汇入的污染物总负荷量，单位为 kg/d；Q 为下游 x 距离处河段流量，单位为 m³/s；Q_S 为沿程河段内 $x=0$ 到 $x=x_s$ 非点源汇入的水量，单位为 m³/s；x_s 为控制河段总长度，单位为 km；x 为沿程距离($0 \leqslant x \leqslant x_s$)，单位为 km。

考虑吸附态和溶解态污染指标耦合模型，需要区分溶解态和吸附态的污染物在河流水体中的指标耦合时，应加入分配系数的概念。分配系数 K_p 的物理意义是在平衡状态下，某种物质在固液两相间的分配比例。

$$K_p = \frac{X}{c} \tag{5-7}$$

式中，c 为溶解态浓度，单位为 mg/L；X 为单位质量固体颗粒吸附的污染物质量，单位为 mg/mg；K_p 为分配系数，单位为 L/mg。

对于有毒有害污染物，在已知其在水体中的总浓度的情况下，溶解态的浓度为

$$c = \frac{c_T}{1 + K_p \cdot S \times 10^{-6}} \tag{5-8}$$

式中，c 为溶解态浓度，单位为 mg/L；c_T 为总浓度，单位为 mg/L；S 为悬浮固体浓度，单位为 mg/L；K_p 为分配系数，单位为 L/mg。

2. 河流的一维稳态水质模式

对于溶解态污染物，当污染物在河流横向方向上达到完全混合后，描述污染物的输移、转化的微分方程为

$$\frac{\partial (Ac)}{\partial T} + \frac{\partial (Qc)}{\partial x} = \frac{\partial}{\partial x}\left(D_{LA} \frac{\partial c}{\partial x}\right) + A(S_L + S_B) + AS_K \tag{5-9}$$

式中，A 为河流横断面面积；Q 为河流流量；C 为水质组分浓度；D_L 为综合的纵向离散系数；S_L 为直接的点源或非点源强度；S_B 为上游区域进入的源强；S_K 为动力学转化率，正为源，负为汇。

设定条件如下：稳态，忽略纵向离散作用，一阶动力学反应速率 K，河流无侧旁入流，河流

横断面面积为常数,上游来流流量 Q_u,上游来流水质浓度 C_u,污水排放流量 Q_e,污染物排放浓度 C_e。则上述微分方程式的解为

$$c = c_0 \cdot \exp[-Kx/86\,400u] \tag{5-10}$$

式中,c_0 为初始浓度,单位为 mg/L,计算式为 $c_0 = (c_u \cdot Q_u + c_e \cdot Q_e)/(Q_u + Q_e)$;$K$ 为阶动力学反应速度,单位为 1/d;u 为河流流速,单位为 m/s;x 为沿河流方向的距离;c 为位于污染源(排放口)下游 x 处的水质浓度,单位为 mg/L。

3. 斯特里特-菲尔普斯(Streeter-Phelps)模式

斯特里特-菲尔普斯模式(S-P模式)是研究河流溶解氧与BOD关系最早、最简单的耦合模型。S-P模式迄今仍得到广泛的应用,是研究各种修正模型和复杂模型的基础。它的基本假设为:河流为一维恒定流,污染物在河流横断面上完全混合;氧化和复氧都是一级反应,反应速率常数是定常的,氧亏的净变化仅是水中有机物耗氧和通过液—气界面的大气复氧的函数。

S-P 模式为

$$\left. \begin{aligned} c &= c_0 \cdot \exp\left(-K_1 \frac{x}{864\,000u}\right) \\ D &= \frac{K_2 c_0}{K_2 - K_1}\left[\exp\left(-K_1 \frac{x}{864\,000u}\right) - \exp\left(-K_2 \frac{x}{864\,000u}\right)\right] + D_0 \exp\left(-K_2 \frac{x}{864\,000u}\right) \end{aligned} \right\} \tag{5-11}$$

其中,$c_0 = (c_p \cdot Q_p + c_h \cdot Q_h)/(Q_p + Q_h)$,$D_0 = (D_p \cdot Q_p + D_h \cdot Q_h)/(Q_p + Q_h)$。

式中,Q_p 为废水排放量,单位为 m³/s;Q_h 为河流流量,单位为 m³/s;D 为氧亏量即 $DO_f - DO$,单位为 mg/L;D_0 为计算初始断面亏氧量,单位为 mg/L;D_p 为上游来水中溶解氧亏值,单位为 mg/L;D_h 为污水中溶解氧亏值,单位为 mg/L;u 为河流断面平均流速,单位为 m/s;x 为沿程距离,单位为 m;c 为沿程浓度,单位为 mg/L;D_0 为溶解氧浓度,单位为 mg/L;DO_f 为饱和溶解氧浓度,单位为 mg/L;K_1 为耗氧系数,单位为 1/d;K_2 为复氧系数,单位为 1/d。

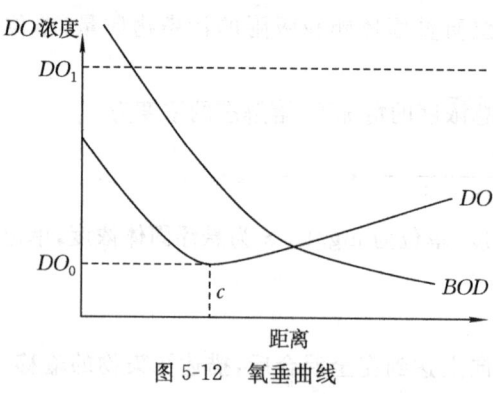

图 5-12 氧垂曲线

沿河水流动方向的溶解氧分布呈一悬索型曲线,通常称为氧垂曲线(图 5-12)。氧垂曲线的最低点 c 称为临界氧亏点,临界氧亏点的亏氧量称为最大亏氧值。在临界亏氧点左侧,耗氧大于复氧,水中的溶解氧逐渐减少,污染物浓度因生物净化作用而逐渐减少;达到临界亏氧点时,耗氧和复氧平衡;临界点右侧,耗氧量因污染物浓度减少而减少,复氧量相对增加,水中溶解氧增多,水质逐渐恢复。如排入的耗氧污染物过多将溶解氧耗尽,则有机物受到厌氧菌的还原作用生成甲烷气体,同时水中存在的硫酸根离子与硫酸还原菌发生作用而成为硫化氢,引起河水发臭,水质严重恶化。临界氧亏点 x_c 的位置为

$$x_c = \frac{86\,400u}{K_2 - K_1}\ln\left[\frac{K_2}{K_1}\left(1 - \frac{D_0}{c_0} \cdot \frac{K_2 - K_1}{K_1}\right)\right] \tag{5-12}$$

式中的参数含义与式(5-12)相同。

4. 河流二维稳态水质模式

顺直均匀河流,描述溶解态污染物的二维对流扩散的基本方程为

$$u\frac{\partial c}{\partial x} = M_x \frac{\partial^2 c}{\partial x^2} + M_y \frac{\partial^2 c}{\partial y^2} + S_K \tag{5-13}$$

若忽略 $M_x \frac{\partial^2 c}{\partial x^2}$ 项的作用,若假设污染物遵循一级动力学反应(衰减常数为 K),此时式(5-13)简化为

$$\bar{u}\frac{\partial c}{\partial x} = M_y \frac{\partial^2 c}{\partial y^2} - Kc \tag{5-14}$$

式中,$\bar{u}$ 为横断面平均流速,单位为 m/s。

横向混合系数与河流平均水深 $\bar{h}$ 和摩阻流速 u^* 等因素有关。可近似用下式估算

$$M_y = a\bar{h}u^* \tag{5-15}$$

式中,$\bar{h}$ 为平均水深;a 为横向混合无量纲常数($0.6\pm50\%$);u^* 为 $\sqrt{g\bar{h}i}$,摩阻流速,通常约为平均流速的 1% 数量级;g 为重力加速度;i 为河流比降。

用累积流量坐标表示的二维水质方程,其计算公式为

$$q_c(y) = \int_0^y M_y hu\,d_y \tag{5-16}$$

式中,q_c 为距一岸的横向距离为 y 时的累积流量;M_y 为河流横断面的形状系数;h 为当地水深;u 为当地垂向平均流速;y 为横向坐标。

$y = 0$ 时,$q_c(0) = 0$;$y = B$(河宽)时,$q_c(B) = Q$(河流总流量);$q_c(y)$ 沿横向 y 方向的典型分布(图 5-13)。

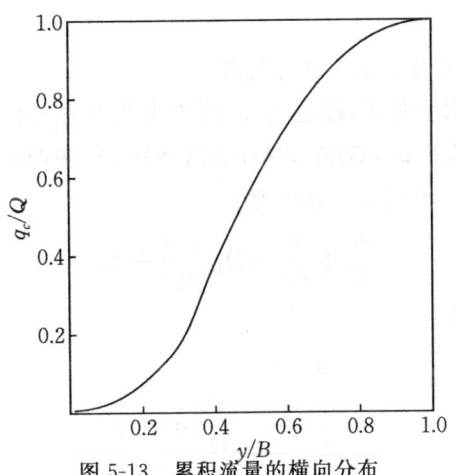

图 5-13 累积流量的横向分布

注:q_c 为累积流量,y 为河流横向坐标,Q 为河流总流量,B 为总河宽。

引入积流量坐标 $q_c(y)$,代替直角坐标 y,相应的水质方程为

$$\frac{\partial c}{\partial x} = \frac{\partial}{\partial q_c}\left(M_c \frac{\partial c}{\partial q_c}\right) - Kc \cdot m_x / \bar{u} \tag{5-17}$$

式中,M_c 为横向混合因子,$M_c = m_x \cdot h \cdot \bar{u} \cdot M_y$;$m_x$ 为河流纵向形状系数,单位为 $m_x \approx 1$;u 为横断面上的平均流速。

设 M_c 为常数,并用 K/u 近似代替 $K \cdot m_x/u$,则式(5-17)成为

$$\frac{\partial c}{\partial x} = M_c \frac{\partial^2 c}{\partial q_c^2} - Kc/\bar{u} \tag{5-18}$$

连续点源的河流二维水质模式,设定条件:河宽为 B,在离岸边距离为 y_s 处有一连续点源,源强为 M,水质组分 c 的一级动力学反应系数为 K。二维水质方程式的解析解为

$$c(x,q_c) = \frac{M}{(4\pi M_c x)^{1/2}} \exp\left(-\frac{Kx}{u}\right) \cdot \left\{\sum_{n=-\infty}^{+\infty}\left[\exp\left(-\frac{(q_c - q_{cx} - znQ)^2}{4M_c x}\right)\right] + \left[\exp\left(-\frac{(q_c + q_{cx} + znQ)^2}{4M_c x}\right)\right]\right\} \tag{5-19}$$

式中,Q 为河流总流量;u 为平均流速;q_{cs} 为排放源的累计流量坐标;n 为河岸的反射次数。

在岸边排放 $(q_{cs} = 0)$,忽视对岸反射作用,式(5-19)简化为

$$c(x,q_c) = \frac{M}{(\pi M_c x)^{1/2}} \exp\left(-\frac{Kx}{u}\right) \exp\left(-\frac{q_c^2}{4M_c x}\right) \tag{5-20}$$

岸边浓度为

$$c(x,0) = \frac{M}{(\pi M_c x)^{1/2}} \exp\left(-\frac{Kx}{u}\right) \tag{5-21}$$

离岸边排放 $(q_{cx} \neq 0)$,忽视对岸反射作用 $(n = 0)$,式(5-19)简化为

$$c(x,q_c) = \frac{M}{(\pi M_c x)^{1/2}} \exp\left(-\frac{Kx}{u}\right) \cdot \left[\exp\left(-\frac{(q_c - q_{cs})^2}{4M_c x}\right) + \exp\left(-\frac{(q_c + q_{cs})^2}{4M_c x}\right)\right] \tag{5-22}$$

环境影响评价中,若要求预测不同水期的水质影响,需要根据具体情况分析是采用岸边排放模式还是离岸排放模式。

5. 常规污染物瞬时点源排放水质预测模式

瞬时点源的河流一维水质模式,设定条件:河流为顺直均匀的一维河流,流量为 Q,横断面面积为 A_c,断面平均流速为 $u = Q/A_c$,纵向离散系数 D_L 瞬时点源源强为 M,水质组分 c 的一阶动力学反应速率为 K。水质基本方程为

$$\frac{\partial c}{\partial t} + \frac{\partial c}{\partial x} = D_L \frac{\partial^2 c}{\partial x^2} - Kc \tag{5-23}$$

初始条件和边界条件为

$$\left.\begin{array}{l} c(x,0) = 0 \\ c(0,t) = \left(\dfrac{M}{Q}\right)\delta(t) \\ c(\infty,t) = 0 \end{array}\right\} \tag{5-24}$$

式中,$\delta(t) = \begin{cases} 1, & t = 0 \\ 0, & t \neq 0 \end{cases}$。

利用 $\delta(t)$ 函数的特性和拉式变换,得到方程式的解

$$c(x,t) = \frac{M}{2A_c(\pi D_L t)^{1/2}} \exp\left(-\frac{Kx}{u}\right) \exp\left(-\frac{(x-ut)^2}{4D_L t}\right) \tag{5-25}$$

在距离瞬时点源下游 x 处的污染物浓度峰值为

$$c(x) \frac{M}{2A_c(\pi D_L t)^{1/2}} \exp\left(-\frac{Kx}{u}\right)_{max} \tag{5-26}$$

瞬时点源的河流二维水质模式,一般基本方程为

$$\frac{\partial c}{\partial t} + u\frac{\partial c}{\partial x} = M_x \frac{\partial^2 c}{\partial x^2} + M_y \frac{\partial^2 c}{\partial y^2} - Kc \tag{5-27}$$

式中,c 为水质组分的浓度;u 为垂向平均的纵向流速;M_x、M_y 为纵向、横向扩散系数;x、y 为直角坐标系;t 为时间。

设定条件:河流宽度为 B,瞬时点源源强 M,点源离河岸的距离为 y_0,方程式的解析解为

$$c(x,y,t) = \frac{M}{(4\pi t)(M_x M_y)^{1/2}} \exp\left(-\frac{Kx}{u}\right) \exp\left(-\frac{(x-ut)^2}{4M_x t}\right) \sum_{-\infty}^{+\infty} \exp\left(-\frac{(y-2nb\pm y_0)^2}{4M_y t}\right),$$
$$n = 0, \pm 1, \pm 2, \cdots \tag{5-28}$$

忽视河岸反射作用($n=0$),方程式简化为

$$c(x,y,t) = \frac{M}{(4\pi t)(M_x M_y)^{1/2}} \exp\left(-\frac{Kx}{u}\right) \exp\left(-\frac{(x-ut)^2}{4M_x t}\right) \left(\exp\left(-\frac{(y+y_0)^2}{4M_y t}\right) + \exp\left(-\frac{(y-y_0)^2}{4M_y t}\right)\right) \tag{5-29}$$

当瞬时点源在岸边时,取 $y_0 = 0$。

6. 有毒有害污染物(比重 $\rho < 1$)瞬时点源排放预测模式

采用瞬时点源排放模式预测有毒有害化学品事故泄漏进入水体的影响,首先需要判断是否可以作为瞬时点源处理。对于泄漏量 M,可采用公式计算将纯化学品稀释到溶解度所需要的水量,以判断泄漏事故是否可以作为"瞬时点源"处理。

$$V_0 = \frac{M \times 10^8}{c_s} \tag{5-30}$$

式中,M 为泄漏总量,单位为 kg;c_s 为溶解度,单位为 mg/L;V_0 为水体体积,单位为 m³。

溶解度是指在一定温度下,某固态物质在 100 g 溶剂中达到饱和状态时所溶解的溶质的质量,属于物理性质。在河流水体足以使泄漏的化学品迅速得到稀释,并且其浓度达到溶解度以下时,在河流水体中溶解态的浓度分布表示为

$$c(x,t) = \frac{M}{2A_c(\pi D_L t)^{1/2}} \exp\left(-\frac{(x-ut)^2}{4D_L t} - K_e t\right) + \frac{K'_V}{K'_V + \sum K_i} \cdot \frac{P}{K_H}[1 - \exp(-K_e t)] \tag{5-31}$$

式中,c 为溶解态浓度;$K_e = \frac{K'_V + \sum K_i}{1 + K_p s}$;$M_D = \frac{M}{1 + K_p s}$;$M$ 为泄漏的化学品总量。

$$K'_V = K_V / D$$

式中,K_V 为挥发速率;D 为水深;$\sum K_i$ 为一级动力学转化速率;P 为水面上大气中有毒污染物的分压;K_H 为亨利常数;K_p 为分配系数;s 为悬浮颗粒物浓度。

在泄漏点下游 x 处,假定 $p=0$,化学品的峰值浓度为

$$c(x) \frac{M_D}{2A(\pi D_L t_s)^{1/2}} \exp(-K_e t_s)_{max} \tag{5-32}$$

在时间 t_s 处于各种形态的化学品量可用以下公式计算。

溶解态污染物总量 M_D 为

$$M_D(t_s) = M_D \exp(-K_e t_s) \tag{5-33}$$

吸附态污染物总量 M_s 为

$$M_s(t_s) = K_p s M_D \exp(-K_e t_s) \tag{5-34}$$

挥发的污染物总量 M_V 为

$$M_V(t_s) = \frac{M_D K'_V}{K_e}[1 - \exp(-K_e t_s)] \tag{5-35}$$

降解的污染物总量 M_{DK} 为

$$M_{DK}(t_s) = \frac{M_D \sum K_i}{K_e}[1 - \exp(-K_e t_s)] \tag{5-36}$$

(三)湖泊(水库)水环境影响预测方法

1. 湖泊、水库水质箱模式

以年为时间尺度研究湖泊、水库的富营养化过程,可以将湖泊、水库看作一个完全混合反应器,其水质基本方程为

$$V\frac{d_c}{d_t} = Qc_E - Qc + S_c + \gamma(c)V \tag{5-37}$$

当所考虑的水质组分在反应器内的反应符合一级反应动力学,而且是衰减反应时

$$\gamma(c) = -Kc \tag{5-38}$$

将式(5-37)变为以下形式

$$V\frac{d_c}{d_t} = Qc_E - Qc - KcV \tag{5-39}$$

式中,K 为一级反应速率常数,单位为 $1/t$。当反应器处于稳定状态时,$d_c/d_t = 0$,式(5-39)可变为下式

$$c = c_E\left(\frac{1}{1+Kt}\right) \tag{5-40}$$

式中,t 为停留时间,$t = V/Q$。

2. 湖泊(水库)的富营养化预测模型

湖泊(水库)中早期经典的营养盐负荷预测模型有沃伦威尔德(Vollenweider)模型和狄龙(Dillon)模型等。

Vollenweider 最早提出了磷负荷与水体中藻类生物量存在一定关系,并于1976年提出营养物质负荷模型,即

$$[P] = \frac{L_P}{q(1+\sqrt{T_R})} \tag{5-41}$$

式中,$[P]$ 为磷的年平均浓度,单位为 mg/m^3;L_P 为年总磷负荷/水面面积,单位为 mg/m^2;q 为年入流水量/水面面积,单位为 m^3/m^2;T_R 为容积/年出流水量,单位为 m^3/m^3。

Dillon 和 Rigler 基于南安大略18个湖6项数据,提出适合估算春季对流时期磷的湖内平均浓度的磷负荷模型,即

$$[P] = \frac{L_P \cdot T_R(1-\varphi)}{\partial} \tag{5-42}$$

式中，$[P]$ 为春季对流时期磷平均浓度，单位为 mg/L。φ 为磷的滞留系数，单位为 $\varphi = 1 - \dfrac{q_0[P]_0}{\sum_{i=1}^{N} q_i[P]}$；$q_0$ 为湖泊出流水量，单位为 m^3/a；$[P]_0$ 为出流磷浓度，单位为 mg/L；N 为入流源数目，单位为 m^3/a；q_i 为由源 i 的入湖量，单位为 m^3/a；$[P]_i$ 为入流 i 的磷浓度，单位为 mg/L。$\bar{d} = \bar{V}/A$，表示平均深度，单位为 m；$\bar{V}$ 为湖泊平均蓄水体积，单位为 m^3；A 为湖泊平均水面积，单位为 m^2。

(四) 河口海湾水环境影响预测方法

在潮汐河口和海湾中，与垂向输移相比，水平面的输移是最重要的质量输移。因此，在浅水或受风和波浪影响很大的水体，在描述水动力学特性和水质组分的输移时，通常忽略垂向输移，将其看作二维系统来处理。在很多情况下，横向输移也是可以忽略的。此时，可以用一维模型来描述纵向水动力学特性和水质组分的输移。

1. 潮汐河流一维水质预测模式

假定在垂向和横向方向上的混合输移是可以忽略的，即水质组分在纵向上的混合输移是最重要的，水质方程简化为一维方程为

$$\frac{\partial (Ac)}{\partial t} = -\frac{\partial (Qc)}{\partial x} + \frac{\partial}{\partial x}\left(E_x \cdot A \frac{\partial c}{\partial x}\right) + A(S_L + S_B) + AS_K \tag{5-43}$$

相应地，以质量守恒形式表示的方程为

$$\frac{\partial M}{\partial t} = -uc + E_x A \frac{\partial c}{\partial x} \pm S \tag{5-44}$$

潮汐河流中，最常用的是一维的水质方程。在不完全满足一维条件的潮汐河流中，一维模型也常用来描述水质组分的纵向分布及比较不同污染负荷的水质状况。

2. 一维潮平均水质方程

在潮汐河流中，水质组分浓度 $c = c(x, t)$ 随潮流运动而变化。当排放的污染负荷稳定时，水质浓度的变化也具有一定的规律。此时，潮平均的浓度值是描述水质状况的一个重要参数。对式 (5-41) 进行潮周平均为

$$\frac{\partial (\overline{Ac})}{\partial t} = -\frac{\partial (\overline{AU_f c})}{\partial x} + \frac{\partial}{\partial x}\left(\overline{AE_x' \frac{\partial c}{\partial x}}\right) + \overline{A}(\overline{S_L} + \overline{S_B}) + \overline{AS_K} \tag{5-45}$$

式中，t 为潮汐周期时间；U_f 为潮平均净流量；上标"—"表示潮平均值。

式 (5-46) 中的 $\bar{E}_x$ 与式 (5-43) 中的 E_x 瞬时值有所不同，$\bar{E}_x$ 为潮平均等效纵向离散系数，与通常的潮平均值也不同。当 $\partial (\overline{Ac})/\partial_t = 0$ 时，为潮平均稳定方程。

对于均匀的潮汐河流及水质组分为一级动力学反应的情形，潮平均稳态方程式为

$$\bar{U}_f \frac{\partial \bar{c}}{\partial x} = \bar{E}_x \frac{\partial \bar{c}}{\partial x} - K\bar{c} \tag{5-46}$$

方程式的解形式为

$$\bar{c}/\bar{c} = \exp(J \cdot x) \tag{5-47}$$

$$J = \frac{\bar{U}_f}{2\bar{E}_x}[1 \pm (1 + 4K\bar{E}_x/\bar{U}_f^2)^{\frac{1}{2}}] \tag{5-48}$$

$$\bar{c}_0 = \left(\frac{c_e Q_e}{Q_f}\right)/(1 + 4K\bar{E}_x/\bar{U}_f^2)^{\frac{1}{2}} \tag{5-49}$$

式中，Q_f 为潮平均净流量；$K\bar{E}_x/\bar{U}_f^2$ 通常称为 O'Connor 数，用 n 表示；在内陆河流，$n \approx 0 \sim 0.05$，在潮汐河流中，一般地，$n \approx 1.0$ 或更大。对于非保守性物质，完全混合的稀释度与 n 值有关；若 $n = 0.75$，则 $c_0 = \frac{1}{2}\left(\frac{c_e Q_e}{Q_t}\right)$。

在潮汐河流中，由潮区界向下至河口，纵向离散系数 $\bar{E}$ 是逐渐增大的，一般地，O'Connor 数也增大。

3. 潮汐河口二维水质预测模式

描述潮汐河口的二维水质方程为

$$\frac{\partial c}{\partial t} = -u\frac{\partial c}{\partial x} - v\frac{\partial c}{\partial y} + \frac{\partial}{\partial x}\left(M_x \frac{\partial c}{\partial x}\right) + \frac{\partial}{\partial y}\left(M_y \frac{\partial c}{\partial y}\right) + S_L + S_B + S_K \tag{5-50}$$

式中，c 为水质组分的浓度；u、v 分别为垂向平均的纵向、横向流速；M_x、M_y 分别为纵向、横向扩散系数；S_L 为直接的点源或非点源；S_B 为由边界输入的源强；S_K 为动力学转化率，正为源，负为汇；x,y 为直角坐标系；t 为时间。

从潮汐河口水质模型的实用数值考虑，方程式可以写成质量守恒的形式为

$$\frac{\partial M}{\partial t} = -uc - vc + M_x \frac{\partial c}{\partial x} + M_y \frac{\partial c}{\partial y} \pm S \tag{5-51}$$

式中，M 为单位体积的水质组分的质量，S 为水质组分的源和汇。

不论采用式(5-50)还是式(5-51)来预测潮汐河口的水质变化，都需要求解潮汐河口水动力学模型获取流场 (u,v,t) 状况。一般采用有限差分法、有限元法、有限体积法等数值求解方法来模拟预测流场和浓度场的分布与变化。

4. 海湾二维水质预测模式

在海湾二维水质预测中，通常需要采用数值模式，同时计算潮流场和浓度场。海湾潮流模式为

$$\frac{\partial z}{\partial t} + \frac{\partial}{\partial x}[(h+z)u] + \frac{\partial}{\partial y}[(h+z)v] = 0 \tag{5-52}$$

$$\frac{\partial u}{\partial t} + u\frac{\partial u}{\partial x} + v\frac{\partial u}{\partial y} - fv + g\frac{\partial z}{\partial x} + g\frac{u(u^2+v^2)^{1/2}}{c_z^2(h+z)} = 0 \tag{5-53}$$

$$\frac{\partial v}{\partial t} + u\frac{\partial v}{\partial x} + v\frac{\partial v}{\partial y} - fv + g\frac{\partial z}{\partial y} + g\frac{v(u^2+v^2)^{1/2}}{c_z^2(h+z)} = 0 \tag{5-54}$$

初始条件：可以自 0 开始，也可以利用过去的计算结果或实测值直接输入计算。边界条件：陆边界，边界的法线方向流速为 0；水边界，可以输入据开边界上已知潮汐调和常数的水位表达式或边界点上的实测水位过程。常用的数值求解方法为有限差分法和有限元法。

海湾二维水质模式为

$$\frac{\partial[(h+z)c]}{\partial t} + \frac{\partial[(h+z)uc]}{\partial x} + \frac{\partial[(h+z)uc]}{\partial y}$$

$$= \frac{\partial}{\partial x}\left[(h+z)M_x \frac{\partial c}{\partial x}\right] + \frac{\partial}{\partial y}\left[(h+z)M_y \frac{\partial c}{\partial y}\right] + S_p \tag{5-55}$$

初值和源强为

$$c_{i,j}^{(0)} = c_h$$

$$S_{i,j}^{(l)} = \begin{cases} \dfrac{c_P^{(l)} Q_P^{(l)}}{\Delta x + \Delta y}, & \text{排放点} \\ 0, & \text{非排放点} \end{cases} \tag{5-56}$$

边界条件:陆边界,法线方向的一阶偏导数为0;水边界,可以取边界内测点的值。常用的数值求解方法有有限差分法、有限元法和有限体积(单元)法。

三、河流水质模型的应用

(一) 河流水质模型选择

从理论上考虑,水质模型应该包括在所模拟的河流水体中对水质组分起重要作用的现象和过程。以实用性和经济性考虑,最好是选择使用简便、通用,又能满足所研究的特定水质问题的模型。在选择模型时,必须考虑以下几个重要的技术问题:①水质模型的空间维数;②水质模型所描述(或所使用)的时间尺度;③污染负荷、源和汇;④模拟预测的河段范围;⑤流动及混合输移;⑥水质模型中的变量和动力学结构。

1. 水质模型的空间维数

大多数河流水质预测评价采用一维稳态模型,对于大中型河流中的废水排放,横向浓度梯度(变化)较明显,需要采用二维模型进行预测评价。在河流水质预测评价中,一般不采用三维模型。如果污染物进入水域后,在一定范围内经过平流输移、纵向离散和横向混合后达到充分混合,或者根据水质管理的精度要求允许不考虑混合过程而假定在排污口断面瞬时完成均匀混合,即假定水体内在某一断面处或某一区域之外实现均匀混合,则可采用水质模型进行预测评价。

标准 HJ/T 2.3—1993 给出了判定河流达到横向均匀混合的计算公式。在混合过程段下游河段 ($x > L$),可以采用一维模型;在混合过程段($x \leqslant L$),应采用二维模型。计算公式为

$$L = \frac{(0.4B - 0.6a)Bu}{(0.058H + 0.0065B)\sqrt{ghi}} \tag{5-57}$$

式中,L 为混合过程段长度,单位为 m;B 为河流宽度,单位为 m;a 为排放口距岸边的距离,单位为 m;u 为河流断面平均流速,单位为 m/s;h 为平均水深,单位为 m;g 为重力加速度,取值 9.81 m/s²;i 为河流坡度。

不考虑混合距离的重金属污染物、部分有毒物质及其他保守物质的下游浓度预测,可采用零维模型。对于有机物降解性物质,当需要考虑降解时,可采用零维模型分段模型,但计算精度和实用性较差,最好用一维模型求解。

2. 水质模型的时间尺度

在水质预测中使用的时间尺度,按逐渐增加水质模型复杂性的顺序列出稳态、准稳态、动态。在稳态预测中,只预测计算水质浓度的空间分布。当采用在一定时段内平均的污染负荷、河流流量等作为定常条件时,预测得到的水质浓度分布是该时段的真实水质浓度的平均值。例如,在建设项目环评中采用预测的污染源强、多年平均枯水期月平均流量进行预测,得到的是相应于多年平均枯水期月平均流量条件下的水质浓度值。准稳态的预测通常是在稳态的基础上考虑部分随时间变化的因素。准稳态可以有以下几种状态:①定常污染负荷—变化的河流流量;②变化的污染负荷—定常河流流量;③定常污染负荷—定常河流流量—变化的其他环境参数。

在建设项目环评中常需要考虑的准稳态是"变化的污染负荷—定常河流流量"状况,如在设计河流水文条件、污染物事故排放的水质影响预测。在动态预测中,河流流量、污染物负荷和温度等均随时间变化,预测计算得到的水质浓度随时间和空间而变化。在河流水质预测评价中,绝大多数情况下采用稳态或准稳态进行预测。

3. 污染负荷、源和汇

一般而言,影响河流水质状况的污染负荷、源和汇包括下列各项:①来自城市污水处理厂

的点源;②来自工矿企业(直接排入水体)的点源;③来自城市下水道系统的城市径流;④非点源;⑤河流上游或支流带入的污染物(包括氧亏);⑥河床内的源和汇(污染物沉积、再悬浮、底泥耗氧、藻类产氧和耗氧等)。

4. 模拟预测的河段范围

标准 HJ/T 2.3—2018《环境影响评价技术导测 地表水环境》规定,按污水排放量和河流规模确定河段的预测范围。从技术上考虑,预计可能受到明显影响的重要水域应划入预测范围。预测溶解氧时,预测范围应包括溶解氧区域。预测河段范围内,水文特征突然变化和水质突然变化处的上游、下游,重要水工建筑物附近,水文站附近,例行水质监测断面,均是模拟预测的关心点。

5. 流动及混合输移

进行水质预测,要求河流流量平衡,因此,需考虑较重要的支流和污染源的流量。在某些情况下,还需考虑地下水排泄和地表水下渗补给对河流流量的影响。除了与水质数据相对应的流量(包括设计流量)外,还需要有相应流量下的河流横断面面积、水深和流速等。在利用二维稳态模型进行预测时,需要收集河道地形、水力学特征沿河流横断面方向变化的数据,同时需要考虑横向混合系数。

6. 模型中的变量和动力学结构

按照污染物在水环境中输移、衰减的特点,一般利用水质模型进行预测评价的污染物可以分为四类:①持久性污染物(在水环境中难降解、毒性大、易长期累积的有毒物质);②非持久性污染物;③酸和碱(以 pH 值表征);④废热(以温度表征)。

对于非持久性污染物,一般采用一阶反应动力学来反映衰减规律。对于持久性污染物,在沉降作用明显的河段,一般可以近似地采用非持久性污染物相应的预测模式。在进行河流溶解氧预测时,需要根据具体情况选择确定河流溶解氧模型结构及包括的溶解氧模型变量。

7. 常用河流水质模式选择

常用的河流水质模式及其选择主要参考表 5-13。

表 5-13 常用的河流水质模式

	河流及污染物特征	适用的水质模式
1. 持久性污染物(连续排放)	完全混合河段	河流完全混合模式
	横向混合过程段	(1)河流二维稳态混合模式(直角坐标系)
		(2)河流二维稳态累积流量模式(累积流量坐标)
	沉降作用明显的河段	河流一维稳态模式,沉降作用近似为 $dc/dt = -k_3 c$(k_3 为沉降速率)
2. 非持久性污染物(连续排放)	完全混合河段	河流一维稳态模式,一级动力学方程 $dc/dt = -c$(k_1 为降解速率)
	横向混合过程段	(1)河流二维稳态混合衰减模式(直角坐标系)
		(2)河流二维稳态累积流量衰减模式(累积流量坐标)
	沉降作用明显的河段	河流一维稳态模式,考虑沉降作用的反应方程式近似为 $dc/dt = -(k_1 + k_3)c$(k_1 为降解速率,k_3 为沉降速率)
3. 溶解氧		河流一维 DO-BOD 耦分模式(如 S-P 模式)
4. 瞬时源(或有限时段源)	中、小河流	河流一维准稳态模式(流量定常—污染负荷变化)
	大型河流	河流二维准稳态模式

(二)河流水质模型参数的确定方法

河流水质模型参数的确定方法包括公式计算和经验估值、室内模拟实验测定、现场实测、水质数学模型测定。

1. 单参数测定方法

耗氧系数 k_1 的单独估值方法主要包括以下几种。

实验室测定法为

$$K_1 = K_1' + (0.11 + 54i)u/h \tag{5-58}$$

式中，u 为河流断面平均流速，单位为 m/s；h 为平均水深，单位为 m；i 为河流坡度。

试验数据的处理建议采用最小二乘法或作图法。

两点法为

$$K_1 = \ln\frac{86\,400u}{\Delta x}\ln\frac{C_A}{C_B} \tag{5-59}$$

多点法($m \geqslant 3$)为

$$K_1 = 86\,400u\left(m\sum_{i=1}^{m}x_i\ln c_i - \sum_{i=1}^{m}\ln c_i\sum_{i=1}^{m}x_i\right)\bigg/\left[(\sum_{i=1}^{m}x_i)^2 - m\sum_{i=1}^{m}x_i^2\right] \tag{5-60}$$

Kol 法为

$$K_1 = \frac{86\,400u}{\Delta x}\ln\frac{\exp\left(-\dfrac{K_2\Delta x}{u}\right)(DO_2 - DO_1) - DO_3 + DO_2}{\exp\left(-\dfrac{K_2\Delta x}{u}\right)(DO_3 - DO_2) - DO_4 + DO_3} \tag{5-61}$$

复氧系数 k_2 的单独估值方法采用经验公式法。

欧康那—道宾斯(O'Connor-Dobbins,简称欧—道)公式为

$$K_{2(20℃)} = \frac{294(D_m u)^{\frac{1}{2}}}{h^{\frac{2}{3}}}, \quad C_Z \geqslant 17 \tag{5-62}$$

$$K_{2(20℃)} = \frac{824(D_m^{0.5} i^{0.25})}{h^{1.25}}, \quad C_Z < 17 \tag{5-63}$$

$$C_Z = \frac{1}{n}h^{\frac{1}{6}} \tag{5-64}$$

$$D_m = 1.774 \times 10^{-4} \times 1.037^{(t-20)} \tag{5-65}$$

欧文斯(Owens)等的经验式为

$$K_2(20℃) = 5.34u^{0.67}/h^{1.85} \tag{5-66}$$

丘吉尔(Churchill)经验式为

$$K_2(20℃) = 5.03u^{0.696}/h^{1.673} \tag{5-67}$$

K_1、K_2 的温度校正参考下式：

$$K_{1或2(t)} = K_{1或2(20℃)} \cdot \theta^{(t-20)} \tag{5-68}$$

温度常数 θ 的取值范围：对 K_1，$\theta = 1.02 \sim 1.06$，一般取 1.047；对 K_2，$\theta = 1.015 \sim 1.047$，一般取 1.024。

混合系数的经验公式单独估算法主要包括：

泰勒(Taylor)法求横向混合系数 M_y（适用于河流）为

$$M_y = (0.058h + 0.0065B)(ghi)^{\frac{1}{2}} \tag{5-69}$$

费希尔(Fischer)法求纵向离散系数(适用于河流)为

$$D_L = 0.011 u^2 B^2 / h u^* \tag{5-70}$$

混合系数的示踪试验测定法是向水体中投放示踪物质,追踪测定其浓度变化,据此计算所需要的各环境水力参数的方法。示踪物质有无机盐类(NaCl、LiCl)、荧光染料(如工业碱性玫瑰红)和放射性同位素等,示踪物质的选择应满足如下要求：①具有在水体中不沉降、不降解、不产生化学反应的特性；②测定简单准确；③经济；④对环境无害。

示踪物质的投放方式有瞬时投放、有限时段投放和连续恒定投放。连续恒定投放时,其投放时间(从投放到开始取样的时间)应大于 $1.5 x_m/u (x_m$ 为投放点到最远取样点的距离)。瞬时投放具有示踪物质用量少、作业时间短、投放简单、数据整理容易等优点。数据整理建议采用拟合曲线法。示踪试验可以求出 M_x、M_y。

2. 多参数优化法

多参数优化法是根据实测的水文、水质数据,利用优化方法同时确定多个环境水力学参数的方法。此方法也可以只确定一个参数。利用多参数优化法确定的环境水力学参数是局部最优解,当要确定的参数较多时,优化的结果可能与其物理意义差别较大。为了提高解的合理性,可以采取如下措施：①根据经验限制各环境水力学参数的取值范围,确定初值；②降低维数,可用其他方法确定的参数尽量用其他方法确定。

多参数优化法所需要的数据,因被估值的环境水力学参数及采用的数学模式不同而异,一般需要如下几个方面的数据：①各测点的位置、各排放口的位置、河流分段的断面位置；②水文方面如 W、Q_n、H、B、i、u_{max} 等；③水质方面如拟预测水质参数在各测点的浓度及数学模式中所涉及的参数；④各测点的取样时间；⑤各排放口的排放量、排放浓度；⑥支流的流量及其水质。

3. 沉降系数 K_3 和综合削减系数 K 的估值方法

K_3 和 K 的估值可以采用单参数或多参数估值方法,即：① 利用两点法确定 $K_1 + K_3$ 或 K；② 利用多点法确定 $K_1 + K_3$ 或 K；③ 利用多参数优化法确定 K_3 或 K。

(三)水质数学模型的标定与检验

1. 水质模型标定与检验的概念

水质模型的标定与检验,实际上是实测的水质数据与模型计算的水质分布的比较。这些"比较"所包括的内容和条件如下：①各实测的水质数据系列与根据其相应条件(例如污染负荷、流量、水温等)算的水质数据(所有重要的水质组分)的比较；②对于所有的水质数据系列和取得某一数据系列的所有河段,均应使用相同的负荷组分、速率系数和输移系统；③负荷、源、汇、反应速率和输移在时间上和在空间位置上应该是长期不变的,除非系统的变量是与所定义的过程相互联系的,或者是能直接测量的(例如流量、水温)；④要有两个或更多的相似条件下的计算水质浓度和实测水质浓度的比较；⑤必须在将来的计算中将使用的时间和空间尺度进行比较。

最后一条的含义是,稳态、准稳态和动态模型的计算水质必须与相对应的实测水质数据进行比较。例如,动态模型必须相应于动态数据来标定和验证,即在 $t=0$ 的数据用于模型的初始条件,在 $t=t_1$、$t=t_2$、$\cdots$、$t=t_n$ 进行计算值和实测值的比较。

2. 水质模型的标定

利用选择的水质模型,对各实测水质数据相对应的污染负荷、流量和水温条件进行水质计算,调整反应速率和第Ⅱ类污染负荷的数值,使计算值与实测值相符,并得到一组一致性的模型参数。

在水质模型的标定中,计算值与实测值的比较常用统计特性分析来进行。常用的三个方法为平均值的比较、回归分析和相对误差。

平均值的比较,即在多组相应的污染负荷、输移(流量、扩散)和水温条件下,实测数据的平均值与计算平均值的比较。可以使用"学生"概率密度函数进行平均值比较。

计算值与实测值之间的回归分析方程为

$$X = aC + E \qquad (5-71)$$

式中,C 为计算值,X 为实测值,E 为 X 的误差。在这里,假定计算值是已知的并具有确定性,而 E 是 X 的测量误差。

相对误差的计算公式为

$$e = \frac{|x-c|}{x} \qquad (5-72)$$

相对误差可在空间或时间上聚合,并可计算误差的累积频率。

3. 水质模型的检验

模型的检验是利用与标定模型所用的数据无关的污染负荷、流量和水温资料进行水质计算,验证模型计算的结果与现场实测数据是否较好地相符。要求使用上述统计特性参数来进行实测数据和计算结果之间的比较。检验模型与标定模型所用的实测资料是无关的。在许多情况下,要求在标定模型后进行模型检验所需要的现场实测和数据收集工作。一般在模型检验时,不要调整反应速率和第Ⅱ类污染源数值。如果需要调整这些参数,则应该重新进行模型的标定工作。

第四节　地下水环境影响评价与防护

一、地下水的运动

(一) 地下水运动的基本形式

饱和水带中,无论是潜水还是承压水的地下水运动,均表现为重力水在岩土层空隙中的运动。从其流态的类型可分为层流运动和紊流运动。由于流动在岩土空隙中进行,运动速度比较慢,因此在多数情况下表现为层流运动,只有在裂隙或溶隙比较发育的局部地区,或者在抽水井及矿井附近、井水位降落很大的情况下,地下水流速度快,才可能表现为紊流状态。

(二) 达西定律

达西定律是描述重力水渗流现象的基本方程,最早由法国水利学家达西通过均质砂粒的渗流试验得出,试验装置如图 5-14 所示。试验发现渗透流量 Q 与水位差 $h_1 - h_2$ 成正比,其数学表达式为

$$Q = KA \frac{h_1 - h_2}{\Delta L} \qquad (5-73)$$

式中,Q 为渗透流量,单位为 m^3/d;A 为试验土柱的过水断面面积,单位为 m^2;K 为比例常数,即渗透系数,单位为 m/d;ΔL 为两个水位测量点(h_1 和 h_2)的土样长度,即渗透路径长,单位为 m。式(5-73)表明,渗透流量 Q 与过水断面积 A 成正比,与渗透路径长 ΔL 成反比,因

此可以认为：对一定的含水介质而言，其渗透系数是常数。

渗透流量 Q、过水断面 A 与渗透流速 v 三者之间的关系为

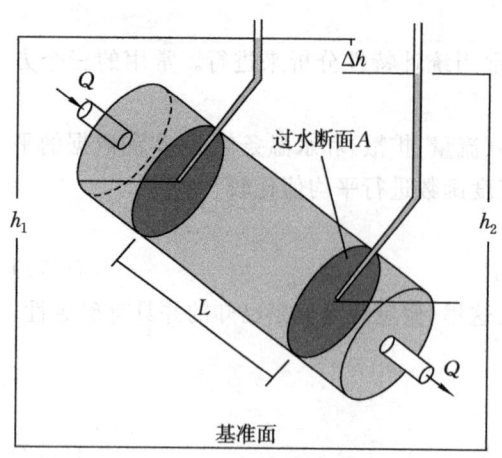

图 5-14 达西渗透试验装置示意

$$v = \frac{Q}{A} \tag{5-74}$$

$$v = -K\frac{\Delta h}{\Delta L} \tag{5-75}$$

如使 ΔL 的极限值趋近于 0，则

$$v = -K\frac{dh}{dL} \tag{5-76}$$

式(5-77)称为达西定律。式中，v 为地下水渗流速度，其单位为 m/d。

式中负号为水力坡度增量方向与水流方向相反。由此可见，水在渗透过程中其体积通量是与水的势梯度成比例的，渗透系数 K 值即是其比例系数。有的文献中也因此把达西定律称为地下水运动的通量方程。又因水力坡度为

$$i = -\frac{dh}{dL} \tag{5-77}$$

可知水力坡度与渗流速度 v 的一次方成正比，故又把达西定律称为线性渗透定律。必须注意，渗透速度 v 不是孔隙中单个水质点的实际流速，而是在流量相同且过水断面全部被水充满状况下的平均流速。由于实际的断面中充填着无数的砂粒，水流仅从砂粒的孔隙断面中通过。设 u 为通过孔隙断面的水质点的实际平均流速，n 为砂的孔隙度，则有

$$u = \frac{v}{n} \tag{5-78}$$

因此，地下水的实际流速 u 大于渗流速度 v。

（三）渗透系数

由达西定律可知当水力坡度 $i=1$ 时，则 $v=K$，即渗透系数在数值上等于当水力坡度为 1 时的地下水渗流速度。由于水力坡度是无量纲，因此 K 值具有与 v 相同的单位，一般用 m/d 或 cm/s 等。

渗透系数 K 是表征含水介质透水性能的重要参数。K 值的大小一方面取决于介质的性质，如粒度成分、颗粒排列等，粒径越大，渗透系数 K 值也就越大；另一方面还与流体的物理性质（如流体的黏滞性）有关。实际工作中，由于不同地区地下水的黏性差别不大，在研究地下水流动规律时，常常可以忽略地下水的黏性，即认为渗透系数只与含水层介质的性质有关，使问题简单化。松散岩石渗透系数的常见值如表 5-14 所示。

表 5-14 不同岩石类型的渗透系数取值范围

材料	渗透系数/(m/s)	材料	渗透系数/(m/s)
沉积物	—	砂岩	$3\times10^{-10}\sim6\times10^{-6}$
砾石	$3\times10^{-4}\sim3\times10^{-2}$	泥岩	$1\times10^{-11}\sim1\times10^{-8}$
粗砂	$9\times10^{-7}\sim6\times10^{-3}$	盐	$1\times10^{-12}\sim1\times10^{-10}$

续表

材料	渗透系数/(m/s)	材料	渗透系数/(m/s)
中砂	$9\times10^{-7}\sim5\times10^{-4}$	硬石膏	$4\times10^{-13}\sim2\times10^{-8}$
细砂	$2\times10^{-7}\sim2\times10^{-4}$	页岩	$1\times10^{-13}\sim2\times10^{-9}$
粉砂、黄土	$1\times10^{-9}\sim2\times10^{-5}$	结晶岩	—
冰碛物	$1\times10^{-12}\sim2\times10^{-6}$	可透水的玄武岩	$4\times10^{-7}\sim3\times10^{-2}$
黏土	$1\times10^{-11}\sim5\times10^{-9}$	裂隙火成岩和变质岩	$8\times10^{-9}\sim3\times10^{-4}$
未风化的海积黏土	$8\times10^{-13}\sim2\times10^{-9}$	风化花岗岩	$3\times10^{-6}\sim3\times10^{-5}$
沉积岩	—	风化辉长岩	$6\times10^{-7}\sim3\times10^{-6}$
岩溶和礁灰岩	$1\times10^{-6}\sim2\times10^{-2}$	玄武岩	$2\times10^{-11}\sim3\times10^{-7}$
灰岩、白云岩	$1\times10^{-9}\sim6\times10^{-6}$	无裂隙火成岩和变质岩	$3\times10^{-14}\sim3\times10^{-10}$

注：改编自 Domenico 和 Schwartz，1998 年发表的相关文献资料。

达西定律适用于层流状态的水流，而且要求流速比较小（常用雷诺数 $Re<10$ 表示）。当地下水流呈紊流状态，或呈层流状态但雷诺数超出达西定律适用范围时，渗透速度 v 与水力坡度 i 不再是一次方的关系，而变成非线性关系。由于地下水运动在大多数情况下符合达西定律条件，因此本书不讨论非线性流运动公式。

二、污染物在地下水中的迁移与转化

（一）机械过滤

机械过滤作用指当污染物经过包气带和含水层介质时，一些颗粒较大的物质团因不能通过介质空隙而被阻挡在介质中的现象。例如，一些悬浮的污染物经过砂层时，会被砂层过滤。机械过滤作用只能使污染物部分停留在介质中，而不能从根本上消除污染物。

（二）对流和弥散

污染物在地下水中的运移受地下水的对流、水动力弥散和生物化学反应等的影响。污染物随地下水的运动称为对流运动。水动力弥散则使污染物在介质中扩散，不断地占据着越来越多的空间（图 5-15）。产生水动力弥散的原因主要有：首先浓度场导致质点的分子扩散；其次，在微观上，孔隙结构的非均质性和孔隙通道的弯曲性导致污染物的弥散现象；最后，宏观上，所有孔隙介质都存在着非均质性。污染物运移的对流—弥散方程为

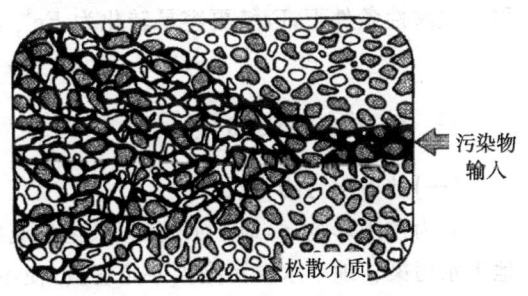

图 5-15　污染物在空隙中弥散现象

$$\left[\frac{\partial}{\partial x}\left(D_x\frac{\partial c}{\partial x}\right)+\frac{\partial}{\partial y}\left(D_y\frac{\partial c}{\partial y}\right)+\frac{\partial}{\partial z}\left(D_z\frac{\partial c}{\partial z}\right)\right]-\left[\frac{\partial}{\partial x}(v_x c)+\frac{\partial}{\partial y}(v_y c)+\frac{\partial}{\partial z}(v_z c)\right]=\frac{\partial c}{\partial t}$$
(5-79)

式中，c 为污染物浓度，单位为 mg/L；t 为时间，单位为天；x、y、z 为空间位置坐标值，单位为 m；D_x、D_y、D_z 为水动力弥散系数张量，单位为 m^2/d；v_x、v_y、v_z 为地下水流速度，单位为 m/d。式(5-79)中第一个中括号所含的项为弥散项，第二个中括号所含的项为对流项。当考虑源、汇项时，在式(5-79)左端减去(源)或加上汇即可。

(三) 吸附和解吸

吸附和解吸是污染物在地下水中与水相、气相、固相介质之间发生的重要的物理化学过程,吸附为污染物由液相或气相进入固相的过程,解吸过程则相反。吸附和解吸影响着污染物与地下水、空气之间的迁移或富集,也影响着污染物的化学反应和有机物的微生物降解过程。

物质吸附的两种机理为分配作用和表面吸附作用。介质对有机污染物的吸附实际上是其中的矿物组分与土壤中有机质共同作用的结果,且土壤有机质起重要作用。

在给定的污染物质与固相介质情况下,污染物质的吸附和解吸主要与污染物在水中的浓度和污染物质被吸附在固体介质上的固相浓度有关。

(四) 溶解和沉淀

溶解和沉淀是水—岩相互作用的一种。地下水在渗流过程中会将污染物或由其转化产生的可溶物质溶解,当某些污染物的温度、pH 值、氧化还原电位等发生变化,水中的污染物浓度大于饱和度,一些已经溶解的污染物会沉淀析出。

溶解与沉淀实质上是强极性水分子和固体盐类表面离子产生了较强的相互作用。如果这种作用的强度超过了盐类离子间的内聚力,就会生成水合离子。这种水合离子逐层从盐类表面进入水溶液,在整个溶液扩散,并随着水分向下或向上的运动进行迁移。化合物的溶解和沉淀主要取决于其组成的离子半径、电价、极化性能、化学键的类型及其他物理化学性质;此外,它与环境条件如温度、压水中其他离子浓度、水的 pH 值和 Eh 条件也密切相关。例如,Cd^{2+} 在碱性条件下容易形成 $Cd(OH)_2$ 沉淀,而在 CO_2 参与的开放体系中,容易形成 $CdCO_3$。

(五) 氧化和还原

氧化与还原反应是污染物中元素或化合物电子发生转移导致化合价态改变的过程。氧化与还原作用受 pH 值影响,并与地下水所处的氧化还原环境有关。例如,Cr 在还原条件下以 Cr^{3+} 的化合物形式存在,不易迁移;而在氧化环境下,以 Cr^{6+} 的化合物形式存在,则很容易迁移。在碱性条件下,Fe^{2+} 更容易转化为 Fe^{3+},生成 $Fe(OH)_3$ 沉淀,其半反应式为

$$Fe^{2+} + 3H_2O \rightarrow Fe(OH)_3 \downarrow + 3H^+ + e^- \tag{5-80}$$

三、地下水污染途径

(一) 地下水污染特点

人为作用影响下,地下水的物理、化学或生物特性发生不利于人类生活、生产的变化称为地下水污染。地下水被污染到一定程度,便不符合供水水源的要求。地下水污染意味着可以利用的宝贵的地下水资源的减少。不仅如此,地下水的污染很不容易被发现;一旦发现,其后果也难以消除。

地下水污染与地表水污染不同,污染物质进入地下含水层及在其中运移的速度都很缓慢。若不进行专门监测,往往在发现时,地下水污染程度已相当严重。地下水由于循环交替缓慢,即使已排除污染源,进入地下水的污染物质,也将在含水层中长期滞留,并随着地下水流动使污染范围不断扩大。因此,已污染含水层的自然净化往往需要几十几百甚至几千年。如果采取打井抽汲污染水的方法消除污染,则要付出相当大的代价。

(二) 地下水污染途径

地下水污染途径多种多样,大致可归为四类:

(1) 间歇入渗型。大气降水或其他灌溉水使污染物随水通过非饱水带、周期性地渗入含水

层,且主要污染对象是潜水。例如,在淋滤作用下,固体废物的淋滤液下渗引起的地下水污染。

(2)连续入渗型。污染物随水不断渗入含水层,主要污染潜水。例如,废水渠、废水池、废水渗井等和受污染的地表水体连续渗漏造成地下水污染。

(3)越流型。污染物通过越流的方式从已受污染的含水层(或天然咸水层)转移到未受污染的含水层(或天然淡水层)。污染物通过整个层间,或通过地层尖灭的天窗,抑或通过破损的井管污染潜水和承压水。例如,地下水的开采改变了越流方向,使已受污染的潜水进入未受污染的承压水中。

(4)径流型。污染物通过地下径流进入含水层,污染潜水或承压水。例如,污染物通过地下岩溶孔道进入含水层。

四、污水入渗量计算

常用的污染场地污水入渗量一般通过公式计算获得,如无地下水动态观测资料,入渗系数可取经验值。主要计算公式如下:

渗坑或渗井的污水入渗量计算公式为

$$Q_0 = q \cdot \beta \tag{5-81}$$

式中,Q_0 为入渗量,单位为 m^3/d 或 m^3/a;q 为渗坑或渗井污水排污量,单位为 m^3/d 或 m^3/a;β 为渗坑或渗井底部包气带的垂向入渗系数,β 为经验值,一般取 0.10~0.92。

排污渠或河流的污水入渗量计算公式为

$$Q_0 = Q_{上游} - Q_{下游} \tag{5-82}$$

式中,$Q_{上游}$ 为上游断面流量,单位为 m^3/d 或 m^3/a;$Q_{下游}$ 为下游断面流量,单位为 m^3/d 或 m^3/a。

固体废物填埋场的污水入渗量计算公式为

$$Q_0 = \alpha F X \times 10^{-3} \tag{5-83}$$

式中,α 为降水入渗补给系数;F 为固体废物渣场的渗水面积,单位为 m^2;X 为降水量,单位为 mm。

污水土地处理的污水入渗量计算公式为

$$Q_0 = \beta \cdot Q_g \tag{5-84}$$

式中,Q_g 为实际处理水量,单位为 m^3/a。

五、地下水影响半径计算

(一)常用地下水水位变化影响半径

常用的地下水水位变化影响半径的计算公式如表 5-15 所示。

表 5-15 地下水水位变化影响半径(R)的计算公式

计算公式		适用条件	备注
潜水	承压水		
$\lg R = \dfrac{S_2(2H-S_2)\lg r_2 - S_2(2H-S_2)\lg r_2}{(S_1-S_2)(2H-S_1-S_2)}$	$\lg R = \dfrac{S_1 \lg r_2 - S_2 \lg r_1}{S_1 - S_2}$	有两个观察孔完整井抽水时	确定及 R 值较可靠的方法之一
$\lg R = \dfrac{S_w(2H-S_w)\lg r_1 - S_1(2H-S_1)\lg R_w}{(S_w-S_1)(2H-S_w-S_1)}$	$\lg R = \dfrac{S_w \lg r_1 - S_1 \lg R_w}{S_w - S_1}$	有一个观察孔完整井抽水时	精度较上式差,一般偏大
$\lg R = \dfrac{1.366(2H-S_w)S_w}{Q} + \lg R_w$	$\lg R = \dfrac{2.72 K_w S_w}{Q} + \lg R_w$	无观察孔完整井抽水时	同上

续表

计算公式		适用条件	备注
潜水	承压水		
$R = 2d$		近地表水体单孔抽水时	可得出足够精确的 R 值
$R = 2S\sqrt{HK}$		计算松散含水层井群或基坑矿山巷道抽水初期的 R 值	计算出的直径很大的井群和单井的 R 值过大；矿坑基坑的 R 值偏小
	$R = 10S\sqrt{K}$	计算承压水抽水初期的 R 值	得出的 R 值为概略值
$R = 2S\sqrt{\dfrac{aK}{\mu}(H - 0.5S_w)t}$ $a = 2.25 - 4.0$	$R = \sqrt{\alpha at}$ $a = 2.25 - \pi$	含水层缺乏补给时，根据单孔非稳定抽水试验确定影响半径	α 为系数，固定流量抽水时取小值，固定水位抽水时取大值

表 5-15 中，S 为水位降深，单位为 m；H 为潜水含水层厚度，单位为 m；r 为观测井井径，单位为 m；S_w 为抽水井中水位降深，单位为 m；R_w 为抽水井半径，单位为 m；K 为含水层渗透系数，单位为 m/d；M 为承压含水层厚度，单位为 m；d 为地表水据抽水井距离，单位为 m；H 为重力给水度，无量纲。

（二）引用半径 (r_0) 与引用影响半径 (R_0)

当利用"大井法"预测矿坑涌水量及引水建筑工程涌水量时，对于不同几何图形的矿坑和不同排列的供水井群，可采用表 5-16 中的公式计算引用半径 (r_0)。不同水文地质条件及不同排水（或集水）工程形状的引用影响半径 (R_0) 的计算公式如表 5-19 所示。

表 5-16 引用半径 (r_0) 的计算公式

适用条件		计算公式	备注
矿坑或井群的平面图形	说明		
矩形（长 a，宽 b）	矩形	$r_0 = \eta \dfrac{a+b}{4}$	η 值通过查表 5-17 确定；当 a/b 远大于 10 时，$r_0 = 0.25a$
正方形（边长 a）	正方形	$r_0 = 0.59a$	
菱形（边长 c，角 θ）	菱形	$r_0 = \eta \dfrac{c}{2}$	η 值通过查表 5-18 确定

续表

适用条件		计算公式	备注
矿坑或井群的平面图形	说明		
(椭圆图形, 标注 d_1, d_2)	椭圆形	$r_0 = \dfrac{d_1 + d_2}{4}$	
(不规则椭圆图形, 标注 a, b)	不规则的圆	$r_0 = \sqrt{\dfrac{F}{\pi}} = 0.565\sqrt{F}$	F 为基坑面积,单位为 m^2;当 a/b 小于 $2\sim3$ 时,使用该公式
(不规则多边形图形, 标注 $l_1 \sim l_{10}$)	不规则的多边形	$r_0 = \dfrac{P}{2\pi}$ 或 $r_0 = \sqrt[2n]{l_1 l_2 \cdots l_{2n}}$	P 为多边形周长,单位为 m;l_1、l_2、$\cdots$、l_n 为多边形顶点和中点到重心的距离,单位为 m;n 为多边形顶角数

表 5-17 矩形矿坑或井群 η 值

b/a	0	0.05	0.1	0.2	0.3	0.4	0.5	≥ 0.6
η	1.00	1.05	1.08	1.12	1.144	1.16	1.174	1.18

表 5-18 菱形矿坑或井群 η 值

θ	0°	18°	36°	54°	72°	90°
η	1.00	1.06	1.11	1.15	1.17	1.18

表 5-19 引用影响半径 (R_0) 的计算公式

适用条件		计算公式	备注
示意图	说明		
(含水层剖面示意图, 标注 S, R)	矿坑所在含水层呈均质无限分布,自然水位近于水平时	$R_0 = R + r_0$	
(河流旁近似圆形矿坑示意图, 标注 d, r_0)	含水层各项均质,位于河旁的近似圆形矿坑	$R_0 = 2d$	d 为矿坑中心至河岸距离,单位为 m

适用条件		计算公式	备注
示意图	说明		
(河流图)	含水层各项均质,位于河旁的近似圆形矿坑	$R_0 = \dfrac{\sum d_{cp} l}{\sum l} + r_0$	d_{cp} 为各剖面线间矿坑边界与地表水体间的平均距离,单位为 m;l 为相邻二剖面间的垂直距离,单位为 m
(K_1, K_2, K_3, K 示意图)	坑各方向岩层呈非均质时,降落漏斗形状复杂,应首先计算出各不同渗透段内的影响半径,然后求出平均值	$R_0 = \dfrac{\sum\limits_1^n R_l}{n}$ 或 $R_0 = \dfrac{P}{2\pi} + r_0$	p 为降落漏斗周长,单位为 m;R_l 为各渗透段内的影响半径,单位为 m

六、地下水环境影响预测

(一) I 类建设项目地下水环境影响预测

1. 解析法

解析法主要包括一维弥散解析法和二维弥散解析法,其中一维弥散解析法包括瞬时污染源解析法和连续污染源解析法。

瞬时污染源解析法的公式为

$$C(x,t) = \frac{m/w}{2n\sqrt{\pi D_L t}} e^{-\frac{(x-ut)^2}{4D_L t}} \tag{5-85}$$

连续污染源解析法的公式为

$$\frac{C}{C_0} = \frac{1}{2}\operatorname{erfc}\left(\frac{x-ut}{2\sqrt{D_L t}}\right) + \frac{1}{2}e^{\frac{ux}{D_L}}\operatorname{erfc}\left(\frac{x+ut}{2\sqrt{D_L t}}\right) \tag{5-86}$$

式(5-85)和式(5-86)中,x 为距注入点的距离,单位为 m;t 为时间,单位为天;$C(x,t)$ 或 C 为 t 时刻 x 处的示踪剂浓度,单位为 mg/L;m 为注入的示踪剂质量,单位为 g;w 为横截面面积,单位为 m^2;u 为水流速度,单位为 m/d;n 为有效孔隙度,无量纲;D_L 为纵向弥散系数,单位为 m^2/d;π 为圆周率;C_0 为注入的示踪剂浓度,单位为 mg/L;$\operatorname{erfc}(\cdot)$ 为余误差函数,其值可通过查询《水文地质手册》获得。

二维弥散解析法包括瞬时污染源解析法和连续污染源解析法。

瞬时污染源解析法的公式为

$$C(x,y,t) = \frac{m_M/M}{4\pi nt\sqrt{D_L D_T}} e^{\left[-\frac{(x-ut)^2}{4D_L t} - \frac{y^2}{4D_T t}\right]} \tag{5-87}$$

连续污染源解析法的公式为

$$\left.\begin{array}{l} C(x,y,t) = \dfrac{m_t}{4\pi Mn\sqrt{D_L D_T}} e^{\frac{xu}{2D_L}} \left[2K_0(\beta) - W\left(\dfrac{u^2 t}{4D_L}, \beta\right) \right] \\[2mm] \beta = \sqrt{\dfrac{u^2 x^2}{4D_L^2} + \dfrac{u^2 y^2}{4D_L D_T}} \end{array}\right\} \quad (5\text{-}88)$$

式(5-87)和式(5-88)中，x、y 为计算点的位置坐标值；t 为时间，单位为天；$C(x,y,t)$ 为 t 时刻点(x,y)处的示踪剂浓度，单位为 mg/L；M 为承压含水层的厚度，单位为 m；m_M 为长度为 M 的线源瞬时注入示踪剂质量，单位为 g；m_t 为单位时间注入示踪剂的质量，单位为 g/d；u 为水流速度，单位为 m/d；n 为有效孔隙度，无量纲；D_L 为纵向弥散系数，单位为 m²/d；D_T 为 y 方向的弥散系数，单位为 m²/d；π 为圆周率；$K_0(\beta)$ 为第二类零阶修正贝塞尔函数，其值可通过查询《地下地质手册》获得；$W\left(\dfrac{u^2 t}{4D_L}, \beta\right)$ 为第一类越流系统井函数，其值可通过查询《地下地质手册》获得。

2. 数值法

数值法适用边界条件复杂、含水层非均质、有多个含水层的地下水系统。模型应用流程如图 5-16 所示。模拟预测目标主要是建立项目特征污染物将来的分布状态和确定敏感目标区污染物达到指定水平的时间；在不同工况条件下，或者有工程干涉污染源或改变地下水流场的情况下，计算建设项目特征污染物将来的分布状态。

资料收集及概念模型的建立。建立野外场地地下水流和污染迁移模型工作的第一步是整理分析项目建设场地，以及其所在区域的相关资料，这些资料包括场地及周边地区地质、水文地质、钻探记录、物探数据、岩芯、土样及水样的化学分析报告等。然后，对区域总体水流和污染物迁移过程做简化假定及定性解释，将这些资料综合成概念模型。概念模型的建立过程见水流模拟部分。

计算程序的选择。计算程序的选择取决于是否需要二维或三维分析、是否需要非稳定流计算、是否需要"友好的"用户界面。在选择一个特定程序时，必须考虑野外现场迁移过程的性质及解决该迁移问题的特定求解方法的适用程度。大多数迁移模拟应用均针对流体密度均匀的、含水层中的污染迁移问题。但是，如果预计浓度变化引起的流体密度变化显著（如海水入侵），须选用能模拟变密度水流与迁移的计算程序。同样，如果非饱和带作用显著，须选用能解决不饱和流的水流与迁移计算程序。在实际选择计算程序时应考虑的其他内容包括：①所使用的计算程序是否有清楚的文件资料和说明书；②计算程序的成本、用户培训、硬件和软件等的费用；③出版记录计算程序的可靠性，它在用户界的接受程度，以及管理部门的认可度。

建立污染物迁移模型。概念模型建立后，将其转换成数值模型还需要加入控制方程、边界条件、初始条件、含水层和隔水层的空间分布、外部汇/源，以及孔隙介质和其中流体与污染物的化学性质。因此，应把场地的具体数据编制为输入文件，提供给计算程序做具体数值计算，并由计算程序和输入文件一起构成具体场地的模型。

模型校准和敏感性分析。用输入参数的初始估计值建立数值模型后，要在校准中调整这些输入参数，直到模型的模拟结果与野外观测值能很好地拟合。在正式校准之前或之后，采用敏感分析检验数值模型对某个输入参数的反应及敏感性进行分析。在模型应用过程中，校准是最关键、最难，但同时也是最有意义的工作之一。

在任何情况下，确定校准策略时都要先确定校准是稳定的（水流模型校准的情形）还是非稳定的,或是二者兼有,需要对比哪些数据,需要调整哪些参数。确定哪些参数是明确的、可作为确定的模型输入项,哪些参数应作为校准目标。通常,校准工作应在稳定与非稳定模式下,在水流模型和迁移模型结果之间反复进行,直到所确定的未知参数值在总体上"最好"地对应观测结果。

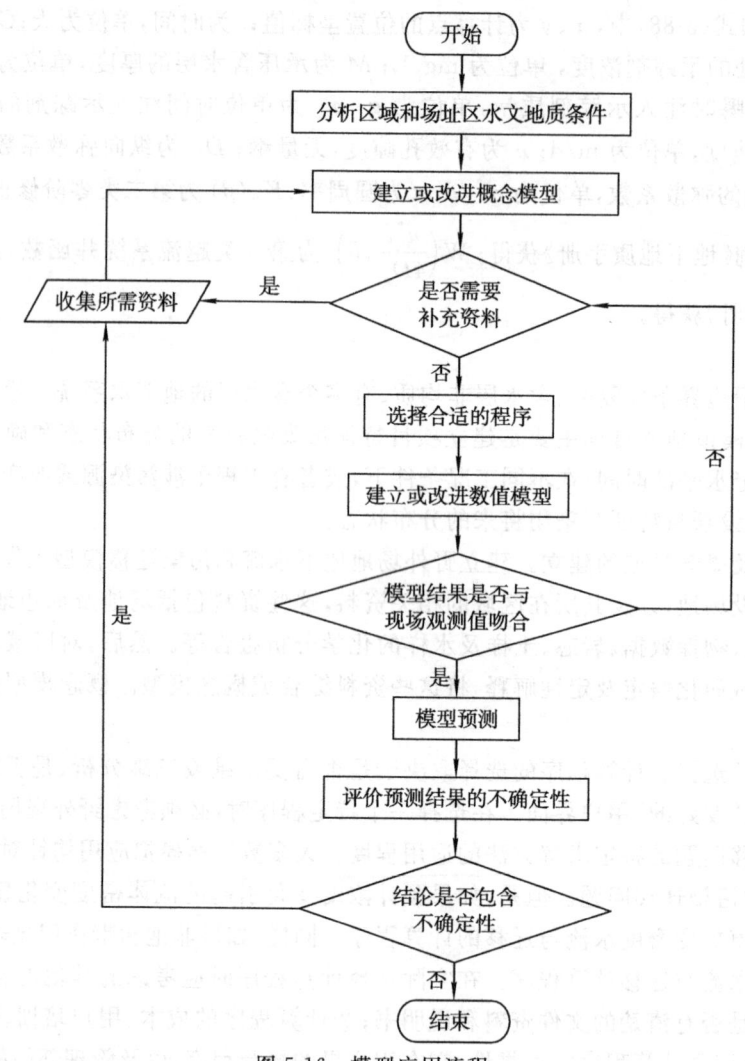

图 5-16 模型应用流程

模拟预测。污染迁移模型通过校准达到一定的满意度后,通常会用于模拟将来的污染物迁移,或用于治理措施后污染物的去除情况,即用它进行预测模拟。用污染迁移模型进行预测模拟时,要假定将来的应力条件,如源的浓度和流量,并运行模型来预测将来某指定时刻。

污染物迁移模型的建立是数值法模拟的核心,主要步骤如下:

地下水水流模型的建立。在评价区水文地质调查的基础上,建立地下水水流模型。大多数情况下,在完成一定程度的水文地质调查后才能进行溶质迁移模拟。迁移模拟的首要任务是根据现有的水文地质数据建立尺度适宜的、合理的水流模型。由水流模型确定的流速分布是控制溶质迁移中最重要的因素。

模型维度的确定须考虑是否需要进行三维分析,采用二维模拟是否能满足要求。本质上所有的野外实际问题在某种程度上都具有三维特征,但在一些情况下,水流或迁移的垂向分量极小,可以忽略,因此可简化至二维。但是,当模拟区分布多个含水层或污染范围在含水层的总厚度中占据很小的垂直距离时(如多数地面建设项目对地下水的污染),就需要三维迁移模型来解决问题。

模拟范围的确定。就模型的空间范围而言,水流和迁移体系对应的范围往往不同。为充分描述水文地质条件的影响,需要在更大的范围内建立水流模型;或者至少截取到已确定的水文地质边界,以便利用边界处的野外数据;或者应把未知和不确定区域的边界条件对建设项目场地的影响降低到最小。然而,已污染的或预计将来的时段内将发生的迁移,只会影响水流模型所含面积的一小部分。例如,控制某炼油厂污染迁移的地下水系统可能受补给面积、地表排水系统,或位于几千米以外的水源地的影响,而目前的或预计的污染范围只有几百米。在这种情况下,迁移模拟范围可局限在预计的污染范围内,但水流模型的范围必须足够大,才能包括所有控制特征。

空间离散网格设计。在大多数迁移模拟计算程序中,水流与迁移模拟都采用相同的模型网格。模型网格设计是建立模型最重要的步骤之一,没有恰当的网格设计,数值模型就无法合理地表达概念模型,同时也无法满足模拟时间与计算内存的有关限制。迁移模拟的空间离散往往比单独的水流模拟严格得多,某些空间离散办法在水流模拟中完全可以接受,但是在迁移模拟中却存在问题。

水平节点间距的确定。相邻节点的距离通常称为节点间距或网格间距,决定了数值模型的精度。在大多数模拟项目中,数值模型的节点距离受模拟问题的尺度和现有计算资源的影响。例如,一个填埋场与河流之间相距 100 m,如果工作重点是考察其间的水流与污染物迁移状况,则该地区内及附近的节点距离应该小于 100 m。如果模拟一个纵向长度和横向长度都达几千米的污染范围中的溶质运动,则要选用很大的网格间距使模型容量保持在可以处理的范围内。在水平方向上,网格间距可以是均一的,也可以是变化的。在水流模拟中,建设项目场地区通常使用均一或很相近的网格间距,而在该区外直到已知的水文地质边界则采用变化的间距。如果自然水文地质边界与建设项目场地区的距离较远,通常采用不规则间距,以便把这些边界纳入模型,且可避免节点数目过多。

垂向离散网格设计。大多数地下水流系统包含的水文地质单元在厚度及水力性质上均有明显变化。为了维持整个系统内含水层或隔水层的连续性,可以使用垂向变形模型网格。然而,垂向变形网格在迁移模拟中引起的误差比在水流模拟中引起的误差大得多,因此在污染物运移模拟预测中应采用更多的层来提高模拟预测的精度。

时间离散。模拟非稳定流时,通常把模拟时间划分为一系列应力期(通常称为"抽水期"),每一个应力期又可以分为一个或若干个时间步长。应力期与源、汇项的周期变化有关,在一个应力期的源、汇项,如抽水量、补给量,或河水位保持为常量。时间步长代表一定的时间增量,用于近似表达控制微分方程中的时间导数。一般来讲,时间步长越小,数值解越精确,但是时间步长段的增多会增加完成模拟所需的计算机运行时间。因此,在实际工作中需要对精度和效率进行折中。对常用的水流模型而言,不论是迭代法还是直接法求解,都以控制方程的向后差分近似式为基础。许多水流模型允许使用步长倍增法(倍数通常取 1 至 1.5 之间的值),这样在一个应力期内,从一个时间步长到下一个时间步长进行模拟时,时间步长大小逐渐增大。

因此，源、汇项发生变化会伴随着流场的显著变化，之后该变化会随着时间延长而迅速减小。

与水流模拟用非稳定流或稳定流方式不同，迁移模拟即便是在控制流场稳定的条件下，其本质也几乎总是非稳定的，即必须考虑浓度随时间的变化。如果有连续的源或汇，或者在一定距离内有持续的化学反应，污染范围最终会达到稳定。但是，这些条件在野外很少发生，大多数迁移模拟按非稳定模式处理。

所有的非稳定水流与迁移模型都需要初始条件。环境影响评价过程中，污染物迁移模拟的目标是预测不同工况条件下污染物的影响范围和影响程度，评价现有污染范围对预防措施或控制方案的响应。对于现条件下特征污染组分没有检出的，以零浓度作为非稳定模拟的初始条件。对于模拟预测组分在现条件下已经存在的，需要以现有污染范围的浓度分布作为初始条件。因此，具体方法为直接采用现有的野外数据作为模型初始条件输入，并通过插值方法（如克里金插值法）来确定现有污染范围的浓度分布。

边界条件的确定。迁移模型的边界条件有三类：①指定浓度，如狄利克雷（Dirichlet）条件；②指定浓度梯度或弥散通量，如诺依曼（Neumann）条件；③同时指定浓度及浓度梯度，或总通量，如柯西（Cauchy）条件。指定浓度条件的使用，即利用狄利克雷类迁移边界条件，或指定（常）浓度条件通常代表溶质的源。例如，泄漏的原油在潜水面大量积聚区的模型单元，通常可按指定浓度单元处理，这是因为可以预测在原油积聚区附近地下水中的溶解浓度长期保持特征组分的溶解度，并且基本是常数；对于有一口注水井的单元，通常也可按指定浓度处理，指定的浓度是所注入水的浓度。流入和流出一个指定浓度边界节点的质量通量，可由模拟程序计算。指定质量通量条件为使用诺依曼或柯西类迁移边界条件，或指定质量通量条件，在迁移模拟之前指定流出和流向迁移边界的质量通量。进入或离开含水层中的质量通量的对流分量由边界节点的指定流量和浓度决定；弥散分量由边界节点的指定浓度梯度和弥散系数决定。水流模型边界条件对溶质迁移的影响为，水流模拟的大多数常用边界条件会使水流按这些条件流入或流出模型单元。指定流量边界条件，每个边界单元处有流量为 Q_s 的水流流入或流出模型，每个应力期维持相同的流量，不同应力期上的流量可以变化，因此在模拟前要分别指定每个应力期的 Q_s。指定流量边界中有一种特殊类型，即零流量边界，是一种特殊的边界条件。这种边界条件下，边界上的单元不发生水流的流入或流出，此时所有应力期的 Q_s 均为零。水流与迁移模型的尺度效应，即水流模型通常是区域范围的，且模拟网格粗大，而迁移模型多数情况下是局部范围的，如果水流与迁移模拟采用相同的模型网格，可能会对污染范围之外的许多模型单元进行不必要的迁移计算。针对尺度效应，一些迁移计算程序给出了更有效的解决方法。

源和汇的确定。源、汇表示水流进入或离开含水层的一种机制。在控制迁移方程中，源、汇项表示溶于水的溶质通过源进入或通过汇离开疏场。在水流模拟中可以指定或计算出源和汇的流量。源和汇大致可以分为内部的和外部的两类。外部源和汇实际上代表边界条件，如模拟中沿边界的指定水头、指定流量及水头变化的水流单元。内部源和汇是指那些位于有效水流模拟区内部的源和汇，如井、掩埋式排水沟、补给、蒸腾，以及地表水体、河、湖、池塘等。在三维模拟中仅发生在潜水面的过程被看作边界条件，如降水入渗补给、潜水蒸腾，以及地表水体的渗漏。在模拟前要先指定内部源或潜在源点的浓度，通过内部的汇减少的浓度一般为汇所在单元地下水的计算浓度。因此，通过一口抽水井的质量减少量为 $Q_w \cdot C_a$，其中 Q_w 为井的指定排水量，C_a 为井所在单元地下水的计算浓度；通过一口注水井的质量增加量为

$Q_w \cdot C_s$,其中 C_s 为预先指定的注入水的浓度。同理,地下水向地表排泄引起的含水层中溶质质量的变化量等于地下水计算浓度与排出地表的计算流量之积。对于反向流动,即地表水流进含水层的情况,必须指定由地表流入水的浓度,否则需要对地表水和地下水进行耦合模拟。蒸腾作用与一般的汇不同,蒸腾只去掉水分而不影响溶质,因此蒸腾的浓度可以视为零。通过源流入含水层的水,其浓度可以通过淋滤试验或工程分析初步确定。一些源的浓度会随时间变化,仅把它设为常数是不够的。例如,一次泄漏事故、核素衰变等的源对应的污染物浓度均为时间函数。

数据管理。为计算机数值模型准备和组织输入数据的过程称为预处理,检验和表达模拟结果的过程称为后处理。大体说来,预处理涉及五个基本步骤:①设计平面和垂向离散方案,组织空间离散数据,如节点间距、含水层和隔水层厚度、边界条件等;②赋值节点或单元的水力和迁移参数,当用均匀参数或简单分带不够时,可以用空间插值计算程序从观测数据获得模型节点的参数值;③当要求进行非稳定模拟时,应提出适当的时间离散方案,并确立初始条件;④整理汇与源的资料,包括位置、指定流量或与指定含水层的水力联系,并指定溶质浓度。

预处理阶段准备和组织的数据通常整理成一个或多个文件,它们包含一系列数字或文字记录,特定的模型计算程序可以进行读取。用户可以根据模型计算程序用户手册上的说明准备输入文件,其中可能涉及文本编辑、电子表格程序或数据分析和表达的其他常用软件。利用后处理进行模型模拟结果的分析和表达。大多数计算程序最终把模拟得到的水头或浓度按二维或三维数组的形式存放到文本文件中。为了分析及处理这些数据并把它表示成图形,一般必须使用商业数据分析与表达软件,或使用专门设计的后处理软件。水流或迁移模型的输出数据通过后处理,可以得出下列信息:①描述观测点水头,或浓度观测值与计算值之差的残差,或相关统计值;②敏感点处的水位线或浓度穿透曲线(如果模拟是非稳定的),并表示出建设项目对敏感目标的影响;③整个模型或部分模型层的水头及浓度等值线图;④对于指定范围内的区域或汇、源,局部水流与溶质质量的均衡计算结果;⑤某选定时刻的迹线、运动时间及分布范围。

3. 输入参数

(1)迁移模型需要的数据。一般来说,地下水模型需要两部分数据。第一部分数据是确定研究区水文地质和水文地球化学条件的各种参数,这些参数构成水流和迁移模型的输入数据:①含水层几何性质的参数,如模型边界的位置、含水层和隔水层的厚度及现有污染范围;②常规物理及化学参数,如渗透系数、孔隙度及化学反应速率常数;③与外部应力有关的各种参数,如污染源的变化状况、补给和排泄的分布状况,或注水和抽水量。第二部分数据包括有效监测点的观测水头、流量、污染物运动时间、溶质浓度和质量去除率。在校准过程中要把这些数据与计算结果做比较。地下水模拟工作需要的大部分数据是针对建设项目场地的,描述所调查场地的特点,如某特定地层单元的厚度或现有的污染范围的数据。如果这些特定场地的信息不足以支持模型开发,那么通常要进行野外工作,收集必要的资料。这些工作包括钻井或钻孔工作、含水层试验、水位监测及水质的取样分析。通常,应给出网格中所有节点或单元模型的输入参数,但水文地质试验只能提供试验点的参数测量值。因此,对于模拟网格的大部分范围,模拟人员必须根据研究区其他点的测量结果推求参数,或者使用间接信息和关系推断参数,如根据测定的岩性赋值渗透系数。在这个过程中要熟悉最重要的水力、迁移、化学参数的常见范围及取值。

(2) 水流参数包括渗透系数、储水系数与给水度。渗透系数是水流和迁移模型最基本的参数,它既反映了孔隙介质,又反映了流体的特征。表 5-14 总结了一些特征值及其变化范围,从表 5-14 中可以看出,渗透系数变化范围很大,即使是同一种岩性或沉积物,其变化也可达到几个数量级。此外,大多数沉积物或沉积岩具有各向异性,这些沉积物的层状特征导致垂向渗透系数比水平方向小得多。分析和获取渗透系数值是建立模型的第一步工作,可采用常规方法,如注水试验或抽水试验,也可进行渗透系数的野外测定,或者在现状调查中展开这些工作。非稳定流模拟要有承压含水层的储水系数和非承压含水层的给水度,给水度的典型值如表 5-20 所示。

表 5-20　各种岩性给水度经验值

岩性	给水度	岩性	给水度
黏土	0.02~0.035	细砂	0.08~0.11
亚黏土	0.03~0.045	中细砂	0.085~0.12
亚砂土	0.035~0.06	中砂	0.09~0.13
黄土状亚黏土	0.02~0.05	中粗砂	0.10~0.15
黄土状亚砂土	0.03~0.06	粗砂	0.11~0.15
粉砂	0.06~0.08	黏土胶结的砂岩	0.02~0.03
粉细砂	0.07~0.010	裂隙灰岩	0.008~0.10

(3) 溶质迁移参数包括孔隙度和弥散度。孔隙度对迁移计算的影响有两个方面:孔隙度决定渗流速度,而渗流速度控制对流迁移;孔隙度还决定着模型单元中储存溶质的孔隙体积的大小。一些沉积物和岩石的孔隙度的代表值列于表 5-21 中。野外尺度迁移模拟问题的弥散度的确定有较大难度,而且长期以来一直具有争议。弥散度受实验或观测尺度的影响,但它们之间的关系尚不明确。示踪实验通常对应相对较小的尺度,因此得到的弥散度小于由较大尺度及模拟污染事件得到的弥散度,也小于由环境示踪剂观测得出的弥散度。根据经验,当缺乏场地实测数据时,水平横向弥散度的取值应该比纵向弥散度小约一个数量级,垂直横向弥散度取值应该比纵向弥散度小约两个数量级。

表 5-21　不同地质材料的孔隙度

材料	孔隙度/%	材料	孔隙度/%
沉积物	—	灰岩,白云岩	0~20
砾石(粗)	24~36	岩溶灰岩	5~50
砾石(细)	25~38	页岩	0~10
砂(粗)	31~46	结晶岩	—
砂(细)	26~53	有裂隙的结晶岩	0~10
淤泥	34~61	致密的结晶岩	0~5
黏土	34~60	玄武岩	3~35
沉积岩	—	风化的花岗岩	34~57
砂岩	5~30	风化的辉长岩	42~45
泥岩	21~41		

4. 模型校准

(1) 校准过程。数值模型建立后,通常要进行模型校准。校准是一个调整模型输入参数(如渗透系数、给水度、弥散度等)的过程,直到模型输出变量(如水位、浓度、流量值)与野外观测值吻合。模型输出变量可以是水头、流量、溶液的浓度、污染物运动时间或物质去除率。一般来说,地下水模拟可指定为正演或反演:在正演模拟中,输入参数被指定,并利用输入参数来计算因模型而不同的变量;在反演模型中,利用模型因变量的野外观测值获得优化后的输入参数。因此,模型校准是一个反演模拟过程。模型校准或反演模拟的实现可以用人工试错法来反复调整正演模型中指定的输入参数,或用专门为参数识别而设计计算程序。

(2)模型识别与验证。模型识别通常指输入参数的调整过程,或用人工方法,或用正规的数学方法,直到模型输出与野外观测值的匹配结果令人满意。模型验证被定义为能再现与用于模型识别的数据无关的一组野外观测结果的过程。地下水环境影响评价中的现状监测要求进行枯、平、丰三期地下水监测,一期作为模型的初始条件,二期用于模型的识别,三期用于模型的验证。经过识别、验证后的模型才能用于后续的模拟预测。

5. 模型预测

(1)边界条件。预测过程中模型边界条件值需根据模型识别、验证阶段的值进行周期性重复设置。对于定水头、定浓度边界,其预测过程中的边界条件值可以不变。

(2)模型参数。在预测过程中,经模型识别和验证后的参数是不允许改变的。

(3)源、汇项。与污染源无关的源、汇项(如降雨入渗、开采量、蒸发等)的处理方法与边界条件相同。对于与污染源有关的源、汇项,需根据预测方案(不同工况)采用定浓度或浓度函数来表示。

(4)预测方案。预测方案需要根据建设项目的工程条件分析,结合项目地下水污染风险源位置,进行正常、非正常工况及措施条件下建设项目对地下水环境影响的预测。不同工况是指对地下水产生污染风险的装置区、装卸区、处置(储存)区、污废水处理区等,在正常工况、非正常工况、措施工况条件下对地下水环境的影响程度及范围。

(5)预测时段。预测时段应包括项目的建设期、运行期及服务期满后的各个阶段,具体时间需根据建设项目的情况确定。

(二)Ⅱ类建设项目地下水环境影响预测

1. 水量均衡法

水量均衡法的应用范围十分广泛,是Ⅱ类项目(如矿井涌水量、矿床开发对区域地下水资源的影响等)的地下水评价与预测中最常用、最基本的方法。水量均衡法既可用于区域水量的计算,又可用于局域水量的计算;既可估算补、排总量,又可计算某一单项补给量。

水量均衡法是根据水量平衡原理,利用均衡方程计算待求水量的一种方法。在一定时段内,任意一均衡区进、出水量大体保持平衡关系,公式为

$$Q_{补} - Q_{排} = \pm \Delta Q_{储} \tag{5-89}$$

式中,$Q_{补}$为规定时段内,均衡区(某一地下水系统或某一局域)各种补给量的总和,单位为 m^3;$Q_{排}$为规定时段内,均衡区各种排泄量的总和,单位为 m^3;$\Delta Q_{储}$为规定时段内,均衡区内部储存量的变化量,单位为 m^3。当 $Q_{补} > Q_{排}$ 时,$\Delta Q_{储}$ 为正值,此情况称水量正均衡;当 $Q_{补} < Q_{排}$ 时,$\Delta Q_{储}$ 为负值,此时称水量负均衡。由于水量均衡关系是针对某一时间段而言的,所以式(5-89)又可写为

$$\bar{Q}_{补} \Delta t - \bar{Q}_{排} \Delta t = \pm \mu F \Delta \bar{h} \tag{5-90}$$

式中,$\bar{Q}_{补}$ 为单位时间的平均补给量,单位为 m^3/d;$\bar{Q}_{排}$ 为单位时间的平均排泄量,单位为 m^3/d;μ 为均衡区内含水介质的给水度,或饱和差的平均值,正均衡时 μ 为饱和差,负均衡时 μ

为给水度；F 为均衡区含水层的分布面积，单位为 m^2；$\pm\Delta\bar{h}$ 为时段的始末均衡区内平均水位变动值，单位为 m；Δt 为时间段的长度，单位为天。

水量均衡法的应用步骤如下：

(1) 均衡区的确定。在区域地下水资源量计算中，均衡区以地下水系统边界圈定的空间范围为准，局域地下水水量计算的均衡区可根据水量评价的目的要求进行人为划分。当均衡区的面积较大、水文地质条件复杂，而评价精度要求较高时，还可根据不同水文地质条件划分为不同级别的子区。例如，根据地下水类型和介质成因类型组合划分为基岩山区裂隙水、平原区松散堆积物孔隙水等一级子区，平原区又可进一步划分为洪积扇地下水子区、冲积平原地下水子区等。如认为这种划分粗略，还可根据介质的导水系数、给水度、降水入渗系数、地下水埋藏深度等参数划分为三级、四级或更细小的子区。

(2) 均衡要素的确定。均衡要素指通过均衡区的边界流入和流出水量项的总称。进入的水量项统称补给项或收入项，流出的水量项统称为排泄项或支出项。一般一个均衡区的补给项或排泄项均由多项组成，常见的补给项包括大气降水入渗补给量 $Q_{降}$、地表水渗漏补给量 $Q_{表}$、地表水侧向径流补给量 $Q_{径}$。如果地区有多个含水层，还可能有来自相邻含水层的越流补给量 $Q_{越}$，在农灌区有时还需考虑灌溉水的回归补给量。常见的排泄项包括地下水向地表的渗出量 $Q_{渗出}$（或溢流量）、地下径流的侧向排泄量 $Q_{侧排}$、地下水的蒸腾排泄量 $Q_{蒸排}$、地下水的开采量 $Q_{开排}$、相邻含水层的越流排泄量 $Q_{越排}$。

(3) 确定均衡期。水量均衡计算总是针对某一特定时间段进行的，时间段的长短可根据评价的需要确定。一般来说，最好选择具有代表性的水文年（平水年）进行补给量的计算。为了保证水量平衡关系，所有的均衡要素应采用同步期的资料。

(4) 建立水量均衡方程。水量均衡方程一般为由补给项、排泄项组成的线性方程式，其具体形式较多，如

$$(Q_{降}+Q_{表}+Q_{径})-(Q_{渗出}+Q_{侧排}+Q_{开排}+Q_{蒸排})=-\mu F\Delta\bar{h} \tag{5-91}$$

式中各项符号说明同上文。

(5) 计算补给量和排泄量。水量均衡方程中的各补给项和排泄项的计算可参照后面介绍的方法逐一完成。在确定已知量后，可通过解方程的办法计算出未知项的水量。然后，将各补给量相加即得出该均衡区在规定均衡期的总补给量，同理也可求出相应的总排泄量。

——大气降水入渗补给量计算公式为

$$Q_{降}=\alpha\cdot F\cdot P \tag{5-92}$$

式中，α 为降水入渗系数；F 为接受降水入渗的地表面积，单位为 m^2；P 为多年平均的年降水量（降水深），单位为 m/a。在地下水径流滞缓地区，由于排泄缓慢，一次降水的补给量绝大部分表现为潜水面的抬升，降水入渗系数的近似计算公式为

$$\alpha=\frac{\mu\cdot\Delta h}{P} \tag{5-93}$$

式中，μ 为水位变动带介质的重力给水度；Δh 为一次降水所引起的水位抬升值，单位为 m；P 为一次降水量，单位为 m。地下水径流较强的地区，排泄作用较明显。降水补给引起潜水位上升的同时，侧向径流排泄也随之增大，降水补给的贡献应充分考虑这两个方面。降水入渗系数的计算方法如下：首先沿地下水径流方向布置三个观测孔，观测孔的布置如图 5-17 所示。

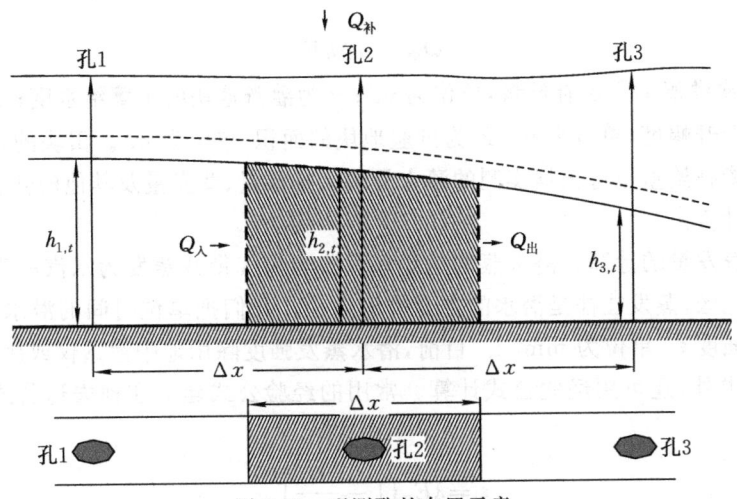

图 5-17 观测孔的布置示意

在隔水底板水平的情况下,公式为

$$\mu = \frac{K \cdot \Delta t}{2\Delta x^2 \cdot \Delta h_2}(h_{1,t}^2 + h_{3,t}^2 - 2h_{2,t}^2) + \frac{w \cdot \Delta t}{\Delta h_2} \tag{5-94}$$

式中,K 为渗透系数,单位为 m/d;Δh 为 Δt 时段中间孔(2 号孔)水位变幅,单位为 m;$h_{1,t}$、$h_{2,t}$、$h_{3,t}$ 分别为 1 号、2 号、3 号孔在 Δt 时段的平均水位,单位为 m;Δx 为相邻孔之间的距离,单位为 m;w 为降水入渗补给率,单位为 m/d。

——地表水渗漏补给量计算包括河流、湖泊(水库)、渠道渗漏等多种形式。这里主要介绍河流、渠道渗漏量的计算方法。

断面流量差法:若均衡区有河流或渠道穿过,可在均衡区的上游、下游边界处各选一个侧流断面,分别测定其流量,并确定断面之间的距离、测流开始与结束的时间间隔、河渠的水面宽度、水面蒸发量,计算公式为

$$Q_{\text{表}} = (Q_1 - Q_2)\Delta t \tag{5-95}$$

式中,$Q_{\text{表}}$ 为河道或渠道在 Δt 时段的总渗漏量,单位为 m³;Q_1、Q_2 分别为河渠上游、下游侧流断面的平均流量,单位为 m³/d;Δt 为计算时段长度,单位为天。

渗流断面法:当河渠水位变化幅度较小时,河渠一侧的渗漏补给量可以用达西公式计算,计算公式为

$$Q_{\text{表}} = K \cdot L \cdot i \cdot h \tag{5-96}$$

式中,$Q_{\text{表}}$ 为河渠一侧的渗漏补给量,单位为 m³/d;K 为含水层渗透系数,单位为 m/d;L 为河渠渗漏段的长度,单位为 m;i 为河渠某一侧地下水的水力梯度;h 为水力坡度取值段含水层的平均厚度,单位为 m。当河渠水位年变动幅度较大时,渗漏量是个变化值。为了提高计算精度,可把河渠水位变化过程概化成若干阶梯折线,然后分时段计算。如果河渠两侧的水文地质条件一样,河渠渗漏量应是上述计算结果的两倍,否则要分别计算两侧的补给量。

——灌溉入渗补给量可通过田间灌溉试验法和田块水量均衡法获得。田间灌溉试验法是确定次灌溉入渗补给量最常用的方法。进行灌溉入渗试验,需在灌溉区中选取有代表性、形状为方形或长方形的田块。试验前要测定潜水面以上土壤的含水率和给水度,并统测各观测孔的潜水位。试验根据次灌溉定额(灌溉每亩地的水量)灌水,同时测定地下水的上升值,计算公

式为

$$Q_{渗} = \mu \Delta h F \tag{5-97}$$

式中，$Q_{渗}$ 为一次灌溉的入渗补给量，单位为 m³；μ 为灌溉地块的土壤给水度；Δh 为试验区地下水位的平均上升幅度，单位为 m；F 为试验地块的面积，单位为 m²。田块的水量均衡法，即农田灌溉水入渗补给量也可根据实测的灌水量减去排放量、蒸发量及其他消耗量的和，并利用水量均衡原理计算。

——潜水蒸发量的计算。潜水蒸发是潜水运移至包气带并蒸发为水汽的现象，在潜水面埋深比较小的地区，蒸发往往是潜水的主要排泄途径。我们把单位时间的潜水蒸发量（深度）称为潜水蒸发强度 ε，单位为 mm/d。目前，潜水蒸发强度除用地中渗透仪或用地下水长期动态观测资料推求外，还可用经验公式计算。常用的经验公式建立在柯夫达公式基础上，其公式为

$$\varepsilon = \lambda E_0 \left(1 - \frac{h}{h_{\max}}\right)^n \tag{5-98}$$

式中，E_0 为水面蒸发强度，单位为 m/d；h 为潜水埋深，单位为 m；$h_{\max}$ 为潜水蒸发的极限深度，单位为 m；n 为无量纲指数，与土壤质地有关，一般 n 取值为 1～3；λ 为修正系数，其值视地表有无作物和作物情况而定。

2. 解析法

应用条件：应用地下水流解析法，可以给出在各种参数值的情况下、渗流区中任意一点上的水位（水头）值。但是，这种方法有很大的局限性，只适用于含水层几何形状规则、方程式简单、边界条件单一的情况。但实际情况要复杂得多，如将边界条件假定为无限或直线或简单的几何形状，而自然边界常是不规则的；在开采条件下，补给条件会随时间变化，而解析法的公式则难以反映这种变化，只能简化为均匀、连续的补给。

解析法的计算过程一般分三步：第一步，利用勘察试验资料确定计算所需的水文地质参数，如渗透系数 K（或导水系数 T）、导压系数 a、释水系数（储水系数）μ_e、重力给水度 μ_d 等。第二步，根据水文地质条件进行边界概化，同时依需水量拟定开采方案，选择公式。计算公式的选择应考虑以下几个问题：①采用稳定井流公式还是非稳定井流公式，应结合水文地质条件。自然界大都是非稳定流，但在补给较好、井流较强的地段，如傍河（湖）和岩溶裂隙十分发育的地段，选用稳定流公式，一般情况下，均应采用非稳定井流公式。②根据地下水类型、含水介质性质和边界条件，来选择是承压水井公式还是潜水井公式、均质还是非均质、无限边界还是有限边界、有无渗入补给和越流补给等不同的公式。第三步，按设计的单井开采量、开采时间，计算各井点特别是井群中心的水位降落值。

3. 数值法

根据一定的数学模型在计算机上用数值法模拟地下水的运动状态称为数值模拟。数值法尽管是对渗流方程的一种近似解，但它可以处理复杂的条件，本身的精度完全能满足生产要求，比简化条件下的解析更精确。但它需要的资料较多，其精度取决于参数和条件的精度。它适用于要求较高、条件复杂的水位预报。数值法评价地下水资源的一般步骤包括水文地质条件分析。研究和了解计算区域的地质和水文地质条件是用数值法进行地下水资源评价的基础。根据评价区的地质、水文地质条件、评价的任务、取水工程的类型与布局等，合理地确定计算区域及边界的位置和性质。此外，对区域水文地质条件的了解，还有助于下一步进行模型识

别。为此,应查明含水介质条件、水的流动条件及边界条件。

(1)查明含水层在空间的分布形状(可用顶底板等值线图来表示);查明含水介质厚度的变化(可用含水层厚度等值线图表示);查明含水层透水性、储水性的变化情况,做出含水层非均质分区图,根据渗透系数 K 和储水系数 μ_s(或给水度 μ)进行分区;查明主含水层与其他含水层的水力关系,是否有天窗、断层等沟通;还要查明弱透水层及相邻含水层的空间分布和厚度的变化。以上资料尽可通过各种勘察手段获得。

(2)查明地下水是承压水还是潜水,便于选择相应的数学模型。

(3)区域边界定义了计算区的范围,而边界的性质对地下水资源评价结果有较大影响。一般而言,应把一个完整的地下水系统作为计算和评价的区域,且最好以天然边界作为计算区域的边界,如地表分水岭、地表水体、断层接触、侵入岩体接触、地层界线等。

在应用数值法计算之前,要用均衡法对全区进行均衡计算。这样可以从总体上把握地下水的均衡情况,使数值计算结果更合理。在地下水均衡分析中,要特别注意与地下水位有关的均衡量的确定,如降水入渗量、蒸发量、越流量等,有时这些量要在计算程序中处理。

建立水文地质概念模型和数学模型。实际水文地质条件是十分复杂的,建立和描述计算区地下水系统的完善的数值模型是困难的。因此,应根据水文地质条件,对实际的水文地质条件进行简化,抽象出能用文字、表格或图形等简洁方式表达地下水运动规律的水文地质概念模型。水文地质条件的概化原则如下:①根据评价要求,所概化的水文地质概念模型应反映地下水系统的主要功能和特征;②概念模型应尽量简单明了;③概念模型应能被用于进一步的定量描述,以便建立、描述符合研究区地下水运动规律的微分方程,来解决定解问题。水文地质条件的概化通常包括以下几个方面:①计算区几何形状的概化;②含水层性质的概化,如承压、潜水或承压转无压含水层,单层或多层含水层系统等;③边界性质的概化;④参数性质的概化,如均质或非均质、各向同性或各向异性的概化;⑤地下水流状态的概化,如二维流或三维流。对计算区进行剖分,是数值法的重要工作之一。对于不同的问题和不同的计算程序,其计算区剖分形式也相同。对于可变间距的矩形网格和不规则(如三角、任意四边形等)剖分,剖分时应考虑各种分区界线,如参数分区、行政分区、地表水体、断层和岩性界线等,以便提高计算精度。剖分的疏密程度还要考虑以下因素:①在重点评价区和重要开采地段应加密剖分单元;②在地下水位变化较大地段(如降落漏斗区)应适当加密;③在水文地质条件变化较大的地段应适当加密。此外,剖分时尽量将主要开采井和作为拟合水位用的观测孔放到节点上。

确定模拟期和预报期。根据资料情况和评价的要求确定模拟期和预测期。模拟期主要用来识别水文地质条件和计算地下水补给量,而预测期用于评价地下水可开采量和预测一定开采量条件下的地下水位。对于地下水量评价,一般取一个水文年或若干个水文年作为模拟期,这样可最大限度地避免前期水文因素对地下水系统的影响。预测期的确定主要取决于评价的目的和要求。在确定模拟期后,应给出初始时刻的地下水流场,并将其内插到各节点上。为了反映模拟期内水位动态变化,还应将模拟期划分为若干个抽水时期。在一个抽水时期内,地下水的均衡项被认为是均匀的,不同抽水时期的各均衡项可以不同。因此,应按地下水的影响因素随时间的变化情况确定抽水时期。例如,在降水补给量较大地区,将丰水期和枯水期划归为不同的抽水时期;在农业灌溉大量开采地下水的地区,将灌溉期和非灌溉期区别开。此外,还要考虑资料的精度。

水文地质条件识别。为验证所建立的数值模型是否符合实际,要根据地下水水位动态进行检验,即在给定参数、各补排量和边界、初始条件的情况下,通过比较计算水位与实际观测水位,验证该数值模型的正确性。这一过程,称为模型识别或水文地质条件识别。识别既可以针对水文地质参数进行,又可以对水文地质边界性质、含水层结构做进一步的确认。识别的判别准则如下:①计算的地下水流场应与实际地下水流场基本一致,即两者的地下水位等值线应基本吻合;②模拟期计算的地下水位应与实际变化趋势一致,即要求两者的水位动态过程基本吻合;③实际地下水补排差应接近计算的含水层储存量的变化值;④识别后的水文地质参数、含水层结构和边界条件应符合实际水文地质条件。满足以上准则,则认为数值模型反映了计算区的地下水流动规律,可用于地下水预报。反之,则要对水文地质概念模型进行适当修改,达到上述要求。

地下水水位预报。地下水数值模型经过识别和验证后便可用来进行预报,运用起来十分方便、灵活,可以解决以下问题:①预报在一定开采方案下水位降深的空间分布和随时间的变化,可以快捷地预测未来某个时间的水位降深;②预测未来某个时间建设项目开采或疏排地下水的影响范围,为环境水文地质问题的分析提供基础;③计算一定期限内水位降深不超过某一限度时的可开采量;④进行不同开采方案的比较,选择最佳开采方案,计算满足开采需要的人工补给量,以及人工补给后水位的变化情况;⑤研究地表水、地下水的统一调度、综合利用,进行地下水资源管理,以及研究其他水文地质问题。

七、地下水环境保护

(一)水环境管理措施

我国的《中华人民共和国环境保护法》《中华人民共和国水法》《中华人民共和国水污染防治法》《饮用水水源保护区污染防治管理规定》等有关法律法规明确规定:①禁止利用渗井、渗坑、裂隙和溶洞排放、倾倒含有毒污染物的废水、含病原体的污水和其他废弃物;②禁止利用无防渗漏措施的沟渠、坑塘等输送或者储存含有毒污染物的废水、含病原体的污水和其他废弃物;③多层地下水含水层水质差异大的,应当分层开采,对于已受污染的潜水和承压水,不得混合开采;④兴建地下工程设施或进行地下勘探、采矿等活动,应当采取保护性措施,防止地下水污染;⑤人工回灌补给地下水,不得使地下水质恶化。

(二)地下水环境监测措施

建设单位要建立和完善水环境监测制度,对厂区及周边地下水进行监测。监测点布置应遵循以下原则:①以建设厂区为重点,兼顾外围,厂区内可能的污染设施如有毒原料储罐、污水储存池、固废堆放场地,附近均须设置监测点;②以下游监测为重点,兼顾上游和侧面;③对地下水进行分层监测,重点放在易受污染的浅层潜水和作为饮用水源的含水层,兼顾其他含水层;④地下水监测每年至少两次,分丰水期和枯水期进行,重点区域和出现异常情况时应增加监测频率;⑤质监测项目可参照 CJ 3020—1993《生活饮用水水源水质标准》和 GB/T 14848—2017《地下水质量标准》,也可结合地区情况适当增加和减少监测项目。监测项目必须包括建设项目的特征污染因子,如对炼油厂的监测项目必须包括石油烃、苯、二甲苯等特征污染物。

(三)合理规划布局和改进生产工艺

合理的规划布局应结合国家产业政策,对工、农业产业结构进行调整。严格限制能耗大、污染重的企业上马,按环境容量确定污染物的允许排放总量;严格控制工业废水和生活污水排放量及排放浓度,在其排入环境之前应进行净化处理。根据水文地质条件,合理确定可能发生污染的建设项目的选址及污染物储存或污水排放位置。工业、企业应改进生产工艺,加强节水措施,提高污水资源化程度,减少水的消耗量和外排量。

(四)划定饮用水地下水源保护区

饮用水地下水源保护区是保护地下水不受污染的主要和有效途径之一。保护区的划定应充分考虑社会发展与环境保护的相互关系。在考虑社会环境与自然环境的基础上,通过合理划定水源地保护区,控制保护区内的土地利用方式和限制人类活动,保护水源地不受人为污染,实现城镇用水稳定、安全的供水目标。

水源保护区的划定技术方法请参阅国家环境保护部 2018 年颁布的 HJ 338—2018《饮用水水源保护区划分技术规范》。

第五节　声环境影响预测与评价

一、声环境影响评价概述

声环境影响评价是在噪声源调查分析、背景环境噪声测量和敏感目标调查基础上,将建设项目产生的噪声影响按照噪声传播声级衰减和叠加的方法进行计算,从而预测环境噪声影响范围、程度和影响人口情况,并对照相应的标准评价环境噪声影响,提出防治相应噪声的对策、措施的过程。

二、声环境影响评价基础

(一)声音的三要素

声音是由物体振动产生的,振动物体包括固体、液体和气体,这些振动的物体通常称为声源或发声体。物体振动产生的声能,通过周围的介质(可以是气体、液体或者固体)向外界传播,并且被感受目标所接收,如人耳是人体的声音接收器官。在声学中,把声源(发声体)、介质(传播途径)、接收器(或称受体)称为声音的三要素。

(二)噪声级的相加

在实际工作中,进行噪声的叠加计算就是通过噪声级的相加求分贝和。如果已知两个声源在某一预测点单独产生的声压级 L_1 和 L_2,这两个声源合成的声压级 L_{1+2} 就要进行声级的相加。具体计算时,可应用公式法或查表法。

1. 公式法

分贝相加一定要按能量(声功率或声压平方)相加,求两个声压级合成的声压级 L_{1+2},可按下列步骤计算:

由 $L_1 = 20\lg(p_1/p_0)$ 和 $L_2 = 20\lg(p_2/p_0)$,运用对数换算得

$$\left.\begin{array}{l} p_1 = p_0 10^{L_1/20} \\ p_2 = p_0 10^{L_2/20} \end{array}\right\} \quad (5\text{-}99)$$

合成声压 p_{1+2},按能量相加则 $p_{1+2}^2 = p_1^2 + p_2^2$,因此有

$$p_{1+2}^2 = p_0^2(10^{L_1/10} + 10^{L_2/10})$$

或

$$(p_{1+2}/p_0)^2 = 10^{L_1/10} + 10^{L_2/10} \tag{5-100}$$

按声压级的定义合成的声压级。

$$L_{1+2} = 20\lg(p_{1+2}/p_0) = 10\lg(p_{1+2}/p_0)^2 \tag{5-101}$$

即

$$L_{1+2} = 10\lg(10^{L_1/10} + 10^{L_2/10})$$

几个声压级相加的通用式为

$$L_{总} = 10\lg\left(\sum_{i=1}^{n} 10^{\frac{L_i}{10}}\right) \tag{5-102}$$

式中,$L_{总}$ 为几个声压级相加后的总声压级,单位为 dB;L_i 为某个声压级,单位为 dB。

若式(5-102)的几个声压级相同,可简化为

$$L_{总} = L_p + 10\lg N \tag{5-103}$$

式中,L_p 为单个声压级,单位为 dB;N 为相同声压级的个数。

【例1】$L_1 = 80$ dB,$L_2 = 80$ dB,求 L_{1+2}。

解:$L_{1+2} = 10\lg(10^{80/10} + 10^{80/10}) = 10\lg 2 + 10\lg 10^8 = 3 + 80 = 83(dB)$

【例2】$L_1 = 100$ dB,$L_2 = 98$ dB,求 L_{1+2}。

解:$L_{1+2} = 10\lg(10^{100/10} + 10^{98/10}) = 10\lg(10^{10} + 10^{9.8}) = 10\lg 16\ 309\ 573\ 445 \approx 102.1(dB)$

2. 查表法

利用分贝和的增值表直接查出不同声级值相加后的增加值,然后计算相加结果。一般在有关工具书或教科书中均附有该表,本书所列简表如表 5-22 所示。

表 5-22 分贝和的增值

声压级差/dB	0	1	2	3	4	5	6	7	8	9	10
增值 ΔL	3.0	2.5	2.1	1.8	1.5	1.2	1.0	0.8	0.6	0.5	0.4

例如,$L_1 = 100$ dB,$L_2 = 98$ dB,求 L_{1+2}。先算出两个声音的声压级(分贝)差 $L_1 - L_2 = 2$ dB,再查表 5-22,找出 2 dB 对应的增值 $\Delta L = 2.1$ dB,然后加在分贝数大的 L_1 上。得出 L_1 与 L_2 的和 $L_{1+2} = 100 + 2.1 = 102.1(dB)$,并取整数为 102 dB。

(三)噪声级的相减

如果已知两个声源在某一预测点产生的合成声压级 $L_{合}$ 和其中一个声源在预测点单独产生的声压级 L_2,则另一个声源在此点单独产生的声压级 L_1 的计算公式为

$$L_1 = 10\lg(10^{0.1L_{合}} - 10^{0.1L_2}) \tag{5-104}$$

三、噪声随传播距离的衰减

噪声从声源传播到受声点,受传播发散、空气吸收、阻挡物的反射与屏障等因素的影响,会产生衰减。为了保证噪声影响预测和评价的准确性,对于由上述各因素引起的衰减值须进行认真考虑,不能任意忽略。本书着重讨论噪声随传播距离衰减(几何发散衰减)的问题,其他内容可参考技术导则及有关教材。

噪声在传播过程中由于距离增加而引起的发散衰减与噪声的固有频率无关。

(一)点源随传播距离增加引起的衰减

1. 实际声源近似为点声源的条件

在声学计算中大量采用点声源的方法进行计算,我国国家标准 GB/T 17247.2—1998《声学 户外声传播的衰减 第 2 部分:一般计算方法》是以点声源为基础进行的。因此,要知道实际声源简化为点声源的基本要求。

点声源的定义为以球面波形式辐射声波的声源,辐射声波的声压幅值与声波传播距离 r 成反比。从理论上可以看作任何形状的声源,只要声波波长远大于声源几何尺寸,该声源就可视为点声源。

在声环境影响评价中,利用上述定义和理论来认定点声源有一定困难。对于单一声源,如声源中心到预测点之间的距离超过声源最大几何尺寸的 2 倍时,该声源可近似为点声源。由众多声源组成的广义噪声源,如道路、铁路交通或工业区(它可能包括有一些设备或设施以及在场地内往来的车辆等),可通过分区,用位于中心位置的等效点声源近似。将某一分区等效为点声源的条件:分区内声源有大致相同的强度和离地面的高度,到预测点有相同的传播条件;等效点声源到预测点的距离 d 应大于声源最大尺寸 H_{max} 的 2 倍($d > 2H_{max}$),如距离较小($d \leqslant 2H_{max}$),总声源必须进一步划分为更小的区。等效点声源的声功率级等于分区内各声源声功率级的能量和。在符合上述条件的情况下,可用等效声源计算的声衰减表示这一分区的声衰减。实际上,任何一个线声源和面声源均可采用分区的方法简化为点声源,然后通过每一个点声源在预测点产生的声级的叠加,获得线声源或面声源对于测点的影响。

2. 已知点声源声功率级的距离发散衰减

在自由声场(自由空间)条件下,点声源的声波遵循球面发散规律,将声功率级作为点声源评价量,其衰减量公式为

$$\Delta L = 10\lg \frac{1}{4\pi r^2} \tag{5-105}$$

式中,ΔL 为距离增加产生的衰减值,单位为 dB;r 为点声源至受声点的距离,单位为 m。

如果已知点声源的 A 声功率级 L_{WA}(也称为声功率级),且声源处于自由空间,则 r 处 A 声级的计算公式为

$$L_A(r) = L_{WA} - 20\lg r - 11 \tag{5-106}$$

如果声源处于半自由空间,则 r 处 A 声级的计算公式为

$$L_A(r) = L_{WA} - 20\lg r - 8 \tag{5-107}$$

由上述公式可推出,在距离点声源 r_1 处至 r_2 处的衰减值为

$$\Delta L = 20\lg(r_1/r_2) \tag{5-108}$$

当 $r_2 = 2r_1$ 时,$\Delta L = 6$ dB,即点声源声传播距离增加 1 倍时,衰减值为 6 dB。

3. 已知靠近点声源 r_0 处声级时的几何发散衰减

无指向性点声源几何发散衰减的基本公式为

$$L(r) = L(r_0) - 20\lg(r/r_0) \tag{5-109}$$

式中,$L(r)$、$L(r_0)$ 分别为 r、r_0 处的声级。

如果已知 r_0 处的 A 声级,则式(5-109)的等效表达为

$$L_A(r) = L_A(r_0) - 20\lg(r/r_0) \tag{5-110}$$

式(5-109)和式(5-110)中第二项代表了点声源的几何发散衰减,公式为

$$A_{div} = 20\lg(r/r_0) \tag{5-111}$$

4. 具有指向性点声源的几何发散衰减

具有指向性点声源的几何发散衰减计算公式为

$$L(r) = L(r_0) - 20\lg(r/r_0) \tag{5-112}$$

$$L_A(r) = L_A(r_0) - 20\lg(r/r_0) \tag{5-113}$$

式(5-112)、式(5-113)中，$L(r)$ 与 $L(r_0)$、$L_A(r)$ 与 $L_A(r_0)$ 必须是在同一方向上的声级。若 r_0、r 是指向性声源在不同方向上的距离，则不能用式(5-112)和式(5-113)直接计算。

(二) 线声源随传播距离增加引起的衰减

1. 无限长线声源的几何发散衰减

在自由声场条件下，无限长线声源的声波遵循着圆柱面发散规律，将声功率级作为线声源评价量，则 r 处的声级 $L(r)$ 为

$$L(r) = L_w - 10\lg\left(\frac{1}{2\pi r}\right) \tag{5-114}$$

式中，L_w 为单位长度线声源的声功率级，单位为 dB；r 为线声源至受声点的距离，单位为 m。经推算，在距离无限长线声源 r_1 至 r_2 处的衰减值为

$$\Delta L = 10\lg(r_1/r_2) \tag{5-115}$$

当 $r_2 = 2r_1$ 时，由式(5-115)可计算出 $\Delta L = -3$ dB，即线声源声传播距离增加 1 倍时，衰减值为 3 dB。

已知垂直于无限长线声源的、距离 r_0 处的声级，则 r 处声级的计算公式为

$$L(r) = L(r_0) - 10\lg(r/r_0) \tag{5-116}$$

如果已知 r_0 处的 A 声级则式(5-116)的等效公式为

$$L_A(r) = L_A(r_0) - 10\lg(r/r_0) \tag{5-117}$$

式(5-116)和式(5-117)中第二项表示了无限长线声源的几何发散衰减，公式为

$$A_{div} = 10\lg(r/r_0) \tag{5-118}$$

2. 有限长线声源的几何发散衰减

设线声源长为 l_0，单位长度线声源辐射的声功率级为 L_w，在线声源垂直平分线上，距声源 r 处的声级为

$$L_p(r) = L_w + 10\lg\left[\frac{1}{r}\arctan\left(\frac{l_0}{2r}\right)\right] - 8 \tag{5-119}$$

或

$$L_p(r) = L_p(r_0) + \frac{\frac{1}{r}\arctan\left(\frac{l_0}{2r}\right)}{\frac{1}{r_0}\arctan\left(\frac{l_0}{2r_0}\right)} \tag{5-120}$$

当 $r > l_0$ 且 $r_0 > l_0$ 时，式(5-119)近似简化为

$$L_p(r) = L_p(r_0) - 20\lg(r/r_0) \tag{5-121}$$

即在有限长线声源的远场，有限长线声源可当作点声源处理。

当 $r < l_0/3$ 且 $r_0 < l_0/3$ 时，式(5-119)可近似简化为

$$L_p(r) = L_p(r_0) - 10\lg(r/r_0) \tag{5-122}$$

即在近场区,有限长线声源可当作无限长线声源处理。

当 $l_0/3 < r < l_0$ 且 $l_0/3 < r_0 < l_0$ 时,可以作近似计算,公式为

$$L_p(r) = L_p(r_0) - 15\lg(r/r_0) \tag{5-123}$$

(三)面声源随传播距离增加引起的衰减

一个大型机器设备的振动表面、车间透声的墙壁,在距离振动表面一定范围内可以认为是面声源。如果已知面声源单位面积的声功率为 W,且各面积元噪声的位相是随机的,则面声源可看作由无数点声源的连续分布组成。预测点的合成声级可由单个点声源的预测声级按能量叠加法求出。

作为一个整体的长方形面声源($b > a$),中心轴线上的几何发散声衰减可进行如下近似:当预测点和面声源的中心距离 $r < a/\pi$ 时,几何发散衰减 $A_{div} \approx 0$;当 $a/\pi < r < b/\pi$ 时,距离加倍衰减 3 dB 左右,类似线声源衰减,$A_{div} \approx 10\lg(r/r_0)$;当 $r > b/\pi$ 时,距离加倍衰减趋近于 6 dB,类似点声源衰减,$A_{div} \approx 20\lg(r/r_0)$。图 5-18 中虚线为实际衰减量。

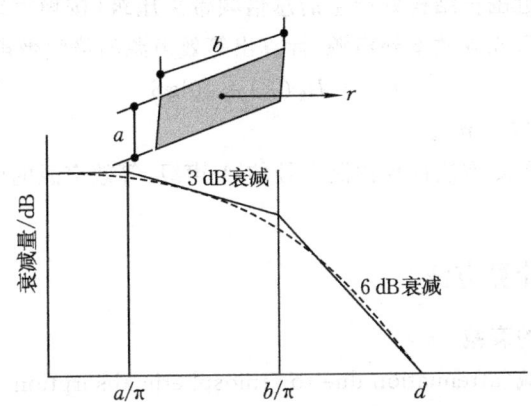

图 5-18 长方形面声源中心轴线上的衰减特性

(四)噪声从室内向室外传播的计算方法

1. 室内和室外声级差的计算

当声源位于室内,设靠近开口处(或窗户)室内和室外的声级分别为 L_1 和 L_2,如图 5-19 所示。若声源所在室内声场近似扩散声场,且墙的隔声量远大于窗的隔声量,则室内和室外的声级差为

$$HR = L_1 - L_2 = TL + 6 \tag{5-124}$$

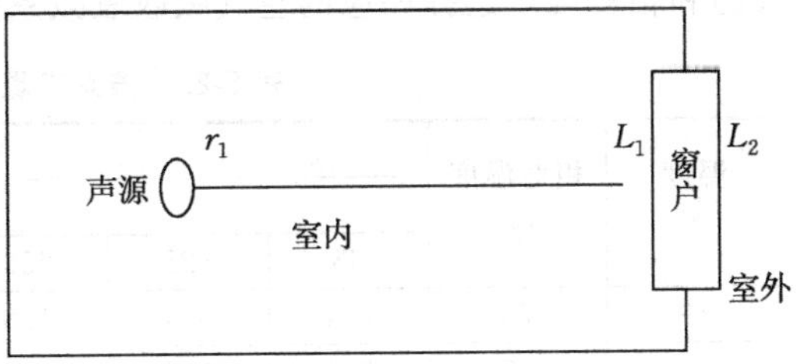

图 5-19 噪声从室内传到室外传播

式中,TL 为窗户的隔声量,单位为 dB;HR 为室内和室外的声级差,又称插入损失,单位为 dB。TL、NR 均与声波的频率有关。其中 L_1 可以是测量值或计算值,若 L_1 为计算值时,计算公式为

$$L_1 = L_{w1} + 10\lg\left(\frac{Q}{4\pi r_1^2} + \frac{4}{R}\right) \tag{5-125}$$

式中,L_{w1} 为某个室内声源在靠近围护结构处产生的倍频带声功率级;r_1 为某个室内声源距围护结构的距离;Q 为指向性因数,通常对应无指向性声源,当声源放在房间中心时,$Q=1$,当放在一面墙的中心时,$Q=2$,当放在两面墙夹角处时,$Q=4$,当放在三面墙夹角处时,$Q=8$;L_1 为

靠近围护结构处的倍频带声压级；R 为房间常数。其中，房间常数 R 的公式为

$$R = Sa/(1-a) \tag{5-126}$$

式中，S 为房间内表面面积，单位为 m^2；a 为平均吸声系数。

2. 等效室外声源的声功率级计算

等效室外声源声功率级的计算过程如下：

首先用式(5-124)计算出某个声源在某个室内围护结构处(如窗户)的倍频带声压级，然后按式(5-127)计算出所有室内声源在围护结构处产生的倍频带叠加声压级，公式为

$$L_{pli}(T) = 10\lg\left(\sum_{j=1}^{N} 10^{0.1 L_{pij}}\right) \tag{5-127}$$

式中，$L_{pli}(T)$ 为靠近围护结构处室内 N 个声源 i 倍频带的叠加声压级，单位为 dB；L_{pij} 为室内 j 声源 i 倍频带的声压级，单位为 dB；N 为室内声源总数。

在室内近似为扩散声场时，按式(5-125)计算出靠近室外围护结构处的声压级。然后，计算出所有室内声源在靠近围护结构处产生的总倍频带声压级(按噪声级叠加计算求和)，再将室外声级和透声面积换算成等效室外声源，计算出等效声源的倍频带声功率级，即

$$L_{w2} = L_2(T) + 10\lg S \tag{5-128}$$

式中，S 为透声面积，单位为 m^2。

然后可按室外声源预测方法计算预测点处的 A 声级，等效声源的中心位置位于透声面积的中心。

四、其他衰减的计算方法

(一)空气吸收引起的衰减

空气吸收引起的衰减(attenuation due to atmospheric absorption，AATM)计算公式为

$$A_{atm} = \frac{a(r-r_0)}{1\,000} \tag{5-129}$$

式中，a 为温度、湿度和声波频率的函数，预测计算中一般根据建设项目所处区域的常年平均气温和相对湿度选择相应的空气吸收衰减系数(表5-23)。

表 5-23　倍频带噪声的空气吸收衰减系数

温度 /℃	相对湿度 /%	空气吸收衰减系数/(dB/km)							
		倍频带中心频率/Hz							
		63	125	250	500	1 000	2 000	4 000	8 000
10	70	0.1	0.4	1.0	1.9	3.7	9.7	32.8	117.0
20	70	0.1	0.3	1.1	2.8	5.0	9.0	22.9	76.6
30	70	0.1	0.3	1.0	3.1	7.4	12.7	23.1	59.3
15	20	0.3	0.6	1.2	2.7	8.2	28.2	28.8	202.0
15	50	0.1	0.5	1.2	2.2	4.2	10.8	36.2	129.0
15	80	0.1	0.3	1.1	2.4	4.1	8.3	23.7	82.8

(二)地面效应引起的衰减

地面类型可分为：①坚实地面，包括铺筑过的路面、水面、冰面及夯实地面；②疏松地面，包括被草或其他植物覆盖的地面，以及农田等适合植物生长的地面；③混合地面，由坚实地面和疏松地面组成。

声波越过不同地面时，其衰减量是不一样的。声波越过疏松地面或大部分为疏松地面的混合地面进行传播时，在预测点仅计算 A 声级的前提下，地面效应引起的倍频带衰减，即地面效应引起的衰减(attenuation due to ground effects, AGR)的计算公式为

$$A_{gr} = 4.8 - \left(\frac{2h_m}{r}\right)\left[17 + \left(\frac{300}{r}\right)\right] \tag{5-130}$$

式中，r 为声源到预测点的距离，单位为 m；h_m 为传播路径的平均离地高度，单位为 m，可按图 5-20 进行计算，公式为

$$h_m = \frac{F}{r} \tag{5-131}$$

式中，F 为面积，单位为 m^2。若 A_{gr} 为负值，则 A_{gr} 赋值为 0。

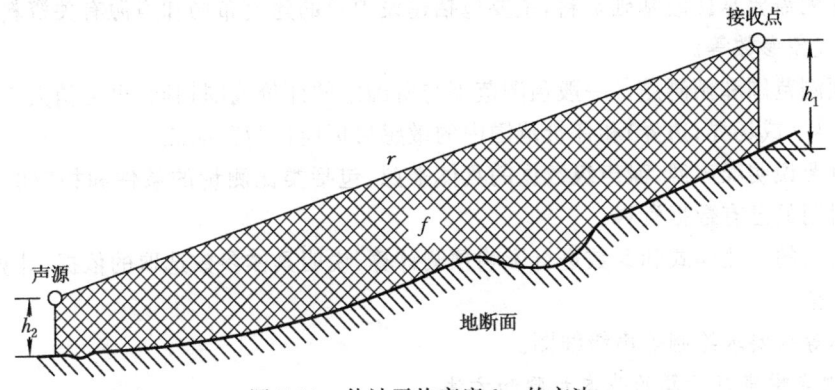

图 5-20　估计平均高度 h_m 的方法

(三) 屏障引起的衰减

计算屏障引起的衰减(attenuation due to a barrier, ABAR)的方法较多，现介绍其中一种，其他计算方法可参考 HJ 2.4—2009《环境影响评价技术导则　声环境》和其他相关标准。

位于声源和预测点之间的实体障碍物，如围墙、建筑物、土坡或地堑等具有声屏障作用，能引起声能量的较大衰减。在环境影响评价中，可将各种形式的屏障简化为具有一定高度的薄屏障(图 5-21)。S、O、P 三点在同一平面内，且垂直于地面。

定义 $\delta = SO + OP - SP$ 为声程差，$N = 2\delta/\lambda$ 为菲涅尔数，其中 λ 为声波波长。首先计算图 5-22 所示三个传播路径的声程差 δ_1、δ_2、δ_3 和相应的菲涅尔数 N_1、N_2、N_3。

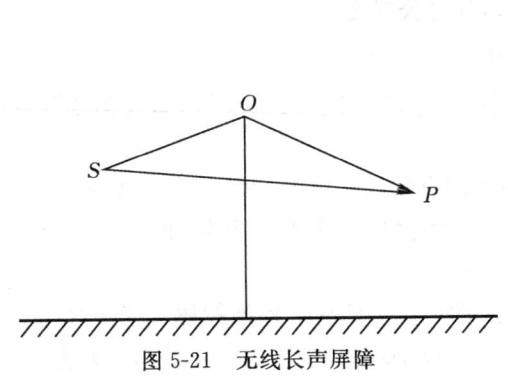

图 5-21　无限长声屏障　　图 5-22　有限长声屏障上的不同传播路径

声屏障引起的衰减为

$$A_{\text{bar}} = -10\lg\left(\frac{1}{3+20N_1} + \frac{1}{3+20N_2} + \frac{1}{3+20N_3}\right) \quad (5\text{-}132)$$

当屏障很长(作无限长处理)时,则

$$A_{\text{bar}} = -10\lg\left(\frac{1}{3+20N_1}\right) \quad (5\text{-}133)$$

五、声环境影响预测与评价方法

(一)声环境影响预测

1. 声环境影响预测的方法

收集预测需要掌握的基础资料,主要包括建设项目的建筑布局和声源有关资料、声波传播条件、有关气象参数等。

确定预测范围和预测点。一般预测范围与所确定的评价范围相同,也可稍大于评价范围。建设项目厂界(或场界、边界)和评价范围内的敏感目标应作为预测点。

预测时要说明噪声源、噪声级数据的具体来源,包括类比测量的条件和相应的声学修正,或是直接引用的已有数据资料。

选用恰当的预测模式和参数进行影响预测计算,说明具体参数选取的依据、计算结果的可靠性及误差范围。

按工作等级要求绘制等声级线图。

2. 预测点噪声级计算的基本步骤和方法

选择一个坐标系,确定出各声源位置和预测点位置(坐标),并根据预测点与声源之间的距离把声源简化为点声源或线状声源、面声源。

根据已获得的声源噪声级数据和声波从各声源到预测点的传播条件,计算出噪声从各声源传播到预测点的声衰减量,由此计算出各声源单独作用时在预测点产生的 A 声级 L_{aj}。

确定预测计算的时段 T,并确定各声源的发声持续时间 t_i。

按式(5-134)计算建设项目声源在预测点产生的等效连续 A 声级贡献值,公式为

$$L_{\text{Aeqg}} = 10\lg\left(\frac{\sum_{i=1}^{n} t_i 10^{0.1L_{aj}}}{T}\right) \quad (5\text{-}134)$$

然后,计算预测点的预测等效声级 (L_{eq}),计算公式为

$$L_{\text{eq}} = 10\lg\left(10^{0.1L_{\text{eqg}}} + 10^{0.1L_{\text{eqb}}}\right) \quad (5\text{-}135)$$

式中,L_{eqg} 为建设项目声源在预测点的等效声级贡献值,单位为 dB(A);L_{eqb} 为预测点的背景值,单位为 dB(A)。

在噪声环境影响评价中,因为声源较多,预测点数量比较大,因此常用电脑完成计算工作。各类声源的预测模型见 HJ 2.4—2009《环境影响评价技术导则 声环境》的有关附录。

3. 等声级线图绘制

计算出各网格点上的噪声级(如预测等效声级 L_{eq}、计权等效连续感觉噪声级 L_{wecpn})后,再采用某种数学方法(如双三次拟合法、按距离加权平均法、按距离加权最小二乘法)计算并绘制出等声级线。

等声级线的间隔应不大于 5 dB（一般选 5 dB）。对于 L_{eq}，等声级线最低值应与相应功能区的夜间标准值一致，最高值可为 75 dB；对于 L_{wecpn}，一般应有 70 dB、75 dB、80 dB、85 dB、90 dB 的等声级线。

等声级线图直观表明了项目的噪声级分布，为分析功能区噪声超标状况提供了方法，同时为城市规划、城市环境噪声管理提供了依据。

（二）声环境影响评价

1. 基本要求和方法

声环境影响评价基本要求和方法包括以下几方面：①评价项目建设前的环境噪声现状；②根据噪声预测结果和相关环境噪声标准，评价建设项目在建设期（施工期）、运行期（或运行不同阶段）噪声影响的程度、超标范围及超标状况（以敏感目标为主）；③分析受影响人口的分布状况（以受到超标影响的为主）；④分析建设项目的噪声源分布和引起超标的主要噪声源或主要超标原因；⑤分析建设项目的选址（选线）、设备布置和选型（或工程布置）的合理性，分析项目设计中已有的噪声防治措施的适用性和防治效果；⑥为使环境噪声达标，评价必须增加或调整适用于本工程的噪声防治措施（或对策），分析其在经济、技术方面的可行性；⑦提出与该项工程有关的环境噪声监督管理方面、环境监测计划方面和城市规划方面的建议。

2. 工矿企业声环境影响评价

工矿企业声环境影响评价应着重分析、说明以下问题：①按厂区周围敏感目标所处的环境功能区类别，评价噪声影响的范围和程度，说明受影响人口情况；②分析主要影响的噪声源，说明厂界和功能区超标原因；③评价厂区总图布置和控制噪声措施方案的合理性与可行性，提出必要的替代方案；④明确必须增加的噪声控制措施及其降噪效果。

3. 公路、铁路的声环境影响评价

公路、铁路声环境影响评价还需着重分析、说明以下问题：①针对项目建设期和不同运行阶段，评价沿线评价范围内各敏感目标（包括城镇、学校、医院、集中生活区等），按标准要求预测声级的达标及超标状况，并分析受影响人口的分布情况；②对工程沿线两侧的城镇规划中受到噪声影响的范围绘制等声级曲线，明确噪声控制距离和规划建设控制要求；③结合工程选线和建设方案布局，评述其合理性和可行性，必要时提出环境替代方案；④对提出的各种噪声防治措施需进行经济技术论证，在比选多方案后规定应采取的措施并说明措施降噪效果。

4. 机场飞机噪声环境影响评价

机场飞机噪声环境影响评价需着重分析、说明以下问题：①针对项目运行不同的阶段，依据 GB 9660—1988《机场周围飞机噪声环境标准》评价计权等效连续感觉噪声级（weighted equivalent continuous perceived noise level，WECPNL），评价 70 dB、75 dB、80 dB、85 dB、90 dB 等值线范围内各敏感目标（城镇、学校、医院、集中生活区等）的数目和受影响人口的分布情况；②结合工程选址和机场跑道方案布局，评述其合理性和可行性，必要时提出环境替代方案；③对超过标准的环境敏感地区，按照等值线范围的不同提出不同的降噪措施，并进行经济技术论证。

第六节 生态影响预测与评价

生态影响评价将资源和生态作为一个整体，根据生态学基本原理，着重阐明开发建设项目对生态影响的特点、途径、性质、强度和可能的后果，目的是寻求能有效保护、恢复、补偿、建设和改善生态的途径。生态影响评价是环境影响评价的一个方面,但不同于大气、水环境、声环境等污染型环境影响评价,其所强调的是建设项目对所在区域的生物、生态系统、生态因子及区域生态问题发展趋势的影响。

生态影响评价是在区域生态现状评价的基础上,通过分析项目影响的方式、范围、强度和持续时间来判断项目对区域生态系统及其主要生态因子的影响,然后选取合适的指标和模型进行分析,最终得出评价结果。因此,评价过程中既要对现状做出定性的判断,又要选取指标、模型进行定量分析,因此生态影响预测与评价的方法是定性判断、定量分析,或是二者的结合。

目前,我国正处于工业化和城市化的高速发展时期,建设项目的规模越来越大,影响的范围越来越广,甚至某些大型建设项目已经带有明显的区域开发性质,如三峡工程。建设项目对所在区域生态的影响也备受关注,因此环境保护部推出了 HJ 19—2011《环境影响评价技术导则 生态影响》,目的是为从事生态环境影响评价的人员提供评价标准和技术支持。本节将以导则为基础,对预测与评价的内容和方法进行详细分析。

一、生态影响预测与评价的内容

生态环境预测与评价的目的是保护生态和维持生态系统的服务功能,因此要依据区域生态系统保护的需求和受影响的生态系统主导的服务功能选择评价指标。其次,预测与评价建立在对项目所在区域生态系统现状了解的基础上,预测与评价的内容应与现状评价的内容相对应,因此要关注项目建设对区域已有的生态问题发展趋势的影响。生态影响预测和评价的内容主要包括以下几个方面。

(一)涉及的生态系统及其主要生态因子

生态系统服务功能是人类生存和发展的基础,高效的服务功能取决于系统机构的完整,因此生态保护应该从系统功能保护着眼、从系统结构保护入手。项目对生态系统结构产生不利影响,会导致系统功能受损,因此生态影响预测与评价应关注生态系统结构和服务功能的变化。生态系统是生物群落及其环境组成的一个综合体,生态因子则是对生物有影响的各种环境因子。生物与其环境之间并不是孤立存在的,二者息息相关、相互联系、相互制约、有机组合,生态因子的变化必然会引起生态系统结构和功能的变化,因此生态因子也是生态影响预测与评价所涉及的一个重要方面。

区域是一个复合生态系统,而生态系统类型多样,因此一个项目会涉及多个类型的生态系统。生态系统服务的功能众多,如水土保持、水源涵养、防风固沙等,同一生态系统在不同区域的主要服务功能不同,如大兴安岭森林的主要服务功能是水源涵养,额济纳绿洲胡杨林的主要服务功能为防风固沙,因此同一建设项目所在的区域不同,涉及的生态系统的主要服务功能就不同。一个生态系统包含多个生态因子,因此同一个项目就涉及多个生态因子,如水电站建设既涉及生物因子(如陆地的、水域的动植物等),又涉及非生物因子(如水质、水文等),因此基于生态系统和生态因子的多样性,项目生态影响预测与评价之前需要明确区域生态系统现状和主要功能及评价的主要生态因子。

建设项目生态影响预测与评价涉及的生态系统和主要生态因子的选择,是通过分析建设项目对生态影响的方式、范围、强度和持续时间来选择评价内容,不同项目的评价内容有差异。评价重点关注建设项目对生态产生的不利影响,在停止或中断人工干预、干扰之后环境质量或环境状况不能恢复到以前状态的不可逆影响,经济社会活动各个组成部分之间或者该活动与其他相关活动(包括过去、现在、未来)之间造成的生态影响的相互叠加的累积生态影响。

(二)敏感生态保护目标

敏感保护目标是指一切重要的、值得保护或需要保护的目标，其中以法规已明确其保护地位的目标为重点。《建设项目分类管理名录》规定的环境敏感区主要包括：①自然保护区、风景名胜区、世界文化和自然遗产地、饮用水水源保护区；②基本农田保护区、基本草原、森林公园、地质公园、重要湿地、天然林、珍稀濒危野生动植物天然集中分布区、重要水生生物的自然产卵场及索饵场、越冬场和洄游通道、天然渔场、资源型缺水地区、水土流失重点防治区、沙化土地封禁保护区、封闭及半封闭海域、富营养化水域；③以居住、医疗卫生、文化教育、科研、行政办公等为主要功能的区域，文物保护单位，具有特殊历史、文化、科学、民族意义的保护地。

生态影响预测与评价重点关注的是建设项目对生态系统及生态因子的影响，生态影响评价中，"敏感保护目标"的识别主要从以下九个方面考虑：①具有生态学意义的保护目标；②具有美学意义的保护目标；③具有科学文化意义的保护目标；④具有经济价值的保护目标；⑤重要生态功能区和具有社会安全意义的保护目标；⑥生态脆弱区；⑦人类建立的各种具有生态保护意义的对象；⑧环境质量急剧退化或环境质量已达不到环境功能区划要求的地域、水域；⑨人类社会特别关注的保护对象。

敏感生态保护目标评价是在明确保护目标性质、特点、法律地位和保护要求的情况下，通过分析建设项目影响途径、影响方式和影响程度来预测潜在的后果。

(三)对区域已有的生态问题发展趋势的影响

区域已有的生态问题是通过对项目所在区域生态背景的调查，包括调查区域内涉及的生态系统类型、结构、功能和过程，以及相关的非生物因子现状等来确定区域目前面临的主要生态问题。我国目前面临的主要区域生态问题为水土流失、沙漠化、石漠化、盐渍化、自然灾害、生物入侵和污染危害等。根据区域调查结果，指出区域生态问题类型、成因、空间分布、发生特点等，目的是预测与评价项目建成后对所在区域生态系统演替方向的影响，即区域生态系统将朝着正向演替还是逆向演替方向发展。

二、生态影响预测与评价的方法及应用

生态影响预测与评价以法定标准、项目所在区域的生态背景和本底为参考，重点在于生态分析和保护措施，主要采用定性、定量或二者结合的方法，方法类型多样。不同的方法适用的项目不同，同时同一个项目也可以有很多种方法。

(一)生态影响预测与评价方法

1. 生态机理分析法

生态机理分析法是根据建设项目的特点和受其影响的动植物的生物学特征，依照生态学原理分析、预测工程生态影响的方法。根据生态学原理和生态保护基本原则，在生态影响预测与评价中应该注意以下问题：

(1)层次性。生态系统分为个体、种群、群落、生态系统四个层次，不同层次的特点不同，因此应该将项目影响的特点和生态系统的层次相结合，并根据实际情况确定评价的层次和相应内容。例如，有的项目需要评价生态系统的某些因子(如水、土壤等)，有的则须在生态系统和景观生态层次进行全面评价，有的则须将全面评价和重点因子评价相结合。

(2)结构—过程—功能整体性。生态系统的结构、过程、功能三者是一个紧密联系的整体，生态系统结构的完整性和生态过程的连续性是生态功能得以发挥的基础。生态影响预测与评价的核心是生态系统服务功能，因此预测与评价过程中首先要对现有生态系统的结构和过程进行分析，调查系统结构是否完整，过程是否连续，从而推断生态系统服务功能的现状。其次根据项目的性质特点，预测和评价项目对生态系统功能的影响。

(3)区域性。生态影响预测与评价不局限于与项目建设有直接联系的区域，还包括和项目建设有间接影响和相关联的区域。评价的基础是区域生态现状，因此评价的目的不仅为项目建设单位服务，还揭示了区域的生态问题，为区域的发展做贡献。此外，评价不从区域角度出发，很难判断生态系统特点、功能需求、主要问题及敏感保护目标。

(4)生物多样性保护优先。生物多样性是生态系统运行的基础，生物多样性保护应以"预防为主"，首先要减少人为干预，尤其是生物多样性高的地区和重要生境。

(5)特殊性。生态影响预测与评价中必须注意稀有的景观、资源、珍稀物种等，同时要注意区域间的差异，同类资源或物种在不同区域的重要性不同。例如，相对于沿海地区，水资源对于沙漠地区尤为宝贵。

生态机理分析法的工作步骤如下：①调查环境背景现状、搜集工程组成和建设等有关资料；②调查植物和动物分布以及动物栖息地和迁徙路线，动物栖息地和迁徙路线的调查要重点关注建设项目对动物栖息地和迁徙路线的切割作用，以及其可能导致的动物生境破碎化、种群规模变小、繁殖行为受到影响、近亲繁殖可能性的增加、动物的存活和进化受到影响；③根据调查结果分别对植物或动物种群、群落及生态系统进行分析，描述其分布特点、结构特征和演化等级，动植物结构特征主要关注动植物种群密度大小及年龄比例、群落分层是否明显、生态系统结构是否完整，以及目前区域生态系统所处的演替阶段；④识别有无珍稀濒危物种及重要经济、历史、景观和科研价值的物种，根据《中国珍稀濒危植物名录》《中国濒危珍稀动物名录》《中国重点保护野生植物名录》《全国野生动物保护名录》来判断调查项目是否涉及这些动植物；⑤预测项目建成后该地区动物、植物生长环境的变化；⑥根据项目建成后的环境（水、气、土和生命组分）变化，对照无开发项目条件下动物、植物或生态系统演替趋势，预测项目对动物和植物个体、种群和群落的影响，并预测生态系统演替方向。评价过程中有时可利用现有的研究成果，如项目涉及的动植物的习性研究、生物毒理学试验、种植试验、放养试验等，预测项目对生物生命活动、习性等方面的影响。

2. 指数法与综合指数法

指数法是利用同度量因素的相对值来表明因素变化状况的方法，是建设项目环境影响评价规定的评价方法，指数法可进行拓展，从而用于生态影响评价。指数法简明扼要，符合人们所熟悉的环境污染影响评价思路，但困难之处在于须明确建立能表征生态质量的标准体系，且难以进行赋权和准确定量。综合指数法是从确定同度量因素出发，把不能直接对比的事物变成能够同度量的事物的方法。指数法可应用于生态单因子质量评价、生态多因子综合质量评价和生态系统功能评价。

单因子指数法是选定合适的评价标准，采集拟评价项目区的现状资料。可进行生态因子现状评价，如以同类型立地条件的森林植被覆盖率为标准，可评价项目建设区的植被覆盖现状情况；也可进行生态因子的预测评价，如以评价区现状植被盖度为评价标准，可评价建设项目建成后植被盖度的变化率。

综合指数法通过以下步骤进行：①分析、研究评价的生态因子的性质及变化规律；②建立表征各生态因子特性的指标体系；③确定评价标准；④建立评价函数曲线，将评价的环境因子的现状值（开发建设活动前）与预测值（开发建设活动后）转换为统一、无量纲的环境质量指标。指标中用 1～0 表示优劣（"1"表示最佳的、顶级的、原始的或人类干预很少的生态状况，"0"表示最差的、极度破坏的、几乎无生物性的生态状况），由此计算出开发建设活动前后环境因子质量的变化值。根据各评价因子的相对重要性赋予权重，将各因子的变化值综合，提出综合影响评价值，即

$$\Delta E = \sum_i (E_{hi} - E_{qi}) W_i \tag{5-136}$$

式中，ΔE 为开发建设活动日前后生态质量变化值，E_{hi} 为开发建设活动后 i 因子的质量指标，E_{qi} 为开发建设活动前 i 因子的质量指标，W_i 为 i 因子的权值。

建立评价函数曲线须根据标准规定的指标值确定曲线的上限、下限。对于空气和水这些已有明确质量标准的因子，可用不同级别的标准值作为上限、下限；对于无明确标准的生态因子，须根据评价目的、评价要求和环境特点选择相应的环境质量标准值，再确定上限、下限。

3. 类比法

类比法是一种比较常见的定性与半定量结合的方法，根据已有的开发建设活动（项目、工程）对生态系统产生的影响来分析或预测拟进行的开发建设活动（项目、工程）可能产生的影响。选择好类比对象（类比项目）是进行类比分析或预测评价的基础，也是该方法成败的关键。

类比对象的选择标准如下：①生态背景相同，即区域具有一致性，因为同一个生态背景下，区域主要生态问题相同，如拟建设项目位于干旱区，那么类比的对象要选择位于干旱区项目；②类比的项目性质相同，项目的工程性质、工艺流程、规模相当；③类比项目已经建成，并对生态产生了实际的影响，而且所产生的影响已基本全部显现，注意不要根据性质相同的拟建设项目的生态影响评价进行类比。

类比法应用：①进行生态影响识别和评价因子筛选；②以原始生态系统作为参照，可评价目标生态系统的质量；③进行生态影响的定性分析与评价；④进行某一个或几个生态因子的影响评价；⑤预测生态问题的发生与发展趋势及其危害；⑥确定环保目标，并寻求最有效、可行的生态保护措施。

4. 生产力评价法

绿色植物的生产力是生态系统能流和物流的基础，它是生物与环境之间相互联系的最本质的标志。该方法的评价由下述分指数综合而成：

(1) 生物生产力。指生物在单位面积和单位时间所产生的有机物质的重量，亦即生产的速度，以吨/（公顷·年）表示。目前，全面测定生物的生产力还有很多困难。因此，多以测定绿色植物的生长量来代表生物的生产力，公式为

$$P_q = P_n + R \tag{5-137}$$

式中，P_q 为总生产量，P_n 为净生产量，R 为呼吸作用消耗量。其中，P_n 为

$$P_n = B_q + L + G \tag{5-138}$$

式中，B_q 为生长量，L 为枯枝落叶损失量，G 为被动物吃掉的损失量。由于生长量的变化极不

稳定,因此在生态影响评价中须选用标定生长系数的概念,即生长量与标定生物量的比值,它是生态学评价的一个分指数,以 P_a 表示。

$$P_a = B_q/B_{mo} \tag{5-139}$$

式中,B_{mo} 为标定生物量。P_a 值增大,则环境质量的变化越来越好。

(2)生物量。指一定地段面积内某个时期生存着的活有机体的重量,单位为吨/公顷,它又称现有量。森林与草地生物量的测定不同(请查阅有关文献)。在生态影响评价中一般选用标定相对生物量的概念,它是各级生物量与标定生物量的比值,是生态学评价的又一个分指数,以 P_b 表示。

$$P_b = B_m/B_{mo} \tag{5-140}$$

式中,B_m 为生物量,B_{mo} 为标定生物量。P_b 值增大,则环境质量越好。

(3)物种量。从生物与环境对立统一的进化观点看,生物种类成分的多样性及群落的稳定性是一致的,而群落的稳定性与种类成分之间互相利用环境的合理性也是一致的。在生态评价时,以群落单位面积内的物种作为标准,称为物种量(物种数/公顷),而物种量与标定物种量的比值,称为标定相对物种量,这是生态学评价的又一指数,以 P_s 表示,公式为

$$P_s = B_s/B_{so} \tag{5-141}$$

式中,B_s 为物种量,B_{so} 为标定物种量。P_s 值增大,则环境质量越好。

生长量、生物量、物种量是环境质量生态学评价的三个重要的生物学参数。而与这三者密切相关的还有非生物学参数,如土壤中的有机质和有效水分含量等。通过这些参数可推导出标定生长系数、标定相对生物量、标定相对物种量、标定土壤有机质相对储量、标定土壤有效水含量,这些参数是环境质量生态学评价的重要分指数,它们的综合(等权相加)便是生态学评价的综合指数,以 P 表示,公式为

$$P = \sum P_i = P_a + P_b + P_s + P_m + P_w = B_q/B_{mo} + B_m/B_{mo} + B_s/B_{so} + S_m/S_{mo} + S_w/S_{wo} \tag{5-142}$$

式中,P_m 为标定土壤有机质相对储量,P_w 为标定土壤有效水含量,S_m 为土壤有机质储量,S_{mo} 为标定土壤有机质储量,S_w 为土壤水含量,S_{wo} 为标定土壤水含量。

只要参数选择得当,式(5-142)可以增到 N 项,即

$$P = \sum_{i=1}^{N} P_i \tag{5-143}$$

$$P = P_a + P_b + P_s + P_m + P_w + \cdots + P_n$$
$$= B_q/B_{mo} + B_m/B_{mo} + B_s/B_{so} + S_m/S_{mo} + S_w/S_{wo} + \cdots + M_n/M_{no} \tag{5-144}$$

5. 生物多样性评价法

生物多样性评价法重在实际调查,是分析生态系统和生物种的历史变迁、现状和存在主要问题的方法,评价目的是有效保护生物多样性。生物多样性变化是长期累积性的变化,因此生物多样性调查最能表现水生生态系统的污染状况。根据水生生物的生活习性,不同污染程度水体中的生物的种类不同,如表 5-24 所示。

表 5-24　水体不同污染物和污染程度下藻类与浮游动物种类变化[1]

污染类型	污染程度	藻类	浮游动物
有机污染	污染较轻	多甲藻属、飞燕角甲藻、脆杆藻属、双菱藻属、角星鼓藻属	枝角类、桡足类、软体动物、一些水生昆虫
	污染严重	裸藻门、蓝藻门的裸藻属、衣藻属、实球藻属、微芒藻属	原生动物中的变形虫、钟虫、累枝虫
无机污染	污染较轻		纹扁蜉属、溪扁蜉属、扁幼蜉属、匍匐性蜉蝣类和角石蚕属、拟角石蚕
	污染严重	裸藻属、衣藻属、实球藻属、微芒藻属	短尾石蝠属、多距石香属、原石蚕属、星齿蛉属、脉翅目类、盘蜷属、泥甲科、大蚊科、粗腹摇蚊属、流水长跗摇蚊

水体污染不仅影响藻类和浮游动物的种类变化,而且影响底栖动物和鱼类种群数目。当无机污染发生时,强污染区完全没有底栖动物或者只有少量耐污染的种类,中污染区、弱污染区其种类和个体数有逐渐增加的倾向。一般种数、个体数、重量大致随污染程度的不同而产生变动。此外,水体污染也对鱼类产生影响,在强污染区没有鱼类栖息,从中污染区到弱污染区进而到正常区,鱼类的栖息密度则随着环境污染程度的变化而发生相应的变化。生物多样性通常用香农(Shannon)-维纳(Wiener)指数表征(表 5-25),公式为

$$H = \sum_{i=1}^{S} P_i \ln(P_i) \tag{5-145}$$

式中,H 为样品的信息含量(彼得／个体),即群落的多样性指数;S 为种数;P_i 为样品中属于第 i 种的个体比例,如样品总个体数为 N,第 i 种个体数为 n_i,则 $P_i = n_i/N$。

表 5-25　水生生态系统的香农-维纳指数

指数范围	级别	生物多样性状态	水体污染程度
$H' > 3$	丰富	物种种类丰富,个体分布均匀	清洁
$2 < H' \leqslant 3$	较丰富	物种丰富度较高,个体分布比较均匀	轻污染
$1 < H' \leqslant 2$	一般	物种丰富度较低,个体分布比较均匀	中污染
$0 < H' \leqslant 1$	贫乏	物种丰富度低,个体分布不均匀	重污染
$H' = 0$	极贫乏	物种单一,多样性基本丧失	严重污染

6. 水土流失预测与评价方法

水土流失,又称土壤侵蚀,并且主要指水力侵蚀。一般有侵蚀模数或侵蚀强度,单位为 t/(km²·a),侵蚀面积和侵蚀量几个定量数据,侵蚀面积可通过资料调查或遥感解译得出,侵蚀量可根据侵蚀面积与侵蚀模数的乘积计算得出,也可通过实测得出。本书主要介绍侵蚀模数的预测方法,该方法包含的内容如下:

已有资料调查法。各地水土保持试验、水土保持研究站所得的实测径流、泥沙资料,经统计分析和计算后作为该类型区土壤侵蚀的基础数据。

物理模型法。在野外和室内采用人工模拟降雨方法,对不同土壤、植被、坡度、土地利用等情况下的侵蚀量进行试验。

现场调查法。通过对坡面侵蚀沟和沟道侵蚀量的量测,进行定点、定位观测,对沟道水库、

---

[1] 高世荣,潘力军,孙凤英,等,2006.用水生生物评价环境水体的污染和富营养化[J].环境科学与管理,31(6):174-176.

塘坝淤积量进行实测,对已产生的水土流失量进行测算,计算侵蚀量。利用小水库、塘坝、淤地坝的淤积量进行量算,通过来沙淤积折算,计算出土壤侵蚀量。

水文手册查算法。根据各地《水文手册》中土壤侵蚀模数、河流输沙模数等资料,推算侵蚀量。

土壤侵蚀及产沙数学模型法。通用水土流失方程式(universal soil loss equation,USLE)为

$$A = R \cdot K \cdot L \cdot S \cdot C \cdot P \tag{5-146}$$

式中,A 为单位面积多年平均土壤侵蚀量,单位为 t/(km²·a);R 为降雨侵蚀力因子,公式为 $R=EI_{3q}$,即一次降雨总能乘以 30 分钟最大降雨强度;K 为土壤可蚀性因子,根据土壤的机械组成、有机质含量、土壤结构及渗透性确定;L 为坡长因子;S 为坡度因子,根据我国黄河流域试验资料确定,$LS=0.067L^{0.2}S^{1.3}$;C 为植被和经营管理因子,与植被覆盖度和耕作期相关;P 为水土保持措施因子,主要有农业耕作措施、工程措施、植物措施。

水土流失预测还包括对可能造成的危害的预测,如土地退化问题、下游河道泥沙增加和淤积问题、对下游防洪的影响、地下水的影响及区域生态环境的影响等。根据评价中的具体需求和要求进行预测。

水土流失评价方法,主要根据土壤侵蚀强度分级进行评价。土壤侵蚀强度用土壤侵蚀模数[t/(km²·a)]表示。具体评价步骤为:

土壤侵蚀容许量标准。土壤容许流失量指在长时期内能保持土壤的肥力和维持土地生产力基本稳定的最大土壤流失量。根据我国地域辽阔、自然条件千差万别、各地区的成土速度也不相同的实际情况,该标准规定了我国主要侵蚀类型区的土壤容许流失量,如表 5-26 所示。

表 5-26 主要侵蚀类型区的土壤容许流失量

侵蚀类型区	土壤容许流失量/[t/(km²·a)]
西北黄土高原区	1 000
东北黑土区	200
北方土石山区	200
南方红壤丘陵区	500
西南土石山区	500

水力侵蚀、重力侵蚀的强度分级,如表 5-27 所示。

表 5-27 水力侵蚀、重力侵蚀的强度分级

侵蚀强度	侵蚀模数/[t/(km²·a)]	备注
微度侵蚀	<200	东北黑土区
	<500	北方土石山区,南方红壤丘陵区
	<1 000	西南土石山区,西北黄土高原区
轻度侵蚀	200~2 500	东北黑土区
	500~2 500	北方土石山区,南方红壤丘陵区
	1 000~2 500	西南土石山区,西北黄土高原区
中度侵蚀	2 500~5 000	—
强度侵蚀	5 000~8 000	—
极强度侵蚀	8 000~15 000	—
剧烈侵蚀	>15 000	—

风蚀强度分级。风力侵蚀的强度分级按植被覆盖度、年风蚀厚度、侵蚀模数三项指标划分,如表 5-28 所示。

表 5-28 风蚀强度分级

强度分级	植被覆盖度/%	年风蚀厚度/mm	侵蚀模数/[t/(km²·a)]
微度	>70	<2	<200
轻度	70~50	2~10	200~2 500
中度	50~30	10~25	2 500~5 000
强度	30~10	25~50	5 000~8 000
极强度	<10	50~100	8 000~15 000
剧烈	<10	>100	>15 000

7. 水体富营养化

水体富营养化主要指人为因素引起的湖泊、水库中氮、磷增加对水生生态产生不良的影响。富营养化是一个动态的复杂过程。一般认为,水体磷的增加是导致富营养化的主要原因,但富营养化也与氮含量、水温及水体特征(湖泊水面积、水源、形状、流速、水深等)有关。水体富营养化评价包括流域污染源调查和富营养化预测。

流域污染源调查主要包括:根据地形图估计流域面积;通过水文气象资料了解流域内年降水量和径流量;调查流域内地形地貌和景观特征,了解城区、农区、森林和湿地的面积和分布;调查污染物点源和面源的排放情况。在稳定状况下,湖泊总磷的浓度公式为

$$\rho_P = \frac{L}{\bar{z}(p+\sigma)} \quad (5\text{-}147)$$

式中,ρ_P 为湖水中总磷的浓度,单位为 mg/m³;L 为单位面积总磷的年负荷量,单位为 mg/(m²·a);$\bar{z}$ 为湖水平均深度,单位为 m;δ 为特定磷沉积率,单位为 1/a;p 为湖水年替换率。其中,湖水年替换率 p 为

$$p = Q/V \quad (5\text{-}148)$$

式中,Q 为年出湖水量,单位为 m³/a;V 为湖泊水体积,单位为 m³。

磷的特定沉积率 δ 不容易实际测定,Dillion 和 Rigler 建议用磷的滞留系数 R 来取代,公式为

$$R = (P_{in} - P_{out})/P_{in} \quad (5\text{-}149)$$

式中,R 为磷的滞留系数,P_{in} 为输入磷,P_{out} 为输出磷。式(5-147)可改写为

$$\rho_P = L(1-R)/(\bar{z} \cdot p) \quad (5\text{-}150)$$

一般认为春季湖水循环期间总磷浓度在 10 mg/m³ 以下时,湖水基本上不会发生水华,水的透明度也不会降低;而总磷在 20 mg/m³ 时,湖水则常伴随着数量较大的藻类。因此,可用总磷浓度 10 mg/m³ 作为最大可接受的负荷量,而当总磷浓度大于 20 mg/m³ 则是不可接受的。水中总磷的收支数据可通过输出系数法和实际测定法获得。

输出系数法。这种方法是根据湖泊形态和水的输出资料,利用湖泊周围不同土地利用类型的磷输出之和,再加上大气沉降磷的含量,推测湖泊总磷浓度。根据地表径流图、湖泊容积和水面积,估计湖泊水力停留时间和更新率,进而估计湖泊总磷的全年负荷量。要预测湖泊总磷浓度,除了解水量收支外,还要了解污水排入磷的含量(表 5-29)。

表 5-29 不同土地利用类型磷输出系数

来源	磷输出系数/(g/(m² · a))	来源	磷输出系数/(g/(m² · a))
城市土地	0.1	降水	0.02
农村或农业土地	0.05	干物质沉降	0.08
森林土地	0.01		

实测法能精确测定所有水源总磷的浓度和输入、输出水量,历时为一年。湖泊水量收支通用式为

$$输入量 = 输出量 + \Delta 储存量 \tag{5-151}$$

湖水输入量是河流、地下水输入,湖面大气降水,河流以外的其他地表径流量和污水直接排入量的总和;输出量是河道出水、地下渗透、蒸发和工农业用水的总和。其中,河流进出水量、大气降水量和蒸发量一般可从水文气象部门的监测资料中获得,各类水中磷浓度需要定期测定。地下水输入与输出较难确定,但不能忽略。地下水进出量的一种估算方法是通过流量网的测量,地下水量的公式为

$$Q = K \cdot i \cdot A \tag{5-152}$$

式中,Q 为地下水输入或输出量,K 为水的电导率,i 为水流的坡度,A 为地下水流截面积。

以上从湖泊外部输入的磷称为磷的外负荷,由湖泊内释放的磷引起的富营养化称为磷的内负荷。在湖下层无氧气的湖泊中,沉积物释放的磷较多,可能导致湖水实际总磷浓度被低估。根据总磷收支资料可以估计湖泊总磷的内负荷量,即

$$\left. \begin{array}{l} \sum P_{\text{Lext}} - P_{\text{out}} = P_{\text{Lnet}} \\ \Delta P_{\text{Lake}} - P_{\text{Lnet}} = P_{\text{Lint}} \end{array} \right\} \tag{5-153}$$

式中,$\sum P_{\text{Lext}}$ 为湖泊分层期间总磷的负荷量;P_{out} 为湖泊输出总磷量的总和;P_{Lnet} 为湖泊总磷的内负荷,即沉积物中总磷的净释放率,单位为 mg/(m² · d);ΔP_{Lake} 为开始分层至分层结束整个湖泊总磷含量的变化;P_{Lint} 为湖泊输入总磷量的总和。

在富营养化湖泊沉积物总磷的释放率为 6~28 mg/(m² · d)。Nurnberg 根据实测资料,提出预测湖泊总磷的内负荷模型,公式为

$$\left. \begin{array}{l} \rho_P = \dfrac{L_{\text{ext}}}{q_s(1-R_{\text{pred}})} + \dfrac{L_{\text{ext}}}{q_s} \\ L_{\text{int}} = R_{\text{obs}} - R_{\text{pred}} \\ R_{\text{obs}} = (P_{\text{int}} - P_{\text{out}})/P_{\text{int}} \\ R_{\text{pred}} = 15/(18 + q_s) \end{array} \right\} \tag{5-154}$$

式中,ρ_P 为湖泊总磷浓度,单位为 mg/m³;L_{ext} 为湖泊分层期间总磷的负荷量;q_s 为单位湖泊面积年出水量;R_{pred} 为磷停留系数预测值;L_{int} 为湖泊输入磷的负荷量;R_{obs} 为磷停留系数观测值;L_{out} 为湖泊输出磷的负荷量;L_{net} 为湖泊磷的内负荷,即沉积物中磷的净释放率,单位为 mg/(m² · d);P_{int} 为输入磷量;P_{out} 为输出磷量。

水体富营养化预测方法包括营养物质负荷法和营养状况指数法。Vollenweider 于 1969 年提出湖泊营养状况与营养物质特别是与总磷浓度之间有密切关系。Vollenweider-OECD 模型表明,在一定范围内,总磷负荷增加,藻类生物量增加,鱼类产量也增加。这种关系受水体平均深度、水面积、水力停留时间等因素的影响。将总磷负荷概化后,建立藻类叶绿

素与总磷负荷之间的统计学回归关系。Dillon 根据总磷负荷 $L(l-R/p)$ 与平均水深 z 之间的线性关系预测湖泊总磷浓度和营养状况。总磷(total phosphorus,TP)浓度小于 10 mg/m^3，为贫营养；总磷浓度在 10 至 20 mg/m^3 之间，为中营养；总磷浓度大于 20 mg/m^3，为富营养。该方法简单、方便，但依据指标太少，难以准确反映水体富营养化真实状况及其时空变化趋势。随后，在此基础上，提出湖泊磷滞留的估计方法。设湖泊进出水相等稳定，湖水充分混合，在稳态状况下，湖泊年均总磷浓度 ρ_P 可用年均输入磷浓度 P 和年均磷的沉积率 R_P 描述，则

$$\rho_P = P(1-R_P) \tag{5-155}$$

式中，ρ_P 为湖泊年均总磷浓度，单位为 $\mu g/L$；P 为年均输入磷浓度，即年磷输入量除以年输入水量，单位为 $\mu g/L$；R_P 为年输入磷的沉积率。其中，磷的沉积率 R_P 是预测湖泊总磷浓度的关键，R_P 与单位面积湖泊供水(年输入水量/湖泊面积)或与湖水更新率(年湖水输出率/湖泊体积)有关。该公式适合于总磷浓度小于 $25 \mu g/L$ 的湖泊，对于总磷浓度较高的湖泊不一定适合。其表达式为

$$R_P = 0.854 - 0.142\ln q_s \tag{5-156}$$

式中，R_P 为年输入磷的沉积率；q_s 为年湖水输入量除以湖泊面积，单位为 m/a。

营养状况指数法预测富营养化。湖泊中总磷与叶绿素 a 和透明度之间存在一定的关系。Carlson 根据透明度、总磷和叶绿素 3 种指标发展了一种简单的营养状况指数(trophic state index,TSI)，用于评价湖泊富营养化的方法。TSI 值用数字表示，范围在 0~100，每增加一个间隔(如 10、20、30、…)表示透明度减少一半、磷浓度增加 1 倍、叶绿素浓度增加近 2 倍。3 种参数的营养状况指数值如表 5-30 所示。$TSI < 40$，为贫营养；$40 \leqslant TSI \leqslant 50$，为中营养；$TSI > 50$，为富营养。该方法简便，广泛应用于评价湖泊营养状况。但这个标准是否适合于评价我国湖泊营养状况，还需要进一步研究。在非生物固体悬浮物和水的色度比较低的情况下，叶绿素 $a\ Chl$（单位为 mg/m^3）和总磷 TP（单位为 mg/m^3）与透明度 SD（单位为 m）之间高度相关。因此，TSI 值也可根据任一参数计算出来。计算式如下：

透明度参数式为

$$TSI = 60 - 14.41\ln SD \tag{5-157}$$

叶绿素 a 参数式为

$$TSI = 9.81\ln Chl + 30.6 \tag{5-158}$$

总磷参数式为

$$TSI = 14.42\ln TP + 4.15 \tag{5-159}$$

表 5-30 Carlson 营养状况指数参数值

TSI	透明度/m	TP/($\mu g/L$)	Chl/($\mu g/L$)	TSI	透明度/m	TP/($\mu g/L$)	Chl/($\mu g/L$)
0	64	0.75	0.04	60	1	48	20
10	32	1.5	0.12	70	0.5	96	56
20	16	3	0.34	80	0.25	192	154
30	8	6	0.94	90	0.12	384	427
40	4	12	2.6	100	0.06	768	1 183
50	2	24	6.4				

湖水过于浑浊(非藻类浊度)或水草繁茂的湖泊，Carlson 指数则不适用。有时用总氮含量 TN 除以总磷含量 TP 的比率，评估湖泊或水库为何种营养盐不足。对藻类生长来说，

TN/TP 比率在 20∶1 以上时,表现为磷不足;比率小于 13∶1 时,表现为氮不足。评价时绝对浓度也应考虑。另外,浮游植物、浮游动物、底栖动物、大型植物和鱼类的种类组成、密度分布、体积、生物量或相对丰度等资料,对于评价湖泊营养水平、湖泊生态系统结构功能及湖泊环境变化状况有重要参考价值。水体富营养化预测还有评分法和综合评价法等,实际应用中应根据具体条件选用。

(二)预测评价方法的适用类型

建设项目生态影响预测与评价均以所在区域生态现状的调查为基础,采用定性与定量结合的方法,确定区域已有的生态问题,然后选择合适的生态影响评价的方法来预测项目建成后对区域生态问题发展趋势的影响。项目生态影响评价方法众多(表 5-31),项目性质不同,不同项目的评价方法不同,同一个项目也可以用多种方法评价。项目生态影响预测和评价一般分为现状调查阶段和预测与评价阶段,两个阶段对方法的需求不同,因而选择的方法也不同,但是这些方法并不局限于在特定阶段使用。

表 5-31 主要生态项目的常用评价方法

项目类别	常用评价方法	
	现状调查	预测与评价
水电站建设	列表清单法	类比法
水电梯级开发	列表清单法、图形叠置法、系统分析法	类比法
道路建设(铁路、公路)	景观生态学法、图形叠置法、系统分析法	生态机理分析法
管线项目	景观生态学法、图形叠置法	生态机理分析法
矿产资源开发	列表清单法、图形叠置法、系统分析法	类比法

三、生态风险评价

(一)生态风险评价的概述

1. 生态风险概述

风险的属性和类别。风险的属性主要有三个:①具有不确定性;②带来不希望发生的后果或损失;③事件链。风险的类别:①按存在的性质划分,分为客观风险和主观风险;②按风险产生的原因划分,分为自然风险、社会风险、经济风险和技术风险;③按风险的性质划分,分为静态风险和动态风险;④按对风险的承受能力划分,分为可接受的风险和不可接受的风险等。根据需要采用不同的依据,能够进行不同的风险类别划分。

生态风险的概念和特点。生态风险是根据受体对象进行的风险划分,即生态风险是生态系统及其组成所承受的风险。生态风险的概念是由人体健康风险演进而来的,是对人体健康风险的拓展,即将受体范围由人类转向包括人类在内的生态系统。人们通常所说的环境风险可以认为是生态风险的一个发展较为完善的子系统,环境风险更多地关注污染物带来的风险,生态风险将这一范围拓展至自然灾害(如生物入侵、滑坡、地震、火灾、洪水等)、人类活动(如土地利用、生物技术应用等)。

生态风险的特点:①目标性,生态风险控制具有一定的目标,生态系统保护也具有一定的目标,生态风险是相对于生态系统保护目标或生态风险控制目标而言的;②不确定性,风险源、传送路径、风险绿体、风险关联、风险事故属性及危害都具有不确定性,但具有一定的统计学规律;③动态性,由于生态系统具有动态演进过程,且生态系统是一个开放系统,而作用于生态系统的要素也是处于动态变化中,生态系统及作用于其上的因素之间的关系也是动态变化的;④复杂性,生态系统具有个体、种群、群落、生态系统和景观等不同层次,也具有结构、格局、过程、功能和服务等多种属性,且不同层级之间、不同物种之间、生物与非生物之间、水域和陆域生态系统之间存在复杂的关联和响应机制;⑤内在价值性,生态系统的价值不仅在于人类在乎的服务功能,更在于其自身的结构完整和功能完备,因此其价值难以用简单的物质或经济损失来衡量;⑥危害性,生态风险关注的是有负面影响的事件,这些负面影响包括生态系统结构和功能损伤、生态过程的阻滞或异常(如生态系统逆向演替、生态服务功能下降等);⑦客观性,虽然生态风险的研究和管理面临诸多困难,但生态风险是客观存在的,因此需要加深对生态风险的理解和认识,按照客观规律,采用科学的技术方法进行分析和研究。

2. 生态风险评价概述

生态风险评价的发展。虽然近年来我国生态风险评价已经得到广泛重视,目前我国的生态风险评价和研究总体处于快速发展阶段,然而生态风险管理总体仍处于起步阶段,与国外比较,还有较大差距。

生态风险评价研究工作起步于20世纪80年代,是由人体健康评价、环境风险评价发展而来。早期的人体健康评价和环境风险评价重点关注某一种有害物质的风险,如重金属污染风险、农药污染风险等。随着研究的深入,关注点逐渐由单一因素的风险评价向多因素的复合风险评价发展,由只关注人群健康向关注环境安全过渡,再逐步向关注生态系统安全和区域尺度发展。虽然近年来生态风险评价研究已成为研究的热点,发展也很快,但跟踪管理和应用仍然存在较大差距。目前,我国经济快速发展,人类活动造成的生态系统退化严重,生态风险评价的重要性正在快速上升,需要不断加强生态风险评价和生态风险管理研究。

生态风险评价的概念。虽然对于生态风险评价国内外已有不少定义,这些定义对评价的技术手段、量化方法、不确定性和负面效应等生态风险属性、评价目的等方面进行了界定,但并未得到大家一致认同,关键在于生态风险评价的目标或标准没有明确。没有标尺便难以评价和管理,这也是我国生态风险评价和管理与国外的差距所在。

综合考虑生态风险评价的已有定义,我们认为生态风险评价可以定义为:基于一定时间节点和一定生态保护目标,预测、分析和评价具有不确定性的灾害或事件对生态系统及其组分可能造成的损伤。生态风险评价可以采用生态学、环境学、地理学、生物学、毒理学等多学科的知识,也可以采用3S技术、概率分析技术、成本效益分析技术等多种技术。

生态风险评价与生态影响评价的区别在于:生态影响评价强调因果关系,突出必然性;生态风险评价强调不确定性,突出风险程度。

生态风险评价的内容包括生态风险评价标准的确定、生态风险源分析、生态风险传递路径分析、生态风险受体分析、生态风险表征、生态风险决策、生态风险监测和生态风险管理。生态风险评价标准是生态风险评价中的关键性内容,也是生态风险评价中的难点和重点之一。生态风险评价标准可以认为是可接受的生态系统风险或期望达到的生态系统风险控制目标,有别于生态终点。生态终点是指由于风险事件(通常为人类活动或自然灾害)对生态系统的作用而导致的后果,生态风险评价标准就是测量生态终点的标尺。由于生态系统本身的复杂性和风险事件的多源性、风险源到生态系统的多路径特征,以及响应关系的模糊性,使生态风险评价标准需要在研究、界定受体(即某生态系统)地位、边界、结构和功能等前提下进行。

生态风险源分析是对可能影响生态系统的风险源进行定量化和结构化的辨识,即分析风险源的数量、组成、结构、分布、特征、类型等。生态风险源辨识是生态风险管理和评价的基础。由于风险源的属性是时间的函数,因此风险源辨识是一个不断反复的过程,一些风险源会随时间而消失,一些新的风险源会随时间而产生。因此,生态风险源分析是一个动态过程,它会随生态系统变化而变化。

生态风险传递路径分析是分析从风险源到风险受体的路径,这个路径可能是单一路径,也可能是多路径。当涉及多风险源时,路径之间可能还存在着某种关联。对于某些生态风险而言,其传递的路径即是生态过程所经历的路径,具体情况须综合研究。

生态风险受体分析是分析和界定受体生态系统的边界、属性、对源的暴露和响应特征等。健康风险评价是以人类本身为受体,生态风险评价是以生态系统为受体。由于生态系统的外延扩展,在某些情况下,生态系统也可以理解为包括人类社会在内的社会、经济、自然复合生态系统。

生态风险表征是根据源—路径—受体—暴露分析和生态系统响应分析的结果,确认面临的风险,并进行风险解释。生态风险表征包括两个部分:①风险评估,进行风险评估,研究不确定性,估计不利效应的可能性;②风险描述,归纳和解释评估结果。

生态风险决策和生态风险管理虽然不属于生态风险评价的内容,但却是生态风险评价的目的。只有将生态风险评价结果应用于生态风险决策和生态风险管理,才能体现生态风险评价的价值。根据生态风险评价结果,做出相应的产业布局、规模调整、污染控制、生态系统保护的决策,设计和落实生态风险防范和生态风险管理的方案,有时甚至需要进行生态风险相关的监测。

(二)生态风险评价进展

1. 国外生态风险评价进展

美国的生态风险评价是在人体健康风险评价的基础上发展起来的,因此其最初的生态风险评价方法是引入人体健康风险评价的方法。经过多年的发展和完善,美国国家环保局(United States Environmental Protection Agency,USEPA)颁布了《生态风险评价指南》,提出了风险评价"三步法",即问题形成、问题分析和风险表征。美国生态风险评价要求首先制定一个生态风险评价规划,然后进行生态风险评价。

英国的生态风险评价要求遵循国家可持续发展战略,强调"预防为主"的原则。对于可能存在的重大风险,即使科学证据并不充分,也须采取行动预防和减缓潜在的危害行为。

荷兰的生态风险评价强调应用阈值来判断是否能接受特定的风险水平。它利用不同水平的风险指标,以数值方式明确表达了最大可接受或可忽略的风险水平。

除了评价框架和评价方法方面的发展,国外在模型构建与应用、多因子生态风险评价、区域生态风险评价和生态风险综合评价方法方面均取得了较大的进步。

2. 中国生态风险评价进展

20世纪90年代,我国开始加快引进国外生态风险评价研究成果,这对于推动中国的生态风险评价研究和应用起到了很好的作用。中国尚处在环境污染事故高发期,环境风险评价的地位仍非常重要。中国生态保护和建设虽然取得了很大的成绩,但生态系统退化、生态功能下降,进一步巩固生态保护和建设成果,推进新一轮的生态保护和建设的难度加大,生态风险问题日益突出。生态风险研究和应用正面临难得的发展机遇,同时也面临诸多挑战。

中国的生态风险研究和应用总体上处于快速发展阶段,但在理论技术研究和生态风险管理方面的力度须不断加大。由于生态风险的外在性,目前生态风险主要由国家承担,未来须加强企业和社会的生态风险意识和责任分担。由于现行环境管理体制中对污染物的生态风险控制还没有具体的、可操作的规定,因此生态风险评价在建设项目环境保护管理中的应用还很少。中国区域生态风险评价研究发展较快,但仍然远不能满足应用和管理的需求,需要在国家层面上发展和完善满足区域生态风险评价的技术框架、理论技术和方法,实现推动应用和纳入管理。

3. 生态风险评价发展的方向

未来生态风险评价需要进一步把握其特征,区别于人体健康风险评价和环境风险评价,不断拓展生态系统受体的内涵和外延,向生态风险综合评价、基于生态保护目标的定量化评价、基于污染源和自然灾害及人类活动的多源生态风险评价、基于区域或流域的中大尺度生态风险评价、基于决策和管理的生态风险评价应用等多方面发展。

目标和阈值研究。借鉴荷兰的生态风险评价方法,加强生态保护目标的研究,并作为生态风险评价的标准。生态保护目标根据实际情况可以用不同的生态风险指标进行表示,这些生态风险指标及其指标值(可能是一些临界响应值或管理期望值或生态系统特征值)须不断加强研究积累。生态保护目标和阈值的研究是支撑生态风险评价研究的重要抓手和风险评价的标尺。

风险源研究。目前生态风险评价仍然以单因子为主,且多以污染物为主。虽然对多因子、多风险源(包括自然灾害和各种人类活动)的生态风险评价进行了一些尝试,但是须进一步研究多风险源相互作用情境下的生态风险评价技术和方法。

风险传递路径研究。风险传递路径是生态风险评价的重要组成部分,虽然美国生态风险评价流程考虑了暴露分析和生态效应,但是并未明确提出风险传递路径的概念。由于风险传递往往与生态过程存在较为密切的关联,因此可以将生态过程研究成果作为风险传递路径的研究基础。加强生态过程与风险传递路径关系的研究,对于推动生态风险评价具有重要而深远的意义,特别是多源路径情况的生态风险评价研究。

风险受体研究。虽然很多时候人们仅采用了一个或少数几个物种作为受体进行评价和研究,但对于生态风险评价而言,风险受体往往是整个生态系统。认真界定风险受体的边界,深入认识和研究受体的各种属性,包括受体对风险源的响应属性、受体的自然演替属性等,是受体研究的关键内容。通过风险管理,实现风险受体和生态系统的可持续发展是风险评价的目标所在。

风险评价研究。生态风险评价方法正在由单一指标的评价向综合评价方向发展,由定性向定性与定量相结合的方向发展,由污染源导致的生态风险评价向自然灾害、各种人类干扰活动导致的生态风险评价方向发展。

早期的生态风险评价多涉及某一种化学物质和某一种个体,因此采用的指标也多为单一指标,采用的方法多为定量评价方法。随着风险源由污染物质扩展到自然灾害和各种人类干扰活动,风险受体由个体、种群、群落扩展到生态系统甚至景观水平,评价范围由建设项目扩展到区域尺度,不确定性显著增加,压力与响应的关系变得非常复杂,由源到受体的环境风险评价思路受到了挑战,定量评价从技术到方法也受到了严峻的考验,迫切需要适应这些变化的半定量或定性和定量相结合的综合评价方法。

综上所述,未来生态风险评价研究需要加强的领域包括:①加强区域生态风险的评价和研究工作,推动由区域生态保护目标到风险源控制的评价框架的构建和完善,加强生态风险指标的研究;②由于生态风险与生态过程的密切关联及生态风险的尺度效应,应特别加强生态风险传递路径及路径关联、路径控制的研究;③在化学物质生态风险评价的基础上,积极拓展自然灾害、人类干扰活动带来的生态风险评价和研究;④将以个体生态毒理学试验为基础的生态风险评价向种群、群落、生态系统、景观水平甚至全球水平的生态风险评价拓展;⑤发展各种外推模型(包括尺度、类别、层级、不确定性等)、生物效应模型、生态风险路径模型、生态风险决策支撑模型等,拓展地理信息系统、遥感、全球定位系统、计算机技术等各种技术和系统学、数学、运筹学、管理学、经济学等各种学科方法在生态风险评中的应用,逐步实现定性与定量相结合的评价和生态风险定量评价;⑥加强突发性生态风险评价研究,避免重大生态风险事故发生;⑦生态风险评价是为生态风险管理服务的,要加强生态风险决策和管理研究,逐步建立生态风险评价的标准方法和技术指南,以及科学的生态风险决策管理法律和法规。

(三)生态风险评价在决策中的作用

不同情境方案下的生态风险评价为方案决策提供了依据,从而可以有效支持生态风险管理活动。不同的情境方案将产生不同的生态效应、不同的不确定性水平以及不同的生态风险分级、分区或排序,为决策提供技术支撑。综合决策中,生态风险评价结果只是考虑的因素之一,其他因素(如法律、政治、经济、社会等)也是决策的重要参考,有时可能影响生态风险管理和控制决策。

(四)生态风险评价理论

社会、经济、自然复合生态系统理论是生态风险评价的理论基础。生态风险基于某一生态保护目标,而生态保护目标是构建于某一时间节点或时段及某一特定社会、经济、自然复合生态系统之上的。

(五)生态风险评价框架

生态风险评价的框架各有不同。美国的生态风险评价强调提前做好生态风险评价规划;英国的生态风险评价强调以预防为主的原则;荷兰的生态风险评价强调阈值的应用。我国学者殷浩文提出了水环境生态风险评价框架;许学工等提出了区域生态风险评价框架。

1. 美国的生态风险评价框架

美国的生态风险评价是在人体健康风险评价的基础上发展起来的,1998年美国国家环保局正式颁布了《生态风险评价指南》,提出生态风险评价"三步法",即问题形成、分析(暴露表征和生态效应表征)和风险表征,同时要求在进行正式的科学评价之前,首先制定一个总体规划,以明确评价目的(图 5-23)。在范围上,评价内容也从人类健康风险评估扩展到气候变化、生物多样性丧失、多种化学品对生物影响的风险评估。

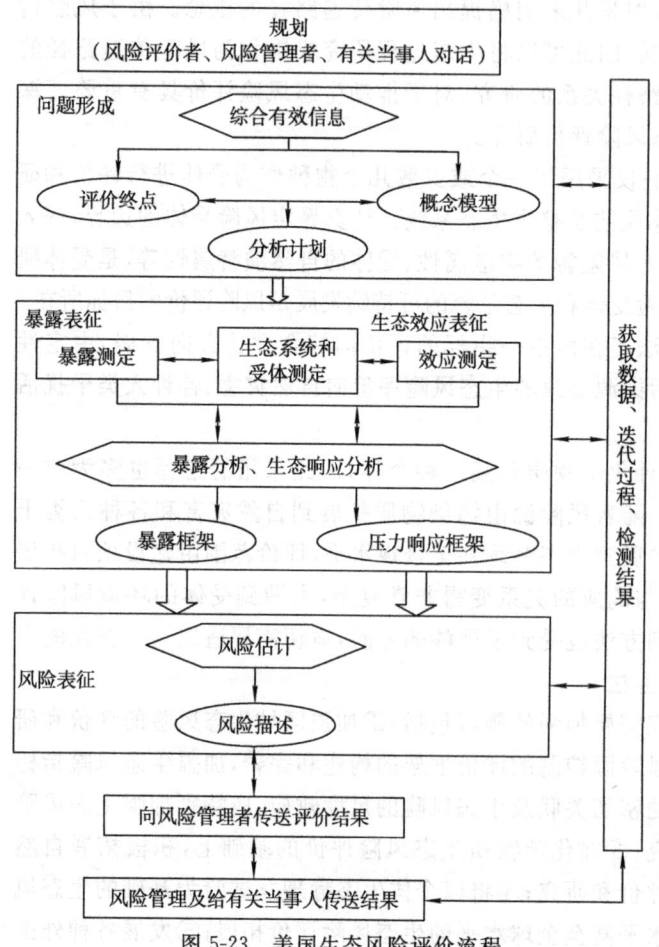

图 5-23 美国生态风险评价流程

2. 英国的生态风险评价框架

英国的生态风险评价要求遵循国家可持续发展战略,强调"预防为主"的原则。对于可能存在的重大风险,即使科学证据不充分,也须采取行动预防和减缓潜在的危害行为(图 5-24)。

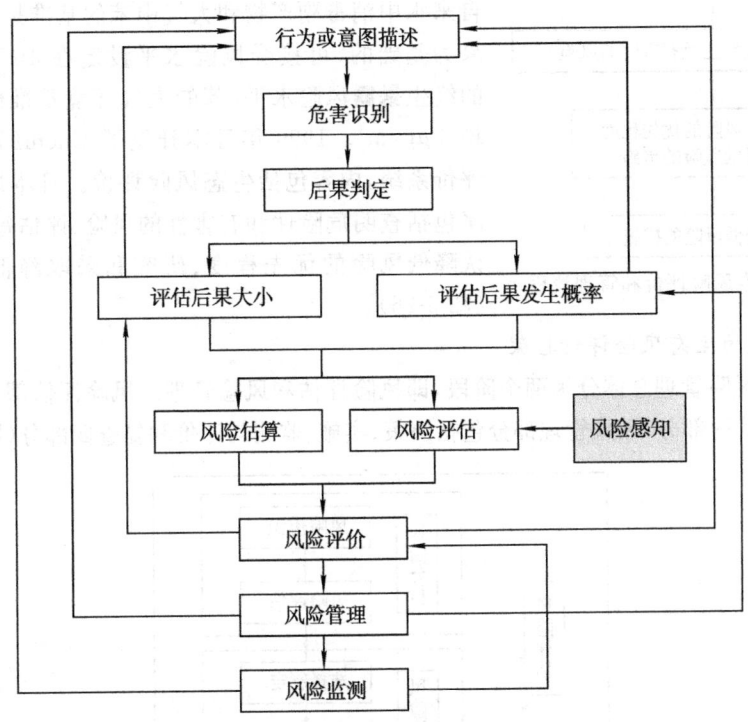

图 5-24 英国生态风险评价流程

3. 荷兰的生态风险评价框架

荷兰的生态风险评价强调用阈值来判断特定的风险水平是否能接受。它利用不同水平的风险指标,以数值方式明确表达了最大可接受或可忽略的风险水平。荷兰的生态风险评价分为三步:影响评价,根据毒性数据评估无影响浓度水平;暴露评价,根据监测数据预测建模,计算预期的环境浓度;风险表征,计算预期浓度与无影响浓度的商。芬兰的生态风险评价流程如图 5-25 所示。

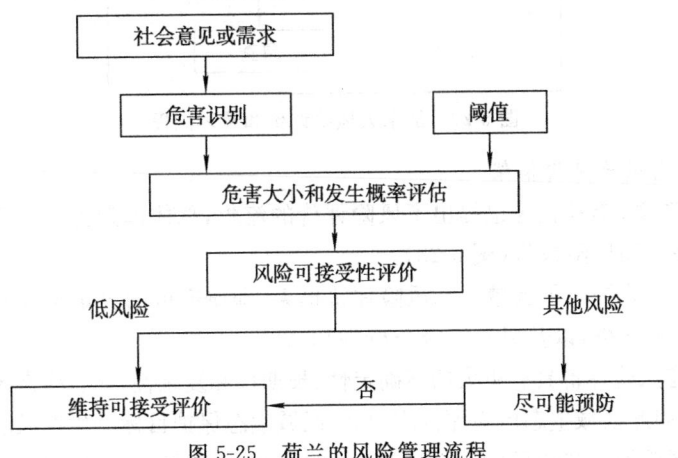

图 5-25 荷兰的风险管理流程

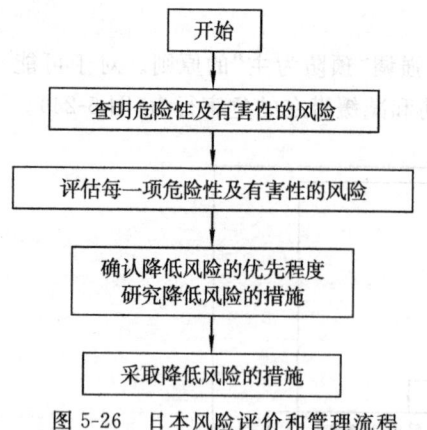

图 5-26　日本风险评价和管理流程

4. 日本的生态风险评价框架

日本最初对危害性评价较为重视,在 20 世纪 90 年代中期开始在环境管理中引入风险评价。日本政府修订自来水中消毒副产物和大气中苯的基准是以风险评价结果为基础的,可接受风险水平设定在 10^{-5}。参照 10^{-5} 的终生暴露风险水平,苯的大气环境基准值设定为年平均 $3\ \mu g/m^3$。1999 年日本开发了 ChemPHESA21 风险评价系统,内容包括生态风险评价。日本风险评价的程序包括查明危险性和有害性的风险、评估每一项风险、确认降低风险的优先程度、研究和采取降低风险的措施(图 5-26)。

5. 加拿大的生态风险评价框架

加拿大的风险管理总体分为两个阶段,即风险评估和风险管理。风险评估部分又分为风险分析和风险评价两部分;风险管理部分包括决策、实施、监测与评价和复查四部分(图 5-27)。

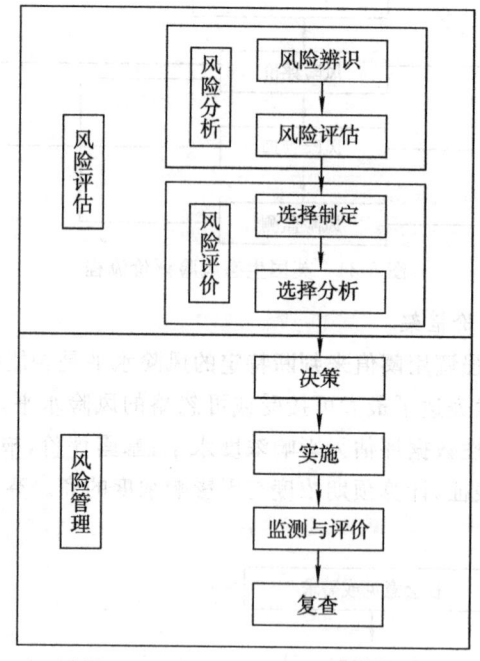

图 5-27　加拿大风险评价和管理流程

6. 我国的生态风险评价框架

我国学者殷浩文、李景宜等也提出了风险评价的流程,总体框架为风险源分析、风险识别、风险分析、风险评价和风险报告(图 5-28)。

许学工、付在毅等提出了区域生态风险评价框架,即研究区的界定与分析、受体分析、风险源分析、暴露与危害分析,以及风险综合分析(图 5-29)。

由于区域生态风险评价具有更大的不确定性、长期性和复杂性,而且生态风险与生态过程具有某种内在关联,因此区域生态风险评价流程为"区域生态保护目标—生态风险受体—生态风险传递路径—生态风险源",强调目标是相对于某一时间节点或时段、相对于某一地理空间的。

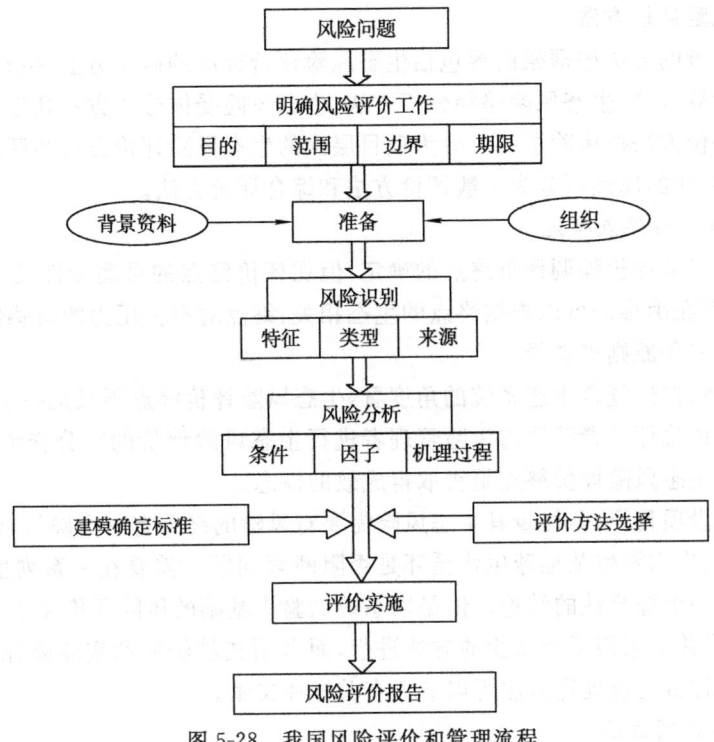

图 5-28 我国风险评价和管理流程

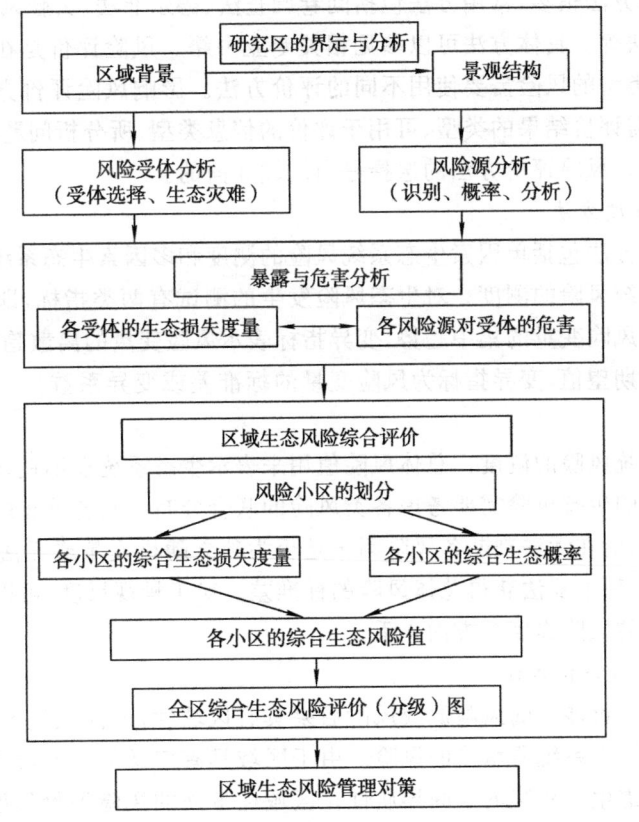

图 5-29 我国区域生态风险评价流程

(六)生态风险评价方法

生态风险评价的方法按框架内容包括生态风险评价标准的确定方法、生态风险识别方法、生态风险损失计算方法、生态风险路径分析方法、生态风险受体分析方法和生态风险源分析方法。生态风险评价方法按风险层级可分为项目层次的生态风险评价方法和区域层次的生态风险评价方法,按方法的属性可分为一般评价方法和综合评价方法。

1. 生态风险评价终点确定

国外的生态风险评价强调评价终点的确定,但在评价终点的可测度性及对风险管理目标的表征上,仍然存在困难。可以根据终点的生态相关、终点对有关压力的敏感性和终点是否代表了管理目标这三条原则来选择。

从社会、经济、自然复合生态系统的角度看,生态风险评价终点不只是一个技术问题,也是一个社会问题。风险评价者需要与风险管理者进行生态风险评价的充分交流与沟通,并达成一致。这是确定生态风险评价终点是否取得成效的标志。

对于一个建设项目而言,衡量其生态风险需要对风险的终点有一个确认,要回答诸如底栖生物是否受影响、生物繁殖及地球生化循环是否阻断等问题。需要在一系列生态毒理试验结果的基础上做出一个综合性的结论。但是以系统试验为基础的风险评价需要大量的人力和物力支撑,因此通常并不采用系统试验的方法进行,而采用文献研究和实验验证相结合的方法。具体的生态风险评价终点确定方法可以参考有关专业文献。

2. 生态风险识别方法

生态风险识别方法很多,常用方法包括问卷调查法、德尔菲法、头脑风暴法、风险因素预先分析法、环境分析法等。具体方法可以参见相关专业书籍。风险评价是在风险识别的基础上进行的,针对不同类型的风险需要使用不同的评价方法。影响风险评价方法选择的因素有开展评价的动机、所需评价结果的类型、可用于评价的信息类型、所分析问题的特征、已发觉与评价对象有关的风险。风险评价方法的选择是由问题导向的。

3. 生态风险测度方法

生态风险测度方法包括单因素生态系统风险的测度和多因素生态系统风险的测度方法。

单因素生态系统风险的测度。对生态风险发生的测试有两类指标,即平均指标和变异指标。平均指标表示风险变量的集中趋势,变异指标表示风险变量的离散趋势。一般情况,平均指标为风险变量的期望值,变异指标为风险变量的标准差或变异系数。变异系数为标准差和期望值之比。

多因素生态系统风险的测度。总体风险值用来表示生态系统在不良事件影响下的整体损失。对于特定系统的生态风险需要考虑各类风险的联合分布。联合分布的标准差可以表示总体风险的绝对大小,但在无法判断各风险因子是否为独立随机变量或无法获得各风险因子的比重时,只有借助蒙特卡罗法获得总体风险的标准差。对于景观尺度,可以考虑从景观组分所占的比例与该组分的风险强度两方面入手。

4. 区域生态风险评价方法

区域生态风险评价涉及的风险源或风险后果具有区域性,即区域生态风险评价主要研究大范围的区域中各生态系统所承受的风险。由于区域具有广泛的空间异质性,因此区域生态风险评价应充分考虑生态系统的空间异质性。区域性带来的风险评价尺度的扩大,以及多风险源、多压力因子、多风险后果的特征,使区域生态风险评价与项目层次风险评价的要求不同。

常用的区域生态风险评价概念模型主要有因果分析法、等级动态框架法和生态等级风险评价法等。

因果分析法是以压力因子和可能影响之间的因果关系为基础的,需要大量的历史数据构建这种因果关系,并以此为基础进行预测评价。由于区域尺度上多"因"和多"果"广泛存在,因此应用有时也面临较大的困难。

等级动态框架法是一个概念框架,假设等级存在于生态系统结构中,且等级间相互关系产生了标志生态系统特征的属性,从而将时空相互作用关系结合起来。

生态等级风险评价法是在缺乏大量野外观测数据的情况下进行风险评价的有效方法。它将风险评价分为三部分:初级评价、半定量的区域评价和定量的局地评价。

此外,在区域生态风险评价中应用最多的评价统计方法是基于因子权重法的相对风险评价方法。

四、景观美学影响评价

良好的生态不仅应满足人类的生理需求,还满足人类的心理需求。随着人民生活水平的提高,人们的心理需求或精神需求正在迅速上升。景观美学资源就是满足人们精神需求的重要资源。然而,我国景观资源正在遭受破坏,因此从"以人为本"出发,进行景观美学影响评价和保护景观美学资源已成当务之急。

(一)景观美学评价一般认识

景观一般指视觉意义上的景物、景色、景象和印象,即美学意义上的景观。景观还有地理学、文化及生态学意义等。

景观美学是人对环境的审美感知和审美需求,即景色、风景、景致等。美学景观可分为自然景观和人文景观两大类别。

自然景观有地理地貌景观,如山丘、峡谷、原野、水域、海滨、大江大河分水岭、省市界、地区特征地形地物等;地质类景观,如岩溶地貌、丹霞地貌、火山口、地震遗迹、石林、土林、奇石异洞、古生物化石等;生态类景观,如森林、草原、农田、春之花海、秋之红叶等;气象类景观,如云海、佛光、雾凇、雪原等。此外,还有许多自然因素综合作用形成的奇异景观资源。

人文景观有古代人文景观,如长城、古城、寺庙、陵寝、宫阙、城塞、古镇、关隘、题刻等;也包括现代人文景观,如水库、公路、工厂、桥梁、隧道等。

自然与人文合成的重要景观——城市景观,城市含有丰富的自然景观,如海洋、河流、湖泊、山冈、半自然公园、绿地,更多的是人工建筑、街市、广场、道路、立交桥等。

自然景观美学构成条件包括:自然真实性、完整性,由形象(体量、形态、线型等)、色彩、动态、声音、质感和空间格局与组合关系构成的形式美,由可游览、可观赏、可居住等适用性构成的有益人类的功能美,由结构完整、生物多样性和生态功能构成的生态美。

许多建设项目对景观美学有重要影响。破坏生态系统完整性会影响生态功能;破坏自然性和影响景观实体的形象、色彩、空间格局和组合关系等,会造成严重的景观美学影响或损害重要的景观美学资源。

人文景观则因含有的深厚文化内涵而具有另一类美学价值。长城不仅因雄伟的形象而称之美,还因其历史久远和曾经发生过的重大事件而显示了其美的实质;都江堰则是一种文明和文化的象征。人文景观以其历史性、文化代表性、稀有性等成为景观美学重要资源。

1. 程序与目的

建设项目景观影响评价程序：第一步，确定视点，即确定主要观景的位置，如一个居民区、一条街道、一个旅游区观景点或交通线上行进的人群等；第二步，进行景观敏感性识别，凡敏感度高的景观对象，即为评价的重点；第三步，对评价重点（景观敏感度高者）进行景观阈值评价、美学评价（美感度评价）、资源性（资源价值）评价；第四步，做景观美学影响评价；第五步，做景观保护措施研究和相应的美学效果与技术经济评价。

2. 景观敏感度评价

景观敏感度是指景观被人注意到的程度。一般判别指标如下：

视角或相对坡度。景观表面相对于观景者的视角越大，景观被看到或被注意到的可能性也越大。一般视角或视线坡度在20%至30%为中等敏感；在30%至45%为很敏感；小于45%为极敏感。

相对距离。景观与观景者越近，景观的易见性和清晰度就越高，景观敏感度也高。一般将400 m以内距离作为前景，为极敏感；将400 m至800 m作为中景，为很敏感；800 m至1 600 m可作为远景，中等敏感；大于1 600 m可作为背景。但这与景观物体量大小、色彩对比等因素有关。

视见频率。在一定距离或一定时间段内，景观被看到的概率越高或持续的时间越长，景观的敏感度就越高。从对视觉的冲击来看，一般观察或视见时间大于30 s者，可为极敏感；视见持续时间10 s至30 s者为很敏感；视见持续时间5 s至10 s者为中等敏感。视见时间持续0.3 s以上就可以被看到，但会一瞥而过。

景观醒目程度。景观与环境的对比度，如形体、线条、色彩、质地和动静的对比度越高，景观越敏感。对比度比较强烈的，如森林边缘、岩体边缘、山体天际线、河岸和其他有特定形体或空中格局的景观。

（二）景观阈值评价

景观阈值指景观体对外界干扰的耐受能力、同化能力和恢复能力。景观阈值与植被关系密切。一般森林的景观阈值较高，灌丛次之，草本再次之，裸岩更低，但当周围环境全为荒漠或裸岩背景时，也形成另一种高的视觉景观冲击能力，阈值可能更高。对景观阈值低者应注意保护。一般情况，孤立景观阈值低，坡度大和高差大的景观阈值较低，生态系统破碎化严重的景观阈值低。

（三）景观美学评价

自然景观美学评价包括自然景观实体的客观美学评价和评价者的主观观感两部分。对景观实体的客观评价可按景观实物单体、群体、景点或景区整体等不同层次进行。景观实物单体可按形象、色彩、质地等景观构成要素按极美、很美、美、一般或丑进行评价。由很多景观实体组成的群体，则增加空间格局和组合关系的评价，如单纯齐一、对称均衡、调和对比、比例关系、节奏韵律，以及多样性统一等。由若干景观体组成的景点或景区，则应增加景观资源性评价内容。

所有自然景观的美学价值评价中，其代表性、稀有性、新颖奇特性等，都是重要评价指标。在现代，生态美是又一个时代主题，凡符合生态规律、自然完整、生物多样性高、生态功能重要的景观，都是美的。自然景观的主观观感方面，主要是优美和雄壮两大类，可分为不同的级别。

一般景观美学评价中,以客观的美学评价为主,以主观观感评价为辅。

(四)景观影响评价

不同的建设项目对景观有不同的影响。直接破坏植被、挖坏山体、弃渣于敏感景观点,是一类直接影响。因不雅观的建筑物、构筑物或体量过大、色彩过艳而与周围环境不协调是经常发生的景观影响。还有很多影响是非直接的影响,如高大建筑的阻挡、烟囱林立、高压输变电线路造成的空间干扰等。环境污染是另一类景观影响因素,烟囱冒黑烟,空气不洁,水浑浊,散发不良气味等,都是经常发生的问题。

景观美学影响评价应依据具体的景观特点、环境特点、功能要求,并结合具体的建设项目影响的时空特点进行。进行综合评价时不应掩盖主要矛盾。

(五)景观保护措施

自然景观是一种不可再造的资源,而且是唯一的,因此自然景观保护以预防破坏为主。首先,做好景观设计是十分必要的,而不建造不良景观应是对建设项目的基本要求。对受影响或遭受破坏的景观,需进行必要的恢复,植被恢复尤其重要。对不良景观而又不可改造者,可采取避让、遮掩等方法处理。景观保护应从规划着眼,从建设项目着手,两者结合进行。

第七节 环境影响预测与评价实例

本书以"府谷县华府矿业有限公司煤炭资源整合项目(0.60 Mt/a)环境影响报告书"相关内容为例进行节选介绍。

一、大气环境影响预测与评价

(一)建设期大气环境影响分析

评价场地内,施工期间的大气污染源主要为裸露地表、土方运输车辆行使、建筑材料运输和装卸、临时物料堆引发的扬尘及混凝土搅拌站产生的水泥粉尘等。污染物多为无组织排放,施工扬尘的浓度与施工现场条件、施工管理水平、施工机械化程度、建设地区土质及天气等诸多因素有关,本次评价采用类比法对该场地施工过程可能产生的扬尘情况进行分析。

类比当地同类型煤矿施工期有关监测资料,施工扬尘不采取防治措施时,平均风速下影响至施工边界外 200 m 内,总悬浮微粒(TSP)浓度严重超标,且洒水抑尘措施可有效防止扬尘污染(表 5-32)。

表 5-32 距场地不同距离处总悬浮微粒的浓度值

监测点位置	场地不洒水/(mg/m^3)	场地喷洒水后/(mg/m^3)
10 m	1.750	0.437
20 m	1.300	0.350
30 m	0.780	0.310
40 m	0.365	0.265
50 m	0.345	0.250
60 m	0.330	0.238

(二)运营期大气环境影响预测

1. 生产系统煤尘污染影响分析

生产系统煤尘污染源主要来自原煤输送、筛分、储存、装载等生产和储运过程。煤尘和尘土不但会污染大气环境,使总悬浮微粒浓度升高,同时还使一部分物料失散造成经济损失。

煤炭筛分、输送、储存过程中的煤尘。原煤筛分的过程中会产生煤尘,工程分析表明粉尘产生量为31.68 t/a,工程设计采用独立密闭筛分车间,并对筛分车间采取干雾除尘,抑制效率大于98%,处理后煤尘排放量仅为0.63 t/a,以无组织形式排放,对外环境影响很小。原煤进行胶带输送机输送时,扬尘主要发生在物料转载处,以及刚启动时的输送皮带处,整合后采用密闭式输煤皮带栈桥,胶带输送机落煤口、溜槽落煤口及转载点采用干雾抑尘处理,抑制效率大于98%,处理后煤尘排放量约为0.63 t/a,输送和转载系统扬尘对外环境影响很小。项目设有2个⌀15 m的末煤装车仓和末煤仓储,经筛分系统筛出的末煤送末煤仓储存,可有效降低末煤粉尘对环境的影响。末煤在装车外运时会产生一定量的煤尘,在末煤装车仓安装干雾抑尘装置,可有效控制扬尘产生,效率达98%,煤尘排放量约为1.27 t/a,排放的煤尘对周围空气环境的影响较小。

露天块煤储煤场中的煤尘。设计整合后矿井工业场地,设露天块煤储煤场,容量为10 000 t,占地面积约3 600 m²。露天煤场在风力作用下,会产生无组织煤尘,其排放强度受煤堆表面积大小、煤的湿度、粒径及风速等因素的影响。露天储煤场的起尘强度随风速的增大而增大,随煤表面含水率的增加而减小。采用清华大学在霍州矿务局实验得出的经验公式对储煤场煤尘排放量进行估算:当煤的含水率为其自然含水率1.9%时,风速由2 m/s增大到8 m/s时,煤尘的起尘强度增大37倍以上;当风速为2.2 m/s,含水率由1.9%增加到8.0%,煤尘的起尘强度减小20.1倍。为减少煤场的起尘量,环评要求采用封闭式储煤场,并设喷雾洒水装置,评价要求对储煤场定时洒水,使煤堆体的含水量增加到8.0%,有效降低煤场煤尘起尘量。按本地多年平均风速2.2 m/s估算,露天储煤场煤尘产生量为16.60 t/a,采取洒水增湿措施后,煤场无组织煤尘排放量约为0.79 t/a。采用封闭式块煤储煤场后,煤场无组织煤尘排放量极小,对环境的影响较小。

黄泥灌浆站扬尘。项目在工业场地设有黄泥灌浆系统,在黄土的储存及制浆过程中可能会产生不同程度的扬尘。设计要求采用黄土棚式储料场,棚长20 m、宽14 m,为钢结构门式刚架,不露天堆放,并设喷干雾降尘装置抑尘。建议加土制浆过程尽量在封闭场所或无风时进行,同时适当增加黄土的含水率。环评要求在灌浆站四周设置围墙,以减小对工业场地内其他设施的影响。采取以上措施后,黄泥灌浆站扬尘对环境的影响不会太大。

2. 运输扬尘影响预测分析

汽车运输时,碾压卷带产生的扬尘对道路两侧一定范围会造成污染。扬尘量的大小与车流量、道路状况、气候条件、汽车行驶速度等有关系。

类比华府矿区运煤道路总悬浮微粒实测值知,总悬浮微粒浓度随着车流的增加而增大。路面平坦且无积尘的公路扬尘浓度为0.45~0.61 mg/m³,而路面坑洼不平且有积尘的公路扬尘浓度为7.14~11.87 mg/m³,前者扬尘浓度远小于后者,如表5-33所示。可以看出,公路扬尘浓度随距离增加而衰减,主要影响范围约100 m以内,而250 m处运输扬尘的影响已较小。

表 5-33　公路扬尘随距离衰减实测值

时段/小时	公路扬尘随距离衰减值/(mg/m³)						车流量/(辆/小时)
	2 m	5 m	10 m	50 m	100 m	250 m	
8	7.21	4.11	1.45	1.13	0.82	0.48	88
9	11.2	6.52	2.14	1.63	1.22	0.36	168
10	10.62	6.16	2.24	1.38	0.99	0.42	178
13	8.82	5.02	1.64	1.33	0.87	0.55	114
14	9.73	5.52	1.71	1.34	0.92	0.47	142
15	8.41	4.78	1.65	1.18	0.78	0.49	98
18	7.02	4.04	1.36	0.97	0.67	0.35	78
19	6.74	3.98	1.28	0.87	0.62	0.47	66
20	6.8	3.9	1.3	0.84	0.63	0.44	60
平均值	8.51	4.89	1.64	1.16	0.84	0.45	

项目年运输煤炭 60 万吨，按 20 吨/(辆·次)计算，最大道路车流量约为 140 辆/天。矿区内已修建新永公路，其路况较类比矿区道路好，车流量较低，因此道路扬尘浓度及其影响范围要比类比矿区小。根据道路洒水抑尘试验结果，道路每天洒水 4~5 次，可使扬尘减少 70% 左右，并且扬尘造成的污染距离可缩小至 20~50 m 内。因此，环评要求对运输路面采取洒水降尘措施，并预测洒水措施实施后，煤矿运输道路扬尘对大气环境的影响程度较低，且影响范围较小，一般在公路两侧 20~50 m 内(表 5-34)。

表 5-34　道路洒水降尘试验结果

距离/m		5	20	50	100
扬尘浓度/(mg/m³)	不洒水	10.14	2.89	1.15	0.86
	洒水	2.01	1.4	0.67	0.6

二、地表水环境影响预测与评价

(一)建设期地表水环境影响分析

施工期水污染源主要为施工废水和生活污水，如井筒施工穿透含水层产生的废水、泥浆废水、冲洗水和设备清洗废水、厕所用水等。

整合区井筒施工时穿透的含水层会产生少量井下涌水，主要为新生界松散岩类孔隙潜水、中生界碎屑岩类裂隙孔隙潜水与层间裂隙承压水，其水质属于清洁水，产生废水主要污染物为悬浮的煤炭与岩石的微粒。涌水经管道送入沉淀池，经沉淀处理后排入中圪垯沟，且对地表水环境的影响较小。

施工中产生的泥浆废水中泥浆含量较高，主要污染物为悬浮物；冲洗水和设备清洗废水的主要污染物为悬浮物，其次是石油类。施工场区设隔油、沉沙池，对施工生产废水进行收集，经过隔油沉淀后作为施工用水回用，不外排。

施工区生活污水主要污染物为化学需氧量(COD)、生化需氧量(BOD)、氨氮、悬浮物(SS)等。施工人员人均日用水量为 30 L，施工人数按高峰期 100 人计，生活污水排放系数取 0.8，高峰日生活污水排放量约 2.4 m³/d，沉淀处理后回用于施工场地防尘洒水，不外排。

(二)运营期地表水环境影响分析

从工程分析可知，本矿投入生产后，项目废水主要为井下排水、地面生活污水、矸石淋溶水等。

1. 生活污水

生活污水采暖期产生量为 59.81 m³/d，非采暖期产生量为 50.45 m³/d。其中食堂废水量为 10.32 m³/d，洗浴废水量为 10.18 m³/d。各类污水经预处理（食堂污水设隔油池，浴室污水设毛发分离器，办公生活污水设化粪池）、调节池、二级生化单元、过滤、消毒处理设施处理后，进入中水池，全部回用于输煤及储煤降尘洒水、场地道路降尘洒水、绿化洒水用水，不外排。因此，生活污水不会对当地地表水体产生不良影响。

2. 矸石淋溶水

项目因瓦沟（煤矸石填沟造地区域）在雨季时将产生矸石淋溶水，为防止矸石淋溶水对地表水体的污染，环评要求挡矸坝下游设置沉淀池。矸石淋溶水经沉淀池处理后复用于因瓦沟（煤矸石填沟造地区域）填沟矸石洒水，不外排。

3. 井下排水

根据矿井水文地质资料，井下正常涌水量为 1 200 m³/d，矿井水经调节池、混凝沉淀、过滤、消毒处理后，满足 GB 50215—2015《煤炭工业矿井设计规范》消防洒水用水水质标准要求（pH 值为 6.5～8.5、SS≤30 mg/L），回用于黄泥灌浆用水、井下消防洒水。剩余部分排入中圪坮沟，排放量采暖期为 155 m³/d，非采暖期为 80.22 m³/d。处理后出水水质符合 GB 20426—2006《煤炭工业污染物排放标准》标准限值及 DB 61/224—2011《黄河流域（陕西段）污水综合排放标准》一级标准限制要求。

为了进一步分析项目排水对地表水环境的影响，本评价采用完全河流、完全混合模型对所排矿井水中污染物进行定量预测分析，公式为

$$C = (C_p Q_p + C_h Q_h)/(Q_p + Q_h) \tag{5-160}$$

式中，C 为污染物预测浓度，单位为 mg/L；C_p 为污染物排放浓度，单位为 mg/L；C_h 为河流上游污染物浓度，单位为 mg/L；Q_p 为废水排放量，单位为 m³/s；Q_h 为河流流量，单位为 m³/s。

采取上述预测模式对采暖期矿井排水污染物进行预测，根据其结果可知，井下排水经处理后，外排水中化学需氧量及石油类预测浓度满足 GB 3838—2002《地表水环境质量标准》中的 Ⅲ 类水域标准限值要求，因此对中圪坮沟地表水环境的影响较小（表 5-35）。

表 5-35 矿井排水污染物预测结果

	类别	化学需氧量	石油类
预测参数	C_p 为污染物排放浓度，单位为 mg/L	30	0.012
	C_h 为河流上游污染物浓度，单位为 mg/L	3.53	0.041
	Q_p 为废水排放量，单位为 m³/s	0.001 8	0.001 8
	Q_h 为河流流量，单位为 m³/s	0.004 5	0.004 5
预测结果	C 为污染物预测浓度，单位为 mg/L	11.09	0.033
	GB 3838—2002 Ⅲ 类标准	20	0.05
达标情况		达标	达标

三、地下水环境影响预测与评价

（一）建设期地下水环境影响分析

工程建设期地下水环境的影响主要为工程施工废水（建筑施工废水和井筒淋水）和生活污水不合理处置与排放对地下水水质的影响。施工废水一般产生于石料冲洗、混凝土搅拌与养

护过程,所含污染物主要为悬浮物。评价要求在施工场地周围设置截污沟,收集施工中排放的各类生产废水和井下排水;工地要设废水隔油、沉淀池,对施工废水进行隔油、沉淀处理,经沉淀后可用于场地、道路洒水和搅拌砂浆等施工环节,沉淀下的固废应与建筑垃圾一起处理。

另外,井巷、井筒施工过程中将穿透部分含水层,会造成含水层水量流失,少量涌水对地下水资源产生一定影响。穿透含水层时应及时封堵,使用阻水性能好且无毒的高标号水泥等材料。少量涌水要排入地面沉淀池,与其他施工生产废水一并处理后回用,达到充分利用水资源的目的。

综上所述,煤矿建设期对地下水环境的影响环节及影响程度均较小,在采取合理措施后,这种不利影响是轻微的、短期的,也是环境可接受的。

(二)煤炭开采对地下水环境影响预测与评价

1. 井下采煤对地下水环境的影响预测

经分析,该井田地下煤层开采后,向上形成的最大导水裂隙带向上最高将影响到延安组第四段地层,受各煤层开采影响的各层段内的地下水会沿导水裂隙带泄漏于井下,并以井下排水的方式排往地面。各岩层内的地下水位会下降,形成比开采范围大的漏斗区,水位最低可降到5-2煤层底板。延安组第四段及其以上的第三系、第四系岩层结构不形成破环影响,因此不会对第四系松散层孔隙潜水含水层的地下水位造成明显影响,仅地下水流场可能随地表沉降发生一定程度的起伏变化。

地下水位的变化是一个动态过程,为更准确地反映这一特征,根据地勘资料,相关参数取值按照最不利因素原则考虑,对首采区、全井田分别计算矿区内地下水水位影响半径,以确定首采区、全井田开采后地下水影响范围。

矿区煤层开采后直接影响的含水层主要为延安组砂岩裂隙承压含水层,5-2煤层为全区可采,开采面积最大,且为本矿井最底一层煤,因此本矿井煤层开采对地下水影响范围主要根据5-2煤层赋存特征计算。根据HJ 610—2016《环境影响评价技术导则 地下水环境》附录中推荐的经验公式估算影响半径、引用半径及引用影响半径。经计算,全井田原煤开采影响半径为55.34 m,引用影响半径为1 241.57 m(表5-36)。

表5-36 本矿井全井田煤层开采影响地下水水位变化区域半径

含水层	计算公式	S/m	$K/(m/d)$	R/m	备注
延安组砂岩裂隙承压含水层	$R = 10S\sqrt{K}$	159.1	0.001 21	55.34	R 值即为沿开采边界外扩距离
	计算公式	F/m^2		R_0/m	
	$r_0 = 0.565\sqrt{F}$	4 408 000		1 186.23	
	$R_0 = R + r_0 = 55.34 + 1 186.23 = 1 241.57 (m)$				

注:R 为影响半径,单位为m;S 为水位降深,单位为m;K 为含水层渗透系数,单位为m/d;r_0 为引用半径,单位为m;F 为基坑面积,单位为m²;R_0 为引用影响半径,其中 $R_0 = R + r_0$。

采煤对地下水质的影响。经分析,井田开采过程中的直接充水含水层为4-3煤层上部及4-3~5-2煤层层间含水层。开采过程中,在煤岩巷道中,地下水泄漏且将产生混合,增加水体悬浮物、化学需氧量和石油类的含量,使原有的水质发生变化。本工程矿井水大部分被综合利用,少量处理达标后外排,对浅层地下水水质影响微小。

2. 煤炭开采对井田范围内采空区积水的影响分析

工作面开采会造成突发性涌水,威胁矿井安全生产。根据矿井原有开采区的充水情况,采空区(3-1煤层)地下水富水性较差,只有西北部(靠近沟谷地区)采空区下伏地层含水。通过对本项目导水裂隙带机型高度预测得知,4-3 煤层开采可能造成的导水裂隙带高度未导通至 3-1 煤层采空区,低于中间隔水层厚度。并且 3-1 煤层采空后,已采用水泥封闭措施。因此,本项目继续开采对原有开采区积水影响较小。

环评要求建设单位在煤炭开采过程中,应做好采空区的探水工作,在靠近采空区时要十分注意探采对比,留足保护煤柱,防止采空区老窑积水突水对矿井安全造成威胁。

3. 因瓦沟对浅层地下水水质的影响分析

因瓦沟(煤矸石填沟造地区域)位于工业场地东北面,占地 1.0 公顷,位于第四系离石黄土层之上,富水性弱;下伏新近系上新统静乐组地层,相对隔水性能较好;侏罗系地层岩性主要为粉砂岩,富水性弱。周边地下水主要受大气降水补给,地下水通过浅表层风化裂隙等流入地势较低的沟谷径流,淋溶液将流入中圪垯沟。

根据该地区附近井田矸石浸出试验监测资料,该地区所有检测项目均符合 GB 8978—1996《污水综合排放标准》一级标准要求及《黄河流域(陕西段)污水综合排放标准》表 1 标准及表 2 中一级标准要求,同时满足《地下水质量标准》Ⅲ类标准要求,即矸石林溶液污染物浓度很低,源强很小。因此,矸石淋溶液不会污染浅层地下水,淋沥废石的雨水对周围水体环境的影响也较小。

另外,为防止矸石淋溶水对地表水体的污染,环评要求挡矸坝下游设置沉淀池,矸石淋溶水经沉淀池处理后复用于因瓦沟(煤矸石填沟造地区域)填沟矸石洒水,不外排。因此对下方径流区域弱含水层内地下水等基本无影响。

四、声环境影响预测与评价

(一)建设期

建设期主要噪声源包括地面工程施工中的噪声源、为井筒及井下施工服务的通风机和压风机。主要施工机械,如推土机、挖掘机、装载机、打桩机、电锯、压风机等,噪声源强为 72~105 dB(A)。根据式(5-108)计算的结果如表 5-37 所示。矿井建设期的机械设备和车辆噪声对周边声环境产生一定影响。

表 5-37 主要施工设备噪声达标距离情况

设备名称	声级/dB(A)	距声源距离/m	评价标准/dB(A)		大超标范围/m	
			昼间	夜间	昼间	夜间
吊车	73	15	70	50	20	200
装载机	85	3	70	50	16	160
挖掘机	77	15	70	50	32	317
推土机	83	15	70	50	64	631
打桩机	105	5	70	50	282	—
混凝土搅拌机	91	1	70	50	12	113
压风机	95	1	70	50	18	178
振捣机 50 mm	93	1	70	50	15	142
电锯	103	1	70	50	45	447
升降机	78	1	70	50	3	26
扇风机	92	1	70	50	13	126
重型卡车或拖拉机	85	7.5	70	50	40	399

(二)运营期

1. 工业场地噪声预测

根据项目工程分析和项目声环境评价范围内声环境保护目标分布情况,拟建工业场地厂界周边 200 m 范围内有对家峁村声环境敏感点,因此场地噪声预测点主要为厂界及评价范围内的对家峁村。

整合后,矿井工业场地选在位于井田东北部,工业场地生产区噪声源有:通风机房的通风机,空压机房的空压机,绞车房的绞车,筛分车间的振动筛,块煤分级站的固定筛,供热站各类泵,机修车间的机加工设备,输煤栈桥的电机,黄泥灌浆站的水泵,生活水处理站的水泵及曝气风机,矿井水处理站的水泵等。根据工业场地建构筑物设计情况,上述这些产噪设备除输煤栈桥电机在室外,其余产噪设备均置于室内。由于有门、窗、墙等"组合墙体"的屏蔽作用,故产噪设备的噪声主要局限在室内。经类比调查,其声压级一般在 85~100 dB(A)之间。工业场地噪声预测源强输入清单如表 5-38 所示,噪声预测点坐标如表 5-39 所示。

表 5-38 主要噪声源输入清单

声源编号	声源 车间	声源 设备	声压级/dB(A)	运行台数/台	降噪措施	排放规律	室内/室外	治理后声压级/dB(A)	点源坐标 (X,Y)
1	通风机房	通风机	100	1	机房隔声,隔声门窗,进出口设置消声器,设减振基础	连续	室内	65	(65,287)
2	空压机房	空压机	95	2	车间隔声,隔声门窗,进气口安装消声器,设减振基础	连续	室内	73	(103,130)
3	绞车房	绞车	85	1	车间隔声,隔声门窗,减振基础	连续	室内	60	(140,228)
4	筛分车间	振动筛	95	1	车间隔声,隔声门窗,选择柔性筛板、减振基础	连续	室内	70	(121,210)
5	块煤分级站	固定筛	95	1	车间隔声,隔声门窗,减振基础	连续	室内	70	(40,40)
6	供热站	各类泵	85	1	泵房隔声,隔声门窗,减振基础	连续	室内	71	(70,102)
7	机修车间	机加设备	98	4	车间隔声,隔声门窗,减振基础	间歇	室内	79	(144,132)
8	输煤栈桥	电机	85	3	加装隔声罩、减振基础	连续	室外	60	(118,204)
9	黄泥灌浆站	泵	85	4	水泵间隔声,水泵与进出口管道间安装软橡胶接头,基础减震处理	连续	室内	66	(32,232)
10	生活水处理站	水泵	85	7	水泵间隔声,水泵与进出口管道间安装软橡胶接头,基础减震处理	连续	室内	69	(309,98)
		风机	85	1	装消声装置、减振处理	连续	室内	60	(309,92)
11	矿井水处理站	水泵	85	16	水泵间隔声,水泵与进出口管道间安装软橡胶接头,基础减震处理	连续	室内	72	(116,244)

注:①以工业场地左下角为坐标原点;②机修车间夜间不工作。

表 5-39 噪声预测点的相对坐标

预测点	预测点坐标/m	
	X	Y
北厂界	174	242
东厂界	338	95
南厂界	75	−1
西厂界	−1	236
对家峁	23	−48

预测方案及模式。根据《环境影响评价技术导则 声环境》中规定,在不能取得声源倍频带声功率级或倍频带声压级,只能获得 A 声功率级或某点的 A 声级时,可用 A 声功率级或某点的 A 声级计算。

计算某个声源在预测点的声压级,公式为

$$L(r) = L(r_0) - A \tag{5-161}$$

式中,$L(r)$ 为点声源在预测点产生的声压级,单位为 dB(A);$L(r_0)$ 为参考位置 r_0 处的声压级,单位为 dB(A);r 为预测点距离声源点的距离,单位为 m;r_0 为参考位置距声源的距离,单位为 m;A 为各种因素引起的衰减量,包括几何发散衰减、声屏障衰减。

计算总声压级:设第 i 个室外声源在预测点产生的 A 声级为 L_{Ai},在 T 时间内该声源工作时间为 t_i;第 j 个等效室外声源在预测点产生的 A 声级为 L_{Aj},在 T 时间内该声源工作时间为 t_j,则拟建工程声源对预测点产生的贡献值(Leqg)可利用式(5-102)计算。

预测结果及分析。本项目厂界噪声预测时,各噪声源均按采取了降噪措施的情况进行预测,结果如表 5-40 所示。

表 5-40 噪声源对厂界声环境影响预测结果

场地名称	预测点名称	厂界贡献值大值/dB(A)		标准值/dB(A)		达标情况	
		昼间	夜间	昼间	夜间	昼间	夜间
工业场地	北厂界	51.3	46.3	60	50	达标	达标
	东厂界	48.3	47.5			达标	达标
	南厂界	49.3	46.2			达标	达标
	西厂界	49.2	47.6			达标	达标

注:①夜间机修车间不工作;②厂界外达标距离取昼、夜间最大值。

在采取降噪措施后,工业场地厂界噪声贡献值昼间为 48.3~51.3 dB(A),夜间为 46.2~47.6 dB(A),各厂界噪声贡献值昼间、夜间均满足《工业企业厂界环境噪声排放标准》2 类标准要求。

本项目敏感点噪声预测时各噪声源均按采取了降噪措施的情况进行预测。敏感点对家峁村预测结果见表 5-41。

表 5-41 噪声源对敏感点声环境影响预测结果

名称	时间	背景值/dB(A)	贡献值/dB(A)	预测值/dB(A)	增加量/dB(A)	标准值/dB(A)	达标情况
对家峁	昼间	53.8	45.6	54.4	0.6	60	达标
	夜间	44.4	42.9	46.7	2.3	50	达标

注:夜间机修车间不工作。

在采取降噪措施后,敏感点对家峁村噪声预测值昼间为 54.4 dB(A),夜间为 46.7 dB(A),增加量昼间为 0.6 dB(A)、夜间为 2.3 dB(A),预测值昼间、夜间均满足《声环境质量标准》2 类标准要求,加之工业场地与对家峁之间有山体相隔,进一步减小了噪声对声敏感点影响。

2. 运煤道路噪声对外环境的影响

项目运煤道路主要是工业场地至洗煤厂的道路,路面条件较好。道路沿线分布有新窑村环境敏感点。道路日最大外运量按 1 818 吨计,车型选择载重 15 吨汽车,并确定其为主导车型,则日车辆次约 122 辆,道路双向最高运量为 244 辆。车流量相对较大,交通噪声按单辆车进行预测,预测模式选用点源模式,单辆车噪声级按 3.5 m 处实测值 85 dB(A)计,车辆运行中两侧不同距离处的噪声级预测结果如表 5-42 所示。

表 5-42 交通噪声影响范围及噪声级

距离/m	5	10	20	30	50	60	80	100	150	200
噪声级/dB(A)	81.9	75.9	69.9	66.3	61.9	60.3	57.8	55.9	52.4	49.9

运输道路交通噪声昼间的影响范围约 60 m 以内,夜间影响范围可达 200 m。新窑村大部分居民距离运煤道路 200 m 以外,距离运煤道路在 60 m 范围内只有 6 户居民,因此运煤道路交通噪声对道路沿线居民(新窑村)昼间影响很小,夜间对少数临路居民产生影响。环评要求建设单位加强运输过程管理,将运煤车辆集中在昼间,夜间禁止运营,尽量少鸣笛,限制车速,将车辆噪声影响降至最低。

五、生态影响预测与评价

(一)建设期生态影响分析与保护措施

1. 建设期已开工区域生态环境影响分析

工业场地北边界集中布置有主斜井、副斜井及回风斜井。项目主要建设内容有主体工程、辅助工程、公用工程、储运工程、环保工程等。工业场地施工平整、基础开挖、临时堆放弃土及建筑物建设等破坏地表植被,影响局部自然景观,施工弃土、弃渣造成水土流失。此外,施工过程中产生的施工扬尘、施工噪声等都会对周边生态环境造成一定程度的影响,主要是影响工业场地周边灌林草的光合作用,降低植物的生产能力。

新建场地内植被类型均为常见植物,工程施工不会对当地植物群落的种类组成产生影响,也不会造成植物物种的消失。另外,随着工业场地内植被的绿化,将在一定程度上缓解项目占地造成的生态影响。

2. 后续工程施工期生态影响分析

工业场地施工影响分析。工业场地位于井田东北部,利用原府新煤矿工业场地扩建而成,新增占地类型为旱地、草地。建设期对生态环境带来的不利影响主要体现在局部地区植被覆盖度减少、水土流失加剧及项目建设压占部分草地、旱地。

因瓦沟(煤矸石填沟造地区域)施工影响分析。施工开挖,扰动地表,破坏植被,造成水土流失。建设期因瓦沟作为弃土场,弃土、弃渣的堆放占压土地、破坏植被、影响局部自然景观。此外,施工产生的施工扬尘、施工噪声等会对周边生态环境造成一定程度的影响。

道路施工影响分析。工程道路施工包括对外道路及场内道路建设。道路施工场地开挖、平整及设备材料堆放使地面裸露,破坏原地貌具有水土保持功能的植被和草结皮等。此外,由于工程材料堆放、机械碾压、人员践踏等工程行为,导致土壤板结等物理性能恶化,土壤水分下渗率减少,土壤有效持水量减少,地表植被破坏。这些在短期内必将对沿线生态系统带来一定的不利影响,加剧沿线地区人、地之间的矛盾。

井下掘进工程弃土、弃石的影响分析。井下掘进工程将产生大量的弃土、弃石。弃土、弃石可用作筑路、填垫工业场地等,多余部分运往现有的因瓦沟,充填荒沟。建设期间井下掘进工程产生的弃土、弃石造成大量的土石方搬移,将形成新的水土流失。

建设期对土地利用的影响。主要是工程建设占地的影响。工程建设永久占地的影响是不可逆的,而临时占地的影响是可逆的,在一定时间后可恢复到自然状态。

(二)地表沉陷治理和生态环境综合整治

生态恢复目标可达性保障措施包括地表沉陷防治、减缓与恢复措施。为减轻煤层开采对地表沉陷的影响、保护含水层,建议在该井田根据地层覆存情况,结合敏感目标(如村庄、地表及地下含水层等)的性质和分布情况,在有条件时试行保护性开采技术,从开采源头减轻地表移动和变形对环境的影响。基础设施的保护措施如下:①采前对井田内涉及的所有存在留设保护煤柱;②设计已考虑对工业场地、井田边界、采区边界、井筒、主要大巷、采空区等留设保护煤柱,矿井建设和生产中应严格按照设计要求留设煤柱,确保工业场地、开采区内及边界外附近村庄、建筑的安全;③对整合区内的井田内输变电线路、通信线路、矿区联络公路及乡间道路,采取采前加固、采后修复或重修相结合的综合措施加以治理;④井田内的地表水体主要为雷草畔沟、中圪埫沟,均属孤山川上游,均为季节性沟流,环评要求根据采煤沉陷程度的不同,对沟谷处地面沉陷裂缝采取填补等处理措施,减轻沉陷对井田内沟谷的影响。煤矿开采引起的地表沉陷主要是对土地资源的破坏及对植被的影响,对开采引起的土地沉陷、裂缝等由地方组织人员平整、充填,恢复耕地的使用能力。对变形造成的植被倾倒、死亡等,矿方应会同地方有关部门及时组织人员扶栽,无法扶栽的要补种幼林或视破坏程度给予补偿。采后恢复措施的对象包括因地表沉陷和变形而受到影响的地面建筑物、构筑物及民居建筑物等,矿方应组织人员及时维修和养护;因地表塌陷造成的农耕地、林木、通信设施等的破坏,矿方应根据具体情况协助产权单位进行修复、补偿,必要时给受损者经济赔偿。

土地复垦及生态综合整治方案。整治任务过程应贯穿于矿井开发期的全过程,即土地复垦按照边开发、边整治、边保护的模式实施。根据不同的土地利用类型,采取不同的复垦与生态综合整治方案。对于沉陷区内的林地和草地,采取以人工或简单机械整治受影响土地,辅以自然恢复;对于在低缓坡度的沟流阶地和山间、原顶缓平低洼地区域的耕地,采取人工和简单机械填堵裂缝、整平沉陷台阶等措施进行土地复垦;对于宽缓较平坦区块的耕地,采取以人工和重型机械填堵裂缝、整平沉陷台阶等措施进行整治受影响土地,使之恢复原土地利用功能。

基本农田的整治原则及方案。井田内的耕地虽为低产的旱耕地,但由于本区人口密度较大,且以农业生产为主,当地政府把90%的旱耕地全列为基本农田。全区凡是连片且较易耕作的耕地全定为基本农田,只是零星分布且不易耕作的沟破碎块地才没有划为基本农田。因此,井田耕地的整治实际上也是基本农田的整治。

整治方案就是土地复垦,通过沉陷区人工或机械整平台阶、填堵裂缝等,恢复原耕地的使用功能,确保原耕地(基本农田)不荒废,且仍能有效耕作,并获得较好的农业收成。

根据地表沉陷预测分析结果,本评价制定出复垦任务与矿区土地综合整治规划目标

(表 5-43)及综合整治总体规划(表 5-44)。

表 5-43 井田沉陷土地复垦任务与目标

	指标名称	目标值			
整治任务	全井田破坏土地 (水域、裸地不在复垦范围之内)	复垦面积 /公顷	392.61	耕地/公顷	124.41
				草地/公顷	191.51
				林地/公顷	76.69
整治目标	扰动土地治理度/%	100			
	重度沉陷区	土地恢复原土地功能的生产能力			
	严重沉陷区	土地基本满足原土地利用功能			
	林草植被恢复率/%	>98			
	土壤侵蚀模数/(吨/公顷·年)	5 000~6 000			

表 5-44 沉陷区土地综合整治规划

	时段	保护重点	主要措施	责任人	资金来源
生产运行期间	前期(0~3 年)	建设区水土流失防治与植物措施养护	落实水土保持方案与监测、管理措施	业主	企业资金
	中期(4~10 年)	沉陷区土地功能恢复与生态综合整治	裂缝充填,土地平整,农业综合开发等		
	后期(10 年后)	全井田土地功能恢复与生态综合整治			
服务期满后			管护沉陷区工程与植物措施,工业场地恢复植被与景观原貌	政府	企业资金

工业场地及场界绿化应选择适合本地区生长的物种,主要参考的树(草)种如下:乔木可选择侧柏、刺柏、灰榆,灌木可选择沙柳、柠条、油蒿、花棒等,草本植物可选择黄花蒿、沙鞭、硬质早熟禾等。场地内以绿化美化物种为主,采取灌、草相结合的布置方案;场界绿化主要选种高大乔木,以达到防风降尘、绿化降噪、保护环境的目的。

村庄保护建议计划。经调查,井田范围内仅涉及对家峁、新窑村及大路梁 3 个村庄,居民房屋以砖混结构为主,生活饮用水以打井取水为主(表 5-45)。本井田范围内有 3 个村庄,总户数 96 户、总人口 386 人。在开采布置时,对井田内村庄均留设保安煤柱。

表 5-45 井田范围涉及的村庄一览

序号	村庄名称	户数/户	人数/人	饮用水来源	经济来源	人均收入/[元/(人·年)]
1	对家峁	45	169	打井取水	运输、打工、种地、养殖	7 500
2	新窑村	23	97	打井取水		7 250
3	大路梁	28	120	打井取水		7 000
	合计	96	386	—	—	

生态补偿。根据《陕西省煤炭石油天然气资源开采水土流失补偿费征收使用管理办法》,目前,本区的生态恢复采用建设单位按煤 5 元/吨的指标缴纳生态补偿费(不含排污费),每年共计缴纳生态补偿费 300 万元,由地方有关部门统一安排实施地表沉陷生态恢复综合措施。建设单位应按有关规定积极、按时缴纳生态补偿费;建立责任制,保证企业与政府管理部门的协调渠道畅通;在补偿费率有变化调整时应足额交纳。

第六章　环境影响评价报告编写

第一节　环境影响评价报告内容

一、环境影响评价报告

环境影响评价报告是环境影响评价工作的书面总结，主要包括环境影响评价登记表、环境影响报告表、环境影响报告书三类。

二、环境影响评价报告主要内容

(一)环境影响评价登记表

环境影响评价登记表除其中的审批意见外，都由建设单位填写，在封面应注明项目名称、建设单位和登记表的编制日期，如表 6-1 所示。

表 6-1　建设项目简况

项目名称				
建设单位				
法人代表		联系人		
通信地址省(自治区、直辖市)市(县)				
联系电话		传真	邮政编码	
建设地点				
建设性质	新建□　改建□　扩建□	行业类别及代码		
占地面积/m²		使用面积/m²		
总投资/万元		环保投资/万元	投资比例	
预期投产日期		预计年工作日		天
一、项目内容及规模				
二、原辅材料(包括名称、用量)及主要设施、数量(包括锅炉、发电机等)				
三、水及能源消耗				
名称	消耗量	名称	消耗量	
水/(吨/年)		燃油/(吨/年)	重油	轻油
电/(千瓦/年)		燃气/(标立方米/年)		
燃煤/(吨/年)		其他		
四、废水□　工业废水□　生活废水□　排水量和排放去向				
五、周围建设情况				
六、生产工艺流程简述(如有废气、废渣、废水、噪声产生，必须明确标出生产环节，并使用文字说明)				
七、拟采取的防治污染措施(包括建设期、运营期)				
八、审批意见				
经办人签字		(公章)		
		年　　月　　日		

(二)环境影响报告表

环境影响报告表的主要内容包括:①建设项目基本情况;②建设项目所在地自然环境、社会环境简况;③环境质量状况(主要环境问题及主要环保目标);④评价适用标准;⑤建设项目工程分析;⑥建设项目主要污染物产生及预计排放情况;⑦环境影响分析;⑧建设项目拟采取的防治措施及预期治理效果;⑨结论与建议。给出建设项目清洁生产、达标排放和总量控制的分析结论,确定污染防治措施的有效性,说明建设项目对环境造成的影响,给出建设项目环境可行性的明确结论。

(三)环境影响报告书

环境影响报告书是环境影响评价程序和内容的书面表现形式之一,主要内容如下:

1. 总则

①结合评价项目特点和环境影响报告书目的;②编制依据包括项目建议书、评价大纲及其审查意见、评价委托书(合同)或任务书等;③采用标准包括国家标准、地方标准或拟参照的国外有关标准;④控制污染与保护环境的目标。

2. 建设项目概况及工程分析

①建设项目的名称、地点及建设性质;②建设规模(扩建项目应说明原有规模)、占地面积及厂区平面布置(应附平面图);③职工人数和生活区布局;④主要原料、燃料及其来源,储运和物料平衡,水的用量与平衡,水的回用情况;⑤主要产品方案及工艺过程(附工艺流程图);⑥排放的废水、废气、废渣、颗粒物(粉尘)、放射性废物等的种类、排放量和排放方式,以及其中所含污染物种类、性质、排放浓度,产生的噪声、振动的特性及数值等;⑦废弃物的回收利用、综合利用及处理、处置方案;⑧交通运输情况及场地的开发利用。

3. 建设项目周围地区的环境现状

①地理位置(应附平面图);②地质、地形、地貌和土壤情况,河流、湖泊(水库)、海湾的水文情况,气候与气象情况;③大气、地表水、地下水和土壤的环境质量状况;④矿藏、森林、草原、水产和野生动物、野生植物、农作物等情况;⑤自然保护区、风景游览区、名胜古迹、温泉、疗养区及重要的政治文化设施情况;⑥社会经济情况,包括现有工矿企业和生活居住区的分布情况、人口密度、农业概况、土地利用情况、交通运输情况及其他社会经济活动情况;⑦人群健康状况和地方病情况。

4. 环境影响预测与评价

①预测的时段、范围、内容、方法、结果及其分析和说明;②建设项目环境影响的特征、范围、程度和性质,如要进行多个厂址的优选时,应综合评价每个厂址的环境影响,并进行比较和分析;③环境保护措施的评述及其经济、技术论证,并提出各项措施的投资估算(列表);④环境影响经济损益分析;⑤环境监测制度及环境管理、环境规划的建议;⑥有些项目要做风险评价,要求有公众参与,有的项目生态评价是重点。

5. 结论

(1)简要说明建设项目的影响源及污染源状况。根据评价中工程分析结果,简单明了地说明建设项目的影响源和污染源的位置、数量,污染物的种类、数量、排放浓度、排放量、排放方式等。

(2)概括总结环境影响的预测和评价结果。结论中要明确说明建设项目实施过程各阶段在不同时期对环境的影响及其评价。特别要说明叠加背景值后的影响。

(3) 对环保措施的改进建议。报告书中如有专门章节评述环保措施(包括污染防治措施、环境管理措施、环境监测措施等)时,结论中应有该章节的总结。如报告中没有专门章节时,在结论中应简单评价拟采用的环保措施。同时,还应结合环保措施的改进与执行,在实施过程的各不同阶段,说明建设项目能否满足环境质量要求的具体情况。

第二节 环境影响评价报告编写要求

一、环境影响评价报告编写资质要求

为规范建设项目环境影响报告书和环境影响报告表(以下简称环境影响报告书(表))编制行为及其监督管理,维护环境影响评价技术服务市场秩序,保障环境影响评价工作质量,根据《中华人民共和国环境影响评价法》和《建设项目环境保护管理条例》,制定《建设项目环境影响报告书(表)编制监督管理办法(征求意见稿)》。

办法指出建设单位可以委托技术单位对其建设项目开展环境影响评价,编制环境影响报告书(表);建设单位具备环境影响评价技术能力的,可以自行对其建设项目开展环境影响评价,编制环境影响报告书(表)。接受委托的技术单位不得与负责审批环境影响报告书(表)的生态环境主管部门或者其他有关审批部门存在任何利益关系。任何单位和个人不得被建设单位指定为其编制环境影响报告书(表)的技术单位。

(一)编制总体要求

编制单位和编制人员应当坚持公正、科学、诚信的原则,遵守国家有关环境影响评价法律法规、标准和技术规范,确保环境影响报告书(表)内容真实、客观、全面和规范。

(二)编制单位要求

接受委托为建设单位编制环境影响报告书(表)的技术单位应当为企业法人或者核工业、航空和航天行业的事业单位法人。自行编制环境影响报告书(表)的建设单位应当为独立法人。

下列单位不得编制环境影响报告书(表):①生态环境主管部门或者其他有关审批部门设立的事业单位和作为业务主管单位或者挂靠单位的社会组织,以及受生态环境主管部门或者其他有关审批部门委托、开展环境影响报告书(表)技术评估的单位;②第一项中的事业单位、社会组织及技术评估单位出资的企业法人;③第二项中的企业法人出资的企业法人。

编制单位应当按规定在信用平台公开本单位基本情况、统一社会信用代码等基础信息。公开的基础信息发生变化的,编制单位应当在30个工作日内更新相关信息。鼓励编制单位在信用平台公开技术成果、保障条件等技术能力信息。编制单位应当对所公开信息的真实性和准确性负责。

(三)编制人员要求

编制人员应当为编制单位中具备环境影响评价技术能力的全职人员。编制主持人应当具备环境影响评价工程师职业资格。

编制人员应当按规定在信用平台公开本人的基本情况、从业单位等基础信息,并取得信用编号。公开的基础信息发生变化的,编制人员应当在30个工作日内更新相关信息。鼓励编制人员在信用平台公开教育背景、工作业绩等技术能力信息。编制人员应当对所公开信息的真

二、环境影响报告编写遵循原则

环境影响评价报告编写时应遵循下述原则：①环境影响报告书应该全面、客观、公正、概括地反映环境影响评价的全部工作；②评价内容较多的报告书，其重点评价项目另编分项报告书；③主要的技术问题另编专题报告书；④文字应简洁、准确，图表要清晰，论点要明确。

环境影响报告书应根据环境和工程特点及评价工作等级，选择下列全部或部分内容进行编制。

(1)总则。结合评价项目的特点阐述编制环境影响报告书的目的、编制依据，明确评价采用标准、控制污染与保护环境的目标。

(2)建设项目概况包括建设项目的名称、地点及建设性质，建设规模、占地面积及厂区平面布置，土地利用情况和发展规划，产品方案和主要工艺方法，职工人数和生活区布局等。

(3)工程分析包括主要原料、燃料及其来源和储运、物料平衡、水的用量与平衡、水的回用情况。工艺过程包括废水、废渣、放射性废物等的种类、排放量和排放方式，以及其中所含污染物种类、性质、排放浓度，产生的噪声、振动的特性及数值等，废弃物的回收利用、综合利用和处理、处置方案，交通运输及场地的开发利用等。

(4)建设项目周围地区的环境现状。

(5)环境影响预测包括：预测环境影响的时段，预测范围，预测内容及预测方法，预测结果及其分析和说明。

(6)评价建设项目的环境影响。

(7)环境保护措施的评述及技术经济论证，提出各项措施的投资估算。

(8)环境影响经济损益分析。

(9)环境监测制度及环境管理、环境规划的建议。

(10)环境影响评价结论。

三、环境影响报告编写格式要求

(一)环境影响评价登记表

附图要求包括：①项目地理位置(应反映行政区划、水系、标明纳污口位置和地形地貌等)；②项目平面布置图。

(二)环境影响评价报告表

1. 附件要求

附件要求应包括立项批准文件、其他与环评有关的行政管理文件、项目地理位置图(应反映行政区划、水系、标明纳污口位置和地形地貌等)、项目平面布置图。

2. 附图要求

附图要求应包括项目地理位置(应反映行政区划、水系、标明纳污口位置和地形地貌等)、项目平面布置图。

(三)环境影响评价报告书

1. 附件要求

报告书中常见的附件：①环境质量现状监测原始数据文件(电子版或文本复印件)；②气象

观测资料文件(电子版),并注明气象观测数据来源及气象观测站类别;③预测模型所有输入文件及输出文件(电子版),包括气象输入文件、地形输入文件、程序主控文件、预测浓度输出文件等。

报告书必附的附件有:①环评委托书;②对列入备案项目名录的项目,附企业投资项目备案表;③省辖市环保局出具的关于环评文件执行标准的意见;④涉及相关政府部门出具的文件(政府环保搬迁、城市规划、土地、水保、南水北调、安全、文物、自然保护区、风景名胜区等管理部门的相关文件等);⑤环保搬迁计划及方案、企业承诺书等;⑥公众参与会议纪要及签名、有代表性的公众参与调查表(三份以内)等;⑦建设单位对项目公众参与意见采纳或不采纳的说明文件;⑧建设单位对现有工程存在环保问题出具的整改方案与承诺;⑨专家评审意见及专家组成员名单;⑩《报告书》修改说明或清单;⑪环评审批登记表、清洁生产登记表;⑫开展环境监测的,附监测单位资质文件;⑬需要确定固废性质、种类的,附固废成分分析报告。

报告书另需单独提供的附件有:①环境监测报告;②存在未批先建行为,确定下达处罚决定的建设项目,应提供处罚文件、缴费发票、当地环保部门监管意见、企业守法承诺等原件(除缴费发票);③涉及相关政府部门出具文件(政府环保搬迁、城市规划、土地、水保、南水北调、安全、文物、自然保护区、风景名胜区等管理部门的相关文件等)的原件;④环保搬迁计划及方案、企业承诺书等原件;⑤环境保护行政主管部门的总量核定文件原件;⑥省辖市环保局关于《报告书》的审查意见原件。

报告书不必提供的附件:①固废、危废处置及综合利用协议;②工程供水、供电、供汽协议;③原辅材料供应协议及成分分析报告;④副产品销售协议;⑤企业与搬迁户的搬迁协议;⑥公众参与公示简本;⑦当地政府对项目建设支持文件、会议文件、协调文件等(表 6-2)。

表 6-2 基本附件要求

序号	名称	一级评价	二级评价	三级评价
1	环境质量现状监测原始数据文件	√	√	√
2	气象观测资料文件	√	√	
3	预测模型所有输入文件及输出文件	√	√	

2. 附表要求

报告书中常见的附表包括:①采用估算模式计算结果表;②污染源调查清单表,包括污染源周期性排放系数统计表、点源参数调查清单、面源参数调查清单、体源参数调查清单、颗粒物粒径分布调查清单等;③常规气象资料分析表,包括年平均温度的月变化、年平均风速的月变化、季小时平均风速的日变化、年均风频的月变化、年均风频的季变化及年均风频等;④环境质量现状监测分析结果;⑤预测点环境影响预测结果与达标分析(表 6-3)。

表 6-3 基本附表要求

序号	名称	一级评价	二级评价	三级评价
1	采用估算模式计算结果表	√	√	√
2	污染源调查清单	√	√	
3	环境质量现状监测分析结果	√	√	√
4	常规气象资料分析表	√	√	
5	环境影响预测结果达标分析表	√	√	

3. 附图要求

报告书中常见的附图包括:①污染源点位及大气环境敏感区分布图,包括评价范围底图、评价范围、项目污染源、评价范围内其他污染源、主要大气环境敏感区(大气环境保护目标)、地面气象台站、探空气象台站、环境监测点等;②基本气象分析图,包括年、季风向玫瑰图等;③常规气象资料分析图,包括年平均温度月变化曲线图、温廓线、平均风速的月变化曲线图和季小时平均风速的日变化曲线图、风廓线图等;④复杂地形的地形示意图;⑤污染物浓度等值线分布图,包括评价范围内出现区域浓度最大值(小时平均浓度及日平均浓度)时所对应的浓度等值线分布图,以及长期气象条件下的浓度等值线分布图(表 6-4)。

表 6-4 基本附图要求

序号	名称	一级评价	二级评价	三级评价
1	污染源点位及大气环境敏感区分布图	√	√	√
2	基本气象分析图	√	√	√
3	常规气象资料分析图	√	√	
4	复杂地形的地形示意图	√		
5	污染物浓度等值线分布图	√	√	

第七章　案例分析

第一节　四川芙蓉集团筠连矿区武乐煤矿

一、项目概况

(一)矿区介绍

武乐煤矿位于国家规划的 13 个煤炭基地之一——云贵基地筠连矿区，行政区划属于四川省宜宾市筠连县。

武乐煤矿井田面积约为 27.6 km^2。含煤地层全区可采和局部可采煤层共 6 层，将井田内硫分大于 3％的煤炭资源划为暂不利用资源，仅开采 2 号、8 号和 9 号煤层。扣除高硫部分煤炭资源后，井田工业储量为 8 783.91 万吨，设计可采储量为 7 030.63 万吨，设计开采煤层总厚度为 4.16 m，煤层倾角为 5°～20°，平均深度为 50～700 m。开采原煤属于中—富灰、特低—中硫、特低—低磷的低变质无烟煤，各煤层平均含硫量为 0.61％～2.52％，煤中有害元素砷含量较低。原煤经洗选后主要产品为电煤，定点供应四川华电珙县电厂，另有 12.2 万吨精煤作为化工用煤。本矿井瓦斯平均涌出量 22.89 m^3/min，属于高瓦斯矿井，设有地面固定式瓦斯抽放站，矿井建设期采用先抽后采方式，矿井投产初期，瓦斯可作为武乐煤矿工业场地锅炉燃料和生活燃料，后期用于发电。

武乐煤矿由四川芙蓉集团实业有限责任公司投资建设，建设内容为矿井及地面加工生产系统，属新建工程。矿井设计生产能力为每年 90 万吨，配套建设同等规模的选煤车间和 700 m 铁路专用线。矿井服务年限为 55.8 年，建设工期为 41.5 个月。

井田开拓选择斜井多水平开拓方式，全井田划分为 2 个水平，15 个采区。武乐煤矿的首采区水平标高为+300 m。首采区为北一、南一两个采区，面积 5.81 km^2，服务年限为 17 年。矿井采用走向长壁采煤方法，全部陷落法管理顶板，分区抽出式通风方式。项目投产时在工业场地布置三条井筒(主斜井、副斜井和行人斜井)，并配套建设地面生产系统、选煤车间、矿井水、生活污水处理站及行政福利设施等。武乐煤矿原煤可选性为中等—难选煤，设计采用洗选性能好的无压三产品重介质旋流器选煤工艺。煤炭产品主要依靠铁路运输。

矿井生产用水一部分利用处理后的矿井水，其余由巡司镇供应；工业场地采暖热源来自工业场地锅炉房；主供电源为 10 kV 电源线路，由巡司镇变电站 110 kV 变电站接引。

矿井工业场地位于巡司镇铁索桥锌厂湾。项目总占地 27.22 公顷，其中主斜井工业场地占地 11.41 公顷，占地类型主要为林草地和坡耕地，无基本农田。武乐煤矿建设占地需搬迁居民 13 户 46 人，其中工业场地搬迁 10 户，铁路专用线搬迁 3 户。

矿井定员 1 505 人，年工作日 330 天。矿井建设总投资 52 837 万元，其中环境保护投资 2 861.22 万元，占项目建设总投资的 5.42％。

(二)分析

首先应明确煤矿是否在国家规划的大型煤炭基地和规划矿区内。其次要介绍煤矿地理位置,井田储量,煤炭种类及相关指标(硫分、瓦斯含量),煤层埋深,开采工艺,煤炭加工工艺、用途、用户和外运方式,工业场地和矸石场地选址、占地情况,矿井设计服务年限,总投资、环保投资及施工期年限。工程分析章节还应分析污染物源强、排放浓度及与标准的符合情况、拟采取的环保措施及综合利用途径等。

二、环境现状

(一) 自然环境现状

筠连矿区南邻云贵高原,北临四川盆地,地势南高北低,山峦重叠,沟谷纵横,地形复杂多样,由山地、丘陵和山间平坝构成,以中高山地形为主。武乐井田地形总的趋势南高北低,在二叠系阳新石灰岩大面积出露地区岩溶地貌十分发育,井田北缘巡司铁厂附近有溶蚀平坝。沿飞仙关地层出露的反向陡坡上,常形成大面积滑坡和崩塌。

筠连矿区地表水系属于长江支流南广河水系,武乐井田范围内地表水体主要为巡司河和巡司河支流两河口。巡司河流向为由南向北,流域面积为 424.5 km², 流量为 0.37~146.6 m³/s,入南广河多年平均流量为 11.5 m³/s。大罗瓦河全长为 10.2 km,汇水面积为 77.4 km²,多年平均流量为 2.29 m³/s。

武乐井田位于武德向斜北西翼,为地层稍有变化的单斜构造,其走向由近南北向逐渐转为近东西向。浅部倾角为 18°~26°,深部倾角仅 4°~6°。武乐井田出露的地层由新至老有第四系;三叠系中统雷口坡组,下统嘉陵江组、铜街子组、飞仙关组;二叠系上统宣威组、峨眉山玄武岩组,下统茅口组、栖霞组、梁山组;志留系中统韩家店组。本井田构造属中等偏简单型。井田范围内断层距大的有 3 条,隐伏小断层 59 条,小断层多发育在宣威组上段,含水性弱,对矿井的影响小。对深部煤层有破坏作用的断层(F_{89}、F_5)均位于井田边界。井田内滑坡较为发育,主要有 H1、H2 和 H6 三个滑坡体。

主要可采煤层赋存于宣威组上段,煤层顶板为飞仙关组强含水层,底板为宣威组下段隔水层。阳新灰岩为筠连矿区的地下水输送通道,阳新灰岩包括茅口组(P_1m)和栖霞组(P_1q),厚度为 536.7 m;出露于矿区南端、西缘和东部乐义等地,出露面积为 82 km²。该含水层岩溶极发育,地表形成溶斗、落水洞、溶蚀洼地、槽谷等形态,并在构造带附近发育溶洞和暗河。在巡司—新场有地下热水富集带,分布面积为 40 km²。巡司是本区阳新灰岩地下水集中排泄区,有镇舟—大鱼洞主径流带循环水出露的温泉、大鱼洞泉、冷水泉等,有筠连矿区西缘落㵲沱—凉风洞浅层管道流出口凉风洞,有西北部古楼坝—小鱼洞浅层管道流出口小鱼洞等。

评价范围内井泉较多,达 60 个,其中未利用井泉为 35 个,是附近河流溪沟的补给水来源,具有饮用水源功能的井泉为 14 个,具有灌溉水功能的井泉为 11 个。井泉主要分布在三叠系下统嘉陵江组、铜街子组、飞仙关组及二叠系上统宣威组的含煤地层。

气候特征:筠连矿区属亚热带季风气候区,气候温暖潮湿,冬季多雨和雾,冬末有小雪,偶见冰冻。常年平均气温在 16.8~18.2℃,年均降雨量为 1 000~1 200 mm,年平均风速为 1.5 m/s。

旅游发展规划:针对筠连县境内岩溶温泉景观特点,四川省人民政府以川府发〔1995〕17 号文确认了筠连岩溶风景区为省级风景名胜区。筠连县地处川南,位于四川、云南、贵州三省交界处,交通不便,地理位置偏僻,地方经济欠发达,风景区至今没开发。筠连县政府正在组织风景名胜区规划的编制工作。规划将在保护区范围与煤矿开采边界之间预留足够的缓冲带。

原来的岩溶湖湖面约 1 km²,20 世纪 70 年代被当地居民围垦造田,已变为农田并有约 100 余户居民居住,筠连县政府拟规划恢复原有景观。

犀牛泉距武乐煤矿边界 4.5 km;望月泉距武乐煤矿井田边界 4.4 km;规划的岩溶风景区核心区位于筠连县古楼、瓦店一带,核心区距武乐煤矿井田边界 6.4 km;岩溶风景区核心区内的岩溶湖距武乐煤矿井田边界最近距离为 8.1 km。

(二)社会环境现状

武乐煤矿位于四川省宜宾筠连县。筠连县域面积 1 256 km²,辖 9 个镇 11 个乡、255 个村,总人口 380 037 人,其中非农业人口 39 590 人。巡司镇有 22 个村,总人口 45 134 人,其中非农业人口 4 079 人。

筠连县以农业生产为主,工业企业主要以煤矿、水泥厂、砖厂和小电厂为主。工程建设涉及的巡司镇、大乐及武德乡以农业生产为主,人均耕地 0.8~1.1 亩(667 m²),人均纯收入 2 414 元/年。

(三)环境质量现状

1. 生态现状

评价区位于云贵高原与四川盆地过渡区,属中低山地貌。区内以农田生态系统为主,其次为林地和灌草生态系统。植被类型以栽培植被为主,面积为 44.41 km²,占评价区总面积的 73.61%;中覆盖度植被面积为 36.85 km²,占评价区总面积的 61.09%;耕地和草地面积分别为 43.51 km² 和 8.7 km²,占评价区总面积的 72.12% 和 14.44%。评价区为土壤中度侵蚀区,以水力侵蚀为主,面积约为 36.44 km²,占评价区总面积的 60.40%,区内基本农田面积为 2 906.63 公顷。生态系统组成与结构比较简单,野生动物种类较贫乏。井田范围内无自然保护区和风景名胜区。

2. 地下水质量现状

评价区共有 60 个井泉,其中 14 个为居民饮用水源,11 个具灌溉功能。16 个井泉水质监测结果表明,除红星村邹家测点铁、锰及小河村 1 组测点锰超过 GB/T 14848—2017《地下水质量标准》Ⅲ类标准外,其余各项监测指标均达到标准要求。

3. 地表水质量现状

现状监测结果表明,巡司河 4 个水质监测断面中,除工业场地排污口上游 100 m 监测断面总磷有超标现象外,其他监测因子均满足 GB 3838—2002《地表水环境质量标准》中Ⅲ类水质标准要求。

4. 声环境现状

环境噪声现状监测结果表明,各测点昼、夜监测值均符合 GB 3096—2008《声环境质量标准》2 类标准要求,区域声环境质量良好。

5. 大气环境质量现状

现状监测结果表明,总悬浮微粒、二氧化氮浓度均满足 GB 3095—2012《环境空气质量标准》二级标准要求,二氧化硫(SO_2)小时浓度满足二级标准要求;个别测点二氧化硫日均浓度超标率为 25%,最大超标倍数为 0.02,超标原因主要为采暖期监测受农户生活和采暖燃煤所致。

(四)分析

本小节环境现状的描述围绕煤矿开采可能带来的环境影响状况,重点从矿区周围的地形地貌、生态系统特征、地质构造、水文地质条件、矿区周围的社会环境、旅游发展规划、环境质量现状等角度,对煤矿周围的环境状况作了详细描述。

三、环境影响识别

(一)环境对工程的制约因素

通过对工程所在区域自然环境、社会环境和环境质量现状的分析,可了解环境对工程的制约因素,进而明确项目建设重点关注的问题(表7-1)。

表7-1 环境对工程的制约因素识别

环境要素	对工程的制约程度
地形地貌	井田地处山区,地形起伏变化大,工业场地选址困难,制约布局
地方煤矿	井田区煤层底板下有含水丰富、岩溶广布的阳新灰岩地层,武乐井田煤露头区域分布大量地方煤矿,使武乐煤矿开采存在漏水风险,对工程建设有制约作用
地表水资源	矿井开采可能使巡司河河水在井田区内的部分河段漏失,对工程建设有较大制约作用
农田	巡司镇山地多、平坝少,人均耕地少,土地复垦指数高,煤矿的建设将加剧人多地少的矛盾,农业生产对矿井开采有制约作用
环境质量	该区工业不发达,环境质量对采矿制约小

(二)工程建设的环境影响识别

工程建设生产活动与环境影响因子及影响程度分析(表7-2)。

表7-2 对各环境要素的影响因子及影响程度

环境要素	污染因子	井下采煤	矿井通风系统	排矸系统	煤储存、洗迁、转输	锅炉房	工业场地	现状评价因子筛选	预测评价因子筛选
大气环境	TSP	M		M	M		S	√	√
	SO$_2$								√
	NO$_2$								√
地表水	pH					S	S	√	
	SS	L			S		M	√	√
	COD	S					M	√	√
	BOD$_5$						M	√	√
	硫化物	S							
	氨氮						S	√	
	细菌指标						S	√	
	石油类						S		
地下水	pH	S				S	S	√	
	总硬度	S						√	
	氟化物	S		S				√	
	总砷	S					S	√	
	细菌总数	S					S	√	
	硫化物	S					S		
	氯化物	S							
	汞	S					S		
	铁	S					S		

续表

环境要素	污染因子	井下采煤	矿井通风系统	排矸系统	煤储存、洗迁、转输	锅炉房	工业场地	现状评价因子筛选	预测评价因子筛选
噪声	Leq	M	L	M	M	S	M	√	√
固废	矸石	M		M					√
	生活垃圾						S		√
生态影响	地表水资源	M						√	
	森林植被	M		S			S	√	√
	灌草植被	M		S			S	√	√
	动物种群	S							
	景观资源	M			S				√
	地表塌陷	M							√
社会环境	耕地影响	L		S			S	√	√
	井田民房	M							√
	水土流失	M		S	S		S		√

注：表中所列的要素均为不利影响；S、M、L 分别表示影响小、影响一般、影响大。

（三）评价因子筛选

通过工程分析和影响因子识别，筛选出评价因子（表 7-3）。

表 7-3　评价因子的筛选结果

环境要素	评价因子
生态	土壤侵蚀：土壤侵蚀类型、侵蚀程度、侵蚀模数； 植被：植被类型、组成、盖度等； 土地利用：土地利用构成、分布等； 农作物：农作物种类、分布； 地表沉陷：地表下沉、倾斜曲率、水平移动、水平变形等； 生态恢复：恢复指标
地下水	地下水资源：水量、水位； 水质：pH、高锰酸盐指数、砷、汞、铁、硫酸盐、氯化物、氟化物、细菌总数
地表水	pH、SS、COD、BOD_5、砷、汞、氟化物、DO、氨氮、总磷、硫化物、粪大肠菌群
大气环境	SO_2、TSP、NO_2
声环境	昼、夜间等效连续声级
固体废物	煤矸石、生活垃圾、煤岩粉
社会环境	居民搬迁安置
环境风险	采煤诱发地质灾害，瓦斯储罐及管道泄漏、爆炸

（四）评价重点和环境保护目标

根据评价的环境影响识别，评价重点为：矿井开采产生的地表沉陷对生态环境的影响评价及保护措施、产业政策与规划相容性分析、工程分析、大气环境影响分析及污染防治措施、水环境影响分析及污染防治措施、声环境影响分析及污染防治措施、固体废物影响分析及污染防治措施和综合利用。武乐井田主要环境保护目标如表 7-4 所示。

表 7-4 武乐井田主要保护目标

环境要素	保护内容
生态	井田区的 19 个村庄、农田、水利设施、植被,位于井田北面边界外 4.2 km 的筠连岩溶风景区,矿区井田内不涉及风景名胜区; 水土流失以控制水土流失量为目标,侵蚀模数以 500 t/(km² · a)为目标
地下水	井田范围内 60 个泉点,其中 14 个为村民饮用水源,阳新灰岩,第四系浅层地下水,风景区内的犀牛温泉、望月泉以及大鱼洞、小鱼洞、规划岩溶湖等景观资源
地表水	巡司河—矿井工业场地污废水受纳水体和大罗瓦河
声环境	矿井主井工业场地、武乐风井工业场地、风井工业场地及公路、铁路沿线居民
大气环境	主井工业场地、矸石临时堆场、煤炭铁路和公路两侧、风井场地周围居民

(五)分析

本小节从环境对工程建设的制约和工程建设对环境的影响角度,从工程建设的环境污染和生态破坏对环境的影响情况入手,深入剖析了可能的影响环节和相应的环境影响程度,进而筛选出重点评价因子,从而明确主要环境保护目标。

四、环境影响预测和环保措施

(一)生态影响

1. 建设期生态影响及拟采取的治理措施

工程永久占地 27.22 公顷,建设期临时占地 0.37 公顷,地面土方工程量较大,大量的地表剥离、挖填方,将在局部范围内破坏地表植被,短期内加剧水土流失,产生一定的负面生态影响。

生态保护措施:①做好施工场地规划,划定弃土弃渣点和施工范围,减少施工影响,尽量少破坏原有的地表植被和土壤;②施工结束后对于临时占地和临时便道等破坏区,按照《土地复垦规定》及时进行土地复垦和植被重建工作。

2. 运营期生态影响及其保护措施

(1)地表沉陷的生态影响及拟采取的措施。选择概率积分法进行地表移动变形预测,考虑山区滑动的影响,对预测模式作山区修正。参数取值主要与煤层开采方法、顶板管理方法、上覆岩层性质、重复采动次数及采深和采厚比等因素相关。根据筠连矿区开发环评中岩石抗压强度试验及区域地质条件选择,根据煤层各分层厚度和响应的岩性评价系数、岩性影响系数、煤层倾角等数据,计算出下沉系数、主要影响角正切、水平移动系数、拐点偏移距及影响传播角(表 7-5)。预测结果表明,本井田首采区开采后,南一采区地面最大下沉值 2 095 mm,北一采区地面最大下沉值 2 587 mm;全井田煤层开采后,地表最大下沉值为 2 587 mm(表 7-6)。地表沉陷不会改变井田区域总体地貌类型,主要影响为诱发滑坡,造成局部区域的地表裂缝,陡峭山体可能出现崩塌等。首采区开采后,受沉陷影响的总面积为 6.23 公顷,其中影响耕地和草地的面积分别为 326.55 公顷和 145.24 公顷,分别占受影响面积的 52.42% 和 23.31%;受影响基本农田 301.54 公顷,占受影响耕地面积的 81.31%。全井田开采后,井田及周边受地表沉陷影响面积为 28.92 km²;井田范围内受影响的土地类型主要为耕地和草地,面积分别为 2 085.71 公顷和 417.53 公顷,占开采区影响面积的 72.12% 和 14.44%;受影响的耕地中基本农田约 1 393.33 公顷,占受影响耕地面积的 66.8%。

表 7-5 武乐矿井地表变形预计参数

序号	参数	符号	单位	参数值	备注
1	下沉系数	q	—	0.56	重复采动取 0.65
2	主要影响角正切	$\tan\beta$	—	2.2	重复采动取 2.5
3	水平移动系数	b	—	0.34	—
4	拐点偏移距	s	m	$0.2H$	重复采动取 $0.1H$
5	影响传播角	θ	(°)	$90-0.6\alpha$	α 为煤层倾角(°)

——生态恢复和保护措施。受地表沉陷影响的土地恢复按照因地制宜、适林则林、宜耕则耕的原则进行土地恢复,采取生态重置与经济补偿相结合的土地整治方案。对宽度小于 100 mm 的地表裂缝,以自然恢复为主;对宽度大于 100 mm 的地表裂缝,以人工填堵为主,机械封堵为辅。对受中度破坏无法恢复功能的基本农田,由建设单位出资,由当地国土部门负责开垦出同等质量和面积的基本农田,做到"占补平衡",此处还要对占地和耕地受影响的农户进行经济补偿。

表 7-6 全井田多煤层开采后不同采深地表移动变形最大值

煤层	煤厚/mm	采深最大变形值		50	100	150	200	250	300	350	400	500	600	700
武乐矿井 2	980	$W_m=528$ $U_m=179$	$i_m/(\text{mm/m})$	12.78	7.18	5.32	4.39	3.83	3.45	3.19	2.99	2.71	2.52	2.39
			$k_m/(10^{-3}/\text{m})$	0.47	0.15	0.08	0.06	0.04	0.03	0.03	0.03	0.02	0.02	0.02
			$\varepsilon_m/(\text{mm/m})$	6.61	3.71	2.75	2.27	1.98	1.78	1.65	1.54	1.4	1.3	1.23
武乐矿井 8	2 430	$W_m=2\,046$ $U_m=696$	$i_m/(\text{mm/m})$	61.87	34.01	24.72	20.08	17.29	15.44	14.11	13.11	11.72	10.79	10.13
			$k_m/(10^{-3}/\text{m})$	2.84	0.86	0.45	0.3	0.22	0.18	0.15	0.13	0.1	0.09	0.08
			$\varepsilon_m/(\text{mm/m})$	31.98	17.58	12.78	10.38	8.94	7.98	7.29	6.78	6.06	5.58	5.23
武乐矿井 9	750	$W_m=2\,587$ $U_m=879$	$i_m/(\text{mm/m})$	96.2	51.99	37.25	29.88	25.46	22.51	20.41	18.83	16.62	15.14	14.09
			$k_m/(10^{-3}/\text{m})$	5.44	1.59	0.82	0.52	0.38	0.3	0.24	0.21	0.16	0.13	0.12
			$\varepsilon_m/(\text{mm/m})$	49.72	26.87	19.25	15.44	13.16	11.63	10.55	9.73	8.59	7.83	7.28

——生态综合整治目标。沉陷土地复垦率达到 90%,沉陷区植被恢复大于 95%,危害性滑坡、裂缝等沉陷灾害的治理率达到 95%,整治区林草覆盖率达到 30.0%,基本农田恢复率达到 100%。

——生态补偿。全井田土地复垦所需费用为 922.87 万元;耕地和林地补偿费共 163.75 万元,整治和补偿费用纳入武乐煤矿生产成本中。由建设单位按吨煤 0.35 元的比例提取,交当地政府,统一安排进行生态整治。制定生态管理和监控计划,并设专人负责该计划的落实。

(2)沉陷对村庄的影响及搬迁安置。武乐井田范围内涉及 19 个行政村 3 095 户 12 478 人。沉陷预测结果表明,本井田开采后,全井田将有 1 238 户居民(5 069 人)房屋受到Ⅳ级破坏。地表沉陷保护措施:对井田范围内的 F_{89}、F_{90} 和 F_5 断层(点)两侧留设保安煤柱,井田边界、煤层露头、井田内的大罗瓦河与巡司河、采区边界及井田内较大的村庄等留设保护煤柱。根据村庄分布特征、人口多少和村庄受地表沉陷影响程度和特点,对受影响的村庄采取加固、修复、搬迁、或与留设保护煤柱相结合的保护措施。

——搬迁地选择原则。避开地质灾害易发区,尽可能地迁入水源比较丰富的巡司河、大罗瓦河两岸,保证生活用水,方便农业生产,满足就近搬迁。

——居民搬迁安置方案。全井田需搬迁 15 个自然村、1 238 户、5 069 人。根据矿井开采计划及开采时序,井田范围内村庄需相继分批分时段进行搬迁安置。其中,首采区有 337 户

1 268人,计划在采区工作面布置之前采用一次性整体搬迁的方式,搬迁地将结合采区煤柱及断层煤柱的设置,安置在煤柱保护区域内或搬迁出井田影响区域,其他采区将在该采区工作面布置之前采用一次性整体搬迁的方式。预计首采区村庄的搬迁费用为1 348.0万元,由建设单位出资,当地政府进行协助安置。建设单位已出具承诺函予以保证,筠连县国土资源局已行文同意负责搬迁安置工作。

(3)地质灾害影响与防护。采煤诱发滑坡和岩体崩塌等地质灾害是我国西南山区煤矿开采的特点。武乐煤矿生产中可能诱发H6滑坡体和H3滑坡体,影响铁索桥—魏家村滑坡(H1),可能会伴随小型次级滑动面产生,采煤对大院子—五个田滑坡(H2)影响小。在武乐煤矿井田区内无大规模的崩塌体,有局部陡岩。采取措施后,滑坡和崩塌发生不会对居民生命安全造成损失。在南一采区中部的H3滑坡上的居民位于首采区,应提前搬迁;H6滑坡上的居民位于井田边界,受边界煤柱保护,不搬迁。加强对H1和H2滑坡体的岩移观测;增加南六采区南部边界煤柱200~250 m,避免诱发H6滑坡体发生滑坡;在南一采区中部的H3滑坡体前缘舌地采用打防滑桩、砌挡土墙等工程措施,同时采取植物护坡、周围设排水沟等方法进行综合治理;在大院子—五个田滑坡(H2)和铁索桥—魏家村滑坡(H1)周围设排水沟;严禁在滑坡等不稳定山体下新建房屋;对因矿井开采诱发的次生地质灾害进行治理,治理率应达到95%以上;在地质灾害易发区设立警示标志。提出制定地质灾害应急预案的具体要求,当灾害发生时,应及时启动应急预案;灾害发生后,及时恢复受损的农田和植被。

3. 分析

煤炭项目的生态影响评价主要是采煤沉陷及沉陷引发的地下水的漏失对自然植被和农作物的影响,以及由此引发的水土流失、滑坡、泥石流等地质灾害,由地表沉陷引发的建筑物破坏和居民搬迁等对社会环境的影响。对于地表沉陷的预测,首先选择合适的预测模式及对模式的修正,需明确参数的选取原则和来源,给出沉陷后最大水平变形值、沉陷深度等值线图,两水平开采的矿井需分别给出一水平和全井田开采后沉陷曲线等值线图。地表沉陷的生态影响应根据同一地区采煤的生态影响调查,结合评价项目的实际情况给出评价结论。生态恢复规划按国家的有关法律法规的规定,占用农田和林地的需办理相关手续,并进行经济补偿,对占用或使基本农田丧失使用功能的,要按国家相关规定进行"占一补一",做到基本农田的"占补平衡";对生态的补偿措施要具体,列出生态补偿资金的来源和生态恢复的执行主体,即生态补偿机制。对居民的搬迁,要制定全井田的搬迁规划,绘制搬迁计划图,对首采区要求煤矿投产前一次搬迁到位,避免二次搬迁,并分析迁入地的承载力。对于西南山区,采煤引发的滑坡现象不容忽视,应结合国土部门要求开展的地质灾害评价工作,提出具体的环保措施。

(二)地下水影响

1. 建设期地下水环境影响及其防治措施

井巷掘进过程会有少量井下涌水,可以通过矿井水处理设施处理后回用,多余的排放。采取此措施后,建设期对地下水资源和环境的影响较小。武乐煤矿开采2号煤层导水裂缝带发育高度如图7-1所示。

2. 运营期地下水环境影响及其保护措施

(1)地下水环境影响。阳新灰岩为本地区的地下水通道,其出露区发育溶洞、漏斗、落水洞、溶蚀槽谷、洼地和暗河,在井田西部和南部边界外。本项目的温泉、暗河等保护目标与阳新灰岩有关(图7-2)。井田范围内,武乐煤矿可采煤层位于阳新灰岩之上,可采煤层底部距阳新

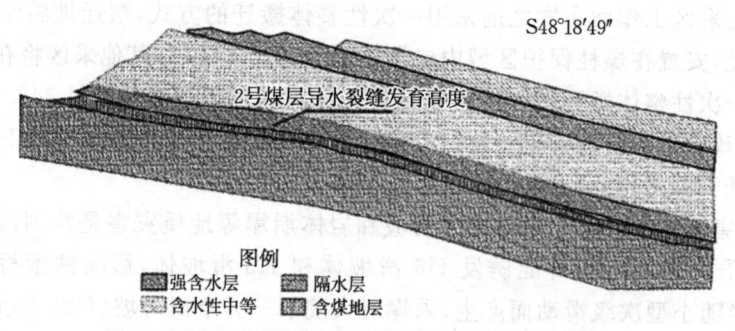

图 7-1 武乐煤矿开采 2 号煤层导水裂缝带发育高度
（8 号和 9 号煤层的发育高度低于 2 号，图略）

灰岩顶部厚度为 214.75～292.74 m，井田内的断层没有切割阳新灰岩，井田边界大断层均留有足够保护煤柱，煤矿开采中产生突水的可能性很小，一般不会对阳新灰岩岩溶水系统造成影响，不会对其中的暗河、温泉、溶洞等岩溶景观产生影响。岩溶湖和武乐井田间有西南—东北走向的山梁阻隔，且两者受 F_1 断层的影响，无水力联系，因此煤矿开采对其不产生影响。煤炭开采对井田评价范围内出露于飞仙关一段（T1f1）和宣威组上段（P2×2）的井泉影响较大，可能导致出露该地层的井泉流量减小，甚至干枯。扣除受煤柱保护的井泉，受煤炭开采影响较大的井泉共 8 个，主要位于武乐煤矿井田南面煤层露头线附近区域内，井泉流量为 0.029～0.821 2 L/s，其中影响较大的饮用泉 2 个（Ⅱ71 和Ⅰ131），井泉流量为 0.232 6～0.473 L/s，占评价区饮用泉的 15%，影响供水人口 25 户 111 人；受煤炭开采影响较大的地表水补给泉 5 个，灌溉泉 1 个。工业场地等有完善的污水排放系统，矿坑废水经处理后排入地表水体，经预测，地表水水质满足水体功能要求。工程排污对地下水水质影响小。根据类比矿井矸石浸出试验结果，淋溶水各污染物符合《地下水质量标准》(GB/T 14848—2017)限值要求，矸石淋溶水对地下水水质影响小。

（2）拟采取的地下水环境保护措施。在井田边界处 F_{90} 断层上、下盘各留有 50 m 宽的断层维护带煤柱；在井田内断层和河流两侧留防水煤柱，可保护煤柱内的井泉；调整南一采区和北一采区煤层开采边界，将煤层直接顶板为第四系的区域划为禁采区，面积 0.6 km²。加强对周边小煤矿的调查，严格按设计留设保护煤柱，禁止超界开采，避免突水外排引起的环境污染事故。制定供水预案，采煤影响当地居民的生活、生产用水时，建设单位敷设给水管线至受影响的居民

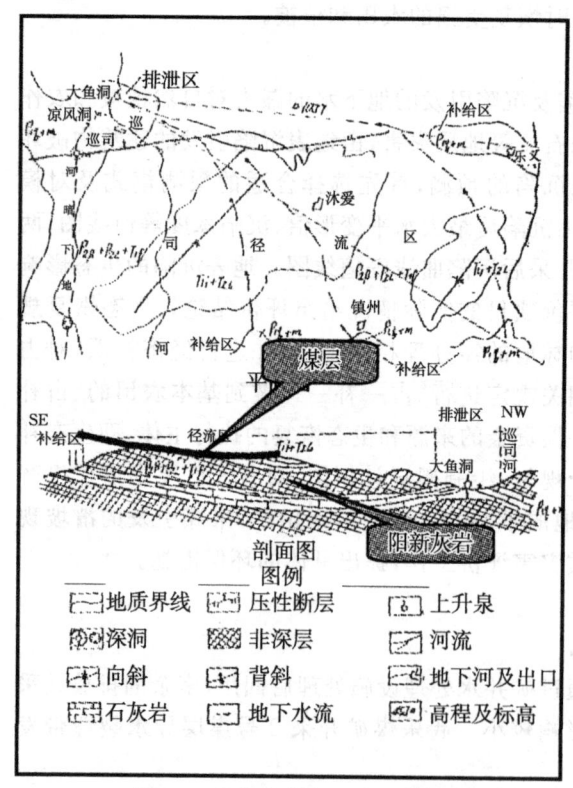

图 7-2 阳新灰岩与开采煤层关系

点,保证受影响居民的生活、生产用水。饮水工程补偿费用为60.0万元。矿井生产中严格执行"先探后掘、有疑必探"的原则,将矿井生产对地下水环境,尤其是对阳新灰岩中各类岩溶景观的保护列为煤矿生产的重要内容,并认真加以落实。对运营期的地下水提出监控计划,特别是对阳新灰岩的监控,要求在温泉、地下暗河及井泉设置监测点,分别监测流量和水温,定期编制监测报告,一旦发现异常情况及时向有关部门报告,并采取有效的保护措施。为防止污染浅层地下水,在工业场区和矸石场区设立永久观测孔,监测地下水水质和水位变化。矿井水经过混凝沉淀和深度处理后回用,作为矿井洒水防尘用水、消防用水、工业场地洒水和绿化及浴室用水,剩余部分作为巡司矸石电厂补充水,使矿井水得到完全利用。

3. 分析

地下水的环境影响是煤炭开采项目中最重要的内容之一。评价地下水的环境影响应从区域水文地质(岩性,地下水补、径、排)条件、地质构造、采煤导水裂缝带发育高度等几个方面,结合开采区已有矿井采煤后对地下水的影响和评价项目的实际地质条件,综合分析其环境影响,提出相应的环保措施。对煤层顶板或底板较为敏感的含水层,可采取划定禁采区的办法减缓其影响;对井田采区或开采巷道比邻导水断层和河流的,要按设计规范留设足够宽度的防水煤岩柱,确保采煤不对这些敏感地段产生明显的影响。本项目地处西南岩溶区,地下溶洞发育,井田周边有岩溶风景名胜区和地下温泉出露,而报告书也循着这样的思路进行评价。

(三) 地表水影响

1. 建设期地表水环境影响及其治理措施

本项目建设期为41.5个月,污废水主要为施工废水和生活污水,施工废水以掘进巷道的地下排水为主,产生量约1 250 m³/d。

环保措施:在施工场地设沉淀池,处理后部分回用于工业场地洒水和井下洒水,多余部分达标排放;在施工场地设旱厕,粪便用作农肥;其余生活污水经一体化污水处理设施处理,达到GB 8978—1996《污水综合排放标准》一级标准后外排,对水环境影响较小。

2. 运营期地表水环境影响及其治理措施

为避免矿井生产对河流水量产生影响,在巡司河和大罗瓦河下设保水煤柱,在井田内和井田边界断层两侧设保护煤柱,可减少对泉水的影响,进而减少对河流的补给水量的影响。

武乐煤矿矿井水涌出量为7 180 m³/d,采用的处理工艺为混凝、沉淀,处理后可达到GB 20426—2006《煤炭工业污染物排放标准》的要求。经过处理后矿井水可以回用于井下防尘洒水、消防、瓦斯抽放站、空压机补充水等,部分再通过锰砂过滤、消毒等深度处理后,作为浴室用水和洗衣用水,矿井自身矿井水回用率为22.09%。矿井自身利用剩余后的矿井水将送巡司煤矸石电厂(与矿井同步建成)进行综合利用,矿井水综合利用率为100%。为预防酸性矿井水涌出,预留处理设施场地,推荐使用曝气加锰砂过滤处理酸性水的工艺。

生活污水产生量为289.68 m³/d,经二级生化处理消毒后作为工业场地绿化和洗煤厂补充用水,综合利用率为100%。

输往巡司矸石电厂的输水管道与矸石电厂同步建设,矸石电厂与矿井同步投入运行,确保矿井水得到综合利用。建设单位应积极拓宽矿井水的综合利用范围,进一步提高矿井水重复利用率。

预测结果表明,经处理达标后的矿井水因非正常工况(因电厂检修或其他原因)排入巡司河时,各预测因子浓度贡献值与背景值相当,不改变现有巡司河的水质质量等级。

3. 分析

地表水环境影响应从3个角度进行分析评价。从水量角度评价采煤对地表水体水量的影响,论证防水煤岩柱留设的合理性;从水质的角度分析污水处理措施的可行性,分析污水外排对地表水体的环境影响;从矿井水处理和资源综合利用的途径、利用率方面分析项目相应指标与国家相关环保政策的符合性,并提出矿井水综合利用方案,方案应具体,有可操作性。

(四)声环境影响

1. 建设期声环境影响及其控制措施

噪声源主要为施工机具和运输车辆,噪声源强在76~103 dB(A)。在预防及治理措施不当情况下,对周围居民及鲁班山南矿单身宿舍会有一定影响,特别是夜间施工噪声影响更为突出。

环保措施:①选用低噪声设备;②原则上夜间不进行施工作业;③将固定噪声源远离保护目标布设;④施工运输车辆进入居住区不得鸣笛;⑤加强宣传、协调及与受影响的居民的沟通,减少噪声扰民及可能带来的纠纷。

2. 生产期声环境影响及其防治措施

工业场地强噪声源主要有筛分车间、洗煤车间、坑木加工房、锅炉房、机修车间、提升机房和瓦斯抽放站等。

环保措施:①合理布置工业场地,利用地形和优化平面布局,减小噪声对环境的影响;②选用高效低噪设备,加强设备的维护,确保其处于良好的工作状态;③对高噪声设备采用隔声、消声、减振等措施;④坑木加工房、机修间、提升机房等采用建筑隔声;⑤合理安排煤炭运输,避免夜间运输;⑥加强场地和厂界的绿化隔声措施;⑦运煤火车经过鲁班山南矿单身宿舍楼时,车速不得超过5 km/h,不得鸣笛;⑧在鲁班山南矿段约50 m采用无缝钢轨,铁路基础做减振处理;⑨在铁路两侧植树绿化,减小噪声。

采取措施后,工业场地噪声对工业场地界外环境保护目标声环境影响较小,满足标准要求。风井工业场界噪声不能满足2类标准,但风井工业场地周围无居民分布,噪声不会扰民。铁路运输车次少,夜间不运输,预测居民楼处噪声等效声级符合《声环境质量标准》2类标准。

要求:铁路运输线两侧30 m作为噪声防护距离,该距离内不得新建房屋等构筑物。

3. 分析

煤炭项目的噪声环境影响,施工期需注意施工设施对周围居民点的影响,运营期需按矿井和选煤厂固定声源及煤炭运输流动声源进行评价。对固定声源,当厂界噪声标准限值大于厂界外环境噪声标准限值时,或当流动声源存在时,两种情况下的环境影响评价工作,都应提出相应的噪声防护距离要求,要求建设单位配合当地规划部门做好土地利用规划工作,避免在防护距离内新建噪声敏感建(构)筑物。噪声的预测和治理措施按声环境导则进行评价即可。其中公路、铁路的声影响评价参照相应行业常规的评价方法进行,煤炭运输量大的铁路应考虑振动对周围环境的影响,如对电气化铁路应进行电磁环境影响评价。

(五)大气环境影响

1. 建设期大气环境影响及其治理措施

建设期主要大气污染因素为土方的挖掘和堆放扬尘、地表扬尘、建筑材料现场搬运及堆放扬尘、混凝土搅拌站产生的少量粉尘、运输车辆产生的扬尘和尾气等。

环保措施:①施工营地采用液化气或电等清洁能源作燃料;②运输车辆覆盖篷布;③建筑

材料轻装轻卸,尽量降低装卸高度;④对撒落的散装物料应及时清除;⑤堆置的土石方及时回填;⑥建材设置库房堆存;⑦混凝土搅拌站和沙石料加工场地尽量远离敏感点布置;⑧在施工场区设置车辆清洗场地,对进出车辆进行清洗和清扫;⑨在施工区域设洒水设施,专人洒水。

施工期对工业场地周围环境敏感点可能产生一定的影响,生产期间须加强洒水抑尘措施,减少扬尘对鲁班山南矿单身宿舍的影响。

2. 生产期大气环境影响及其治理措施

工业场地设 2 台 4 t/h 锅炉,作为矿井生产和生活热源,锅炉利用矿井瓦斯作为燃料,污染物浓度低。锅炉烟气经过 15 m 高的烟囱排放。锅炉大气污染物排放浓度低于 GB 13271—2014《锅炉大气污染物排放标准》中第二时段二类区的标准浓度限值。

本项目处于山区,风速较小,储煤尘扬尘、原煤筛分点、洗煤车间、煤转载点、受煤坑、给煤及返煤地道、装煤仓等产尘量小,在采取措施后,对大气环境影响较小。

环保措施:①输煤栈桥全封闭;②筛分和洗煤车间采用吸气罩、袋式除尘器除尘;③装车站采取防尘罩并洒水;④露天储煤场采取洒水防尘措施;⑤工业场地绿化等。

矿井采取"先抽后采"的方式处理瓦斯。在武乐煤矿建 1 万立方米瓦斯储罐,设 3 台 500 kW 瓦斯发电机组,工业场地周围部分居民改用瓦斯作为生活燃料。瓦斯综合利用率为 90%,符合国家产业政策。

3. 分析

煤炭项目大气环境评价主要表现为施工期扬尘的影响和运营期燃煤锅炉的环境影响,对于煤尘均有较为成熟的控制措施。另一个重点关注的问题是高瓦斯矿井的瓦斯综合利用问题,该问题可列入大气评价内容,也可列入资源综合利用章节。应严格按照国家对瓦斯综合利用的相关政策,制定瓦斯综合利用方案,方案应具体,具有可操作性。瓦斯综合利用率应达到国家规定的逐年的抽采利用指标。瓦斯的抽采利用应严格执行"先抽后采"的处理方式,综合利用设施与矿井同步(或更早)投产。

(六)固体废物

1. 施工期固体废物及拟采取的处置方式

本项目工业场地、采煤巷道建设过程中产生的土石方、矸石用于回填工业场地,约有 81 069 m³ 弃石外排至排矸场。排矸场设置拦矸坝、截洪沟、场区雨水导排系统等,施工期矸石等固废处置后对环境影响较小。生活垃圾集中收集后,交由当地环卫部门统一处置。

2. 生产期固体废物及其处理方式

生产期矸石排放量为 36.59 万吨/年,其中掘进矸石 13.5 万吨/年、选煤矸石 23.09 万吨/年;生活垃圾 140 吨/年;煤泥 0.068 万吨/年;污水处理站污泥 15 吨/年。

环保措施:①选煤车间产生的选煤矸石作为矸石电厂燃料,部分掘进矸石可用作制砖;②生活垃圾交由巡司镇环卫部门统一处置;③煤泥用作煤矸石电厂燃料,不外排;④生活污水处理站产生的污泥经浓缩后交环卫部门处置。

筠连县已规划有维新、巡司和镇舟 3 座矸石电厂及 11 个矸石砖厂,武乐煤矿周围有巡司电厂及巡司矸砖一厂和二厂。巡司电厂由四川煤炭产业集团建设,与武乐煤矿同时投产。本项目矸石综合利用量为 25.09 万吨/年,综合利用率为 68.57%。

本项目煤矸石分为掘进矸和选矸,其中掘进矸含硫率低,选矸含硫量大于 1.5%。设建设期和运营期两个排矸场,其中池塘湾排矸场用于堆放建井期矸石,矿井投运前关闭;凉水井排矸场主要用于生产期掘进矸石的堆放。报告书计算采取措施后，矸石不会自燃，排放的矸石分台阶堆放，拦矸坝为浆砌石坝，按 20 年一遇洪水设防，高度分别为 4 m 和 6 m，设排水设施；排矸场周围设截水沟，采取绿化边坡等措施。对暂时不能利用的选矸，临时堆存于工业场地西南 1.8 km 的临时堆场，每堆高 3 m，喷洒石灰乳预防自燃。根据建设单位其他矿井排矸场治理的经验，排矸场封场后可不覆土，直接进行绿化。

矸场位于沟谷内，受山体的阻挡，排矸场发生扬尘的机会很少。矸石淋溶水水质达到 GB 8978—1996《污水综合排放标准》一级标准要求，对水环境影响较小。排矸场占地主要为冲沟和坡耕地，且排矸场周围 500 m 内无居民居住。

3. 分析

固体废物评价是煤炭开采行业矿井水、瓦斯和煤矸石三大资源综合利用的重要内容之一，是煤炭行业环评关注的重点内容之一。煤矸石处置与综合利用的评价应从两个方面考虑。处置内容应先做矸石淋溶（或浸泡）试验，鉴别矸石属于固体废物的危险属性，通过计算煤炭自燃的判别指数确定煤矸石的自燃倾向；按国家相关规定，禁止设立永久性矸石堆场，堆场周围 500 m 内不得有集中居民点。矸石的综合利用方案应具体，可操作；煤矸石用于矸石电厂发电的综合利用项目至少应纳入省级电力综合利用规划，须提交相应的承诺文件，否则可认为矸石综合利用措施不落实。

(七) 环境风险

按照 HJ 169—2004《建设项目环境风险评价技术导则》(已废止) 对本项目的环境风险因素进行了识别，认为排矸场存在的环境风险很小，重点对采煤诱发的地质灾害、地面瓦斯综合利用系统瓦斯储罐爆炸的环境风险进行了分析。发生滑坡可能影响的居民有 31 户，108 人。根据滑坡发生的可能性和影响程度大小，在分别采取开采前搬迁、留煤柱保护和加强岩移观测等措施后，滑坡对周围居民的生命已不构成威胁。在煤炭开采过程中，根据采区布置、古滑坡位置，定期观测井田区内滑坡体滑移等变化情况，采取相应的地质灾害环境风险应急措施。

瓦斯利用场区设置瓦斯自动监控报警系统，同时配置瓦斯风险应急所需设备，编制应对瓦斯风险的应急预案，并认真进行定期演练，定期评估应急预案的可操作性，加强应急队伍和应急制度建设，可有效控制环境风险的影响。

对煤炭开采行业来说，不同的地区有不同的环境风险。例如，煤矸石堆场遇洪水溃坝问题，云贵川等西南山区和山西等黄土高原土石山区采煤后引发的岩体崩塌、滑坡和泥石流等，露天矿大型排土场的滑坡风险，岩溶区的煤层底板突水对附近地表或地下水源地水资源的袭夺引发的社会问题，瓦斯综合利用设施的爆炸风险预防等。风险评价应严格参照风险评价导则的要求，进行源项识别、最大可信事故筛选、环境影响预测、制定预防措施和应急预案，其中应急预案要具体可操作，按照国家相关规定建立事故分级报告制度，落实报告时限和报告责任。

(八) 环境监测与管理计划建议

报告书中须制定详细的环境监测与管理计划。环境监测与管理计划是环境影响评价的重要内容，各项环保措施的落实和实施的效果需要依赖环境监测和环境管理来体现。环境监测和管理计划的制订要结合各专题的内容，监测点位、项目、频次要具体，管理措施要到位。在环境管理计划中，对生态影响型项目，通常要求进行施工期环境监理，并定期向地方环保主管部门汇报环境监理结果。

(九)清洁生产

清洁生产需从煤炭采区资源回收率、矿井水综合利用率、瓦斯抽采利用率、矸石综合利用率、单位产品物耗、单位产品污染物排放量等指标,综合分析煤炭建设项目清洁生产水平。

(十)公众参与

在环境影响评价阶段,履行《环境影响评价公众参与暂行办法》的有关规定,在巡司镇和工业场地所在的锌厂湾张贴了煤矿建设的信息公告,向公众告知了工程建设相关情况;在巡司镇镇政府放置了便于公众取阅的环境影响评价简本和工程建设基本情况的资料,并进行了网上公示。

采用发放公众意见调查表、网上收集公众意见及现场组织可能受影响公众的座谈会3种形式进行了公众参与。调查结果表明,94%的公众支持本项目建设,6%的公众持无所谓的态度。

公众参与是提高公众环境意识、积极参与环境保护监督的一项重要内容。作为一项法定程序,在环境影响报告书(国家保密项目除外)中是必不可少的内容。通过公众参与,公众提出的反对意见必须由建设单位做出是否采纳的决定,并将理由和结果纳入环境影响报告书。

(十一)总量控制

本项目受控污染物的COD排放总量为12.87吨/年,宜宾市环境保护行政主管部门提出的COD控制指标为12.87吨/年,该指标从宜宾市"十一五"期间建的第11个城市污水处理厂削减后剩余的1.3万吨总量中解决。本项目总量指标符合要求,已经四川省环境保护行政主管部门确认。

排污总量指标是判断建设项目是否可行的一个限制性因素。报告书在总量控制指标的表述中必须说明总量指标、来源,来源要具体、可操作。

(十二)井田周边小煤矿整合和关闭

武乐煤矿周边有11个小煤矿,单井规模3万吨/年的煤矿有筠连县巡司镇分水岭煤矿、筠连县大乐乡新顺村庙子沟煤矿、筠连县大乐乡中新煤矿、筠连县大乐乡彩云山煤矿、筠连县大乐乡顺山煤矿、小河联办煤矿、河坝煤矿、顺山煤矿。单井规模6万吨/年的煤矿有巡司镇二煤矿。单井规模9万吨/年的煤矿有药儿山煤矿、小寨煤矿。

根据国家整顿小煤矿的有关要求,自2006年起,用3年时间完成小煤矿的关闭、整合、改造和重组任务。四川省9万吨/年以下小煤矿将分批兼并、整合和关闭。

根据川府办发电〔2006〕6号文《关于下达第三批关闭不具备安全生产条件煤矿名单的通知》和宜宾市政府2006年文件,2006年1月31日前关闭筠连县巡司镇分水岭煤矿、筠连县大乐乡新顺村庙子沟煤矿、筠连县大乐乡中新煤矿、筠连县大乐乡彩云山煤矿和筠连县大乐乡顺山煤矿5个矿井,每个矿井生产规模3万吨/年,其余矿井整合保留。保留的矿井有待进一步整合。

我国现有原煤产能中小煤矿占了51%,小煤矿采煤工艺落后,资源回收率低,对地下水环境和生态系统影响较大。国务院在2005年至2006年已决定大力整顿小煤矿,建设国家大型煤炭基地。对小煤矿实施按区域对规模设限,关闭、整合不符合要求的小煤矿。国家环境保护主管部门积极参与国务院的统一部署,要求在煤炭项目环境影响评价中调查拟建矿井周边小煤矿的分布情况,根据地方政府整合关闭计划,将地方政府已公告限期整合关闭的小煤矿列入竣工验收名单,并纳入环评审批内容,以此推动小煤矿的关闭整合工作。因此,凡评价区域内有小煤矿的,必须调查小煤矿的有关情况,将其有关内容纳入环境影响报告书。国务院办公厅国办发文《国务院办公厅转发国土资源部等部门对矿产资源开发进行整合意见的通知》(〔2006〕108号,2006年12月31日),规定一个矿区只设置一个采矿权,对现有煤矿和矿产资源进行大规模的整合,对整合后的煤矿进行环境影响评价工作。

五、评价结论

四川芙蓉集团实业有限责任公司筠连矿区武乐煤矿的建设符合国家环保政策,污染物排放量满足当地环保部门批复的总量控制指标要求。在严格执行报告书提出的各项保水采煤、新建水源工程和污染防治、生态保护及资源综合利用等各项措施和环境保护投资,严格执行环境保护"三同时"制度,加强生产管理和环境管理,项目开发对环境的影响可降低到当地环境可接受的程度,项目建设可行。

(一)案例分析

武乐井田地处四川南部,川、滇、黔三省交界,地形较复杂。井田数公里外有省级岩溶风景名胜区,为较敏感地区。该区域矿井属于较高硫分和高瓦斯矿井,周边有较多的小煤矿,泉域发达,其中有许多具有供水意义。武乐井田在我国井工开采的煤矿中具有特别的典型性和代表性。该报告书在地下水、沉陷预测、生态恢复、废水和瓦斯综合利用等重点关心的几个方面,做了深入、细致的调查、监测、预测和评价工作。主要体现在以下方面:

(1)报告书从地质构造、不同含水层和隔水层岩性及断层性质,地下水的补、径、排条件,导水裂缝带发育高度等,多方面进行地下水环境影响评价工作。对居民用水和岩溶风景区及温泉进行监测,制定供水预案;对井田边界和河流及重要村庄留设保护煤柱等方面提出了详细的措施,确保采煤对地下水的影响减小到最低限度。

(2)在生态沉陷预测方面,采用修正了的概率积分模型,使用实际测试的参数进行预测,使得预测结果相对可靠。生态调查采用遥感影像解译,制定生态恢复措施具体,使生态补偿机制得以落实。村庄居民搬迁优先考虑水源可靠、有保证的地方,减少居民二次搬迁。

(3)结合原煤硫分较高的情况,建设了煤炭洗选设施,以降低硫分,同时为矿井水综合利用提供了基础。为解决矸石的综合利用问题,分别建矸石电厂和矸石砖厂,化害为利,减少矸石堆存,同时为矿井水综合利用创造了条件。建设瓦斯电站,利用瓦斯作燃料,可减少温室气体排放,同时也可提高矿井采煤的安全。这些资源的综合利用符合《矿山生态环境保护与污染防治技术政策》(环发〔2005〕109号)、《国务院办公厅关于加快煤层气(煤矿瓦斯)抽采利用的若干意见》(国办发〔2006〕47号,2006年6月15日)和《煤层气(煤矿瓦斯)开发利用"十一五"规划》(国家发改委,2006年6月)的有关要求。

(4)井田周边有11个小煤矿,开采小煤矿不仅破坏煤炭资源和水资源,而且还影响大矿的安全生产,如何避免小煤矿关闭后的死灰复燃是当前煤炭行业管理中重点关注的问题。报告书分析了小矿整合的可行性,给出了整合和关闭名单,并附地方政府相关关闭小煤矿的文件。这些措施符合近几年来,尤其是2006年以来国务院、国家七部委联合下发的关闭整合小煤矿、调整煤炭行业产业结构等相关文件的要求,为环境保护职能部门积极参与国家宏观调控、优化经济结构工作提供了较好的切入点,使环境影响评价和建设项目的环境保护竣工验收这两个手段落到了实处。

(5)报告书针对西南山区采煤可能导致滑坡、泥石流等地质灾害的特点,进行了详细评价,提出了应对措施。

综上所述,近几年来我国煤炭产能过剩。在国家宏观调控政策接连出台、严格控制煤炭项目审批的情况下,对于武乐煤矿这样环境影响和外部条件复杂的矿区,该报告书的评价内容完全符合国家相关政策和环保审批要求,是一本编写质量较好的环境影响报告书。

(二)问题与思考

(1)煤炭开采项目环境影响评价关注的重点是什么?

(2)评价地下水环境影响,应从哪些角度考虑问题?

(3)生态影响评价的重点内容是什么?

(4)国家对煤矸石、矿井水和瓦斯的综合利用政策方面有哪些规定?

(5)矿井水的处理应注意哪些问题?矿井水有哪些综合利用途径?

第二节 北京市清河污水处理厂(一期)

一、项目工程概况

(一)项目意义

北京市清河污水管网系统是北京市第三大污水管网系统。该系统流域地处市中心区北部,主要在海淀区辖区范围内,流域面积 159.42 km²。由于该系统流域的污水管网不健全,而且管网末端均设在清河及其支流河岸边,大量生活和工业污水直接排入清河,使清河及其沿岸环境受到了严重污染。根据北京市城市总体规划,北京市拟在清河沿岸建设 3 座污水处理厂,即肖家河污水处理厂、清河污水处理厂和北苑污水处理厂。其中清河污水处理厂规模最大,为 40 万立方米/天,其他 2 个处理厂各为 4 万立方米/天。

清河污水处理厂的厂址确定在北京市城区北面的清河镇东,西距德昌公路 1.7 km,南距清河 1.4 km。

(二)工程规模

清河污水处理厂规划占地面积 30.1 公顷。其中,一期占地面积 10.73 公顷,二期占地 10.43 公顷,远期预留 8.94 公顷。一期工程污水处理规模为 20 万立方米/天。

(三)设计水质和处理标准

清河污水处理厂一、二期工程的设计水量各为 20 万立方米/天,变化系数尺 $k=1.3$。清河是北京市二类水体,处理出水排入清河,设计进水和出水水质如表 7-7 所示。为节约新鲜自来水用量,满足厂区绿化、冲车、冲池及脱水机房冲洗滤带等生产用水的需要,一期工程包括 5 000 立方米/天规模的中水处理设施,该设施处理后的出水水质满足生活杂用水质标准。其主要指标为 $BOD_5 \leqslant 10$ mg/g,$SS \leqslant 10$ mg/g。

表 7-7 清河污水处理厂设计进出水水质

水质指标	进水水质	出水水质	单位
BOD_5	200	20	mg/L
COD_{cr}	400	60	mg/L

续表

水质指标	进水水质	出水水质	单位
SS	250	20	mg/L
TN	40		mg/L
NH_3-N	25	15	mg/L
TP	8	1.0/0.3	mg/L

(四)处理工艺概况

根据进水量、进水水质,为达到处理出水的水质要求,一期工程污水处理工艺选用曝气活性污泥法,剩余污泥的处理工艺选用浓缩脱水机脱水法。一期工程原污水通过进水渠进入装有粗、细格栅的格栅间去除污水中较大的固体杂质后,由污水泵提升,经细格栅进一步去除水中的杂质,进入曝气沉砂池除沙。污水在曝气沉砂池停留后进入曝气池,去除 BOD_5 和 COD_{cr} 等有机污染物和氮、磷。出水进入沉淀池进行沉淀处理,沉淀池出水经退水方沟排入受纳水体清河。为满足受纳水体的水质要求,设计中采用了化学除磷工艺,所加药剂为部分出水经中水处理后厂内回用,一期工程的中水处理采用直接加药、压力过滤消毒处理(图 7-3)。

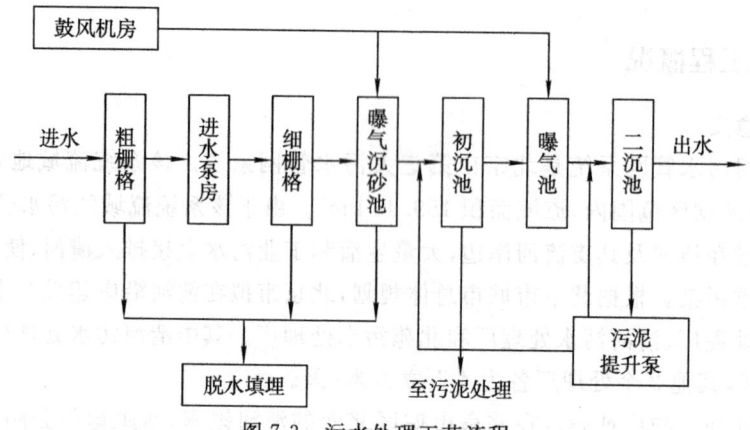

图 7-3 污水处理工艺流程

沉淀池的剩余污泥由污泥泵送至污泥储池,由脱水机房的进泥泵将污泥储池污泥打入一体化污泥浓缩脱水机脱水。通过无轴螺旋输送器,将脱水污泥饼运至污泥堆置棚或直接装车外运,做最终处置(图 7-4)。

(五)厂区总平面布置

根据厂内各部分用地功能,划分为管理及生活区(厂前区)、污水预处理区、污水处理区、污泥处理处置区、辅助生产区五个区。在污水处理区、污泥处理处置包括二期工程的预留地和预留的中水处理区。

由于一期工程不采用污泥中温厌氧消化处理工艺,厂区内只有在冬季才需要采暖供热。因此拟在厂前区北侧建一座锅炉房,安装一台 1.5 t/h 的天然气锅炉。

(六)与清河污水处理厂相关的工程内容

清河流域范围内大部分地区建有污水管道,末端均接入清河水系,使清河水体受到严重污染。为此建设清河污水处理厂配套污水管线工程。配套管线的建设,可将目前直接入河的污水截流送至清河污水处理厂。截流污水管线西起京密引水渠西岸,自黑山扈泵站处穿过清河,沿清河北岸自西向东,最后接入清河污水处理厂。清河污水处理厂出水管沿规划南马坊西路的雨水方沟向南排入清河。

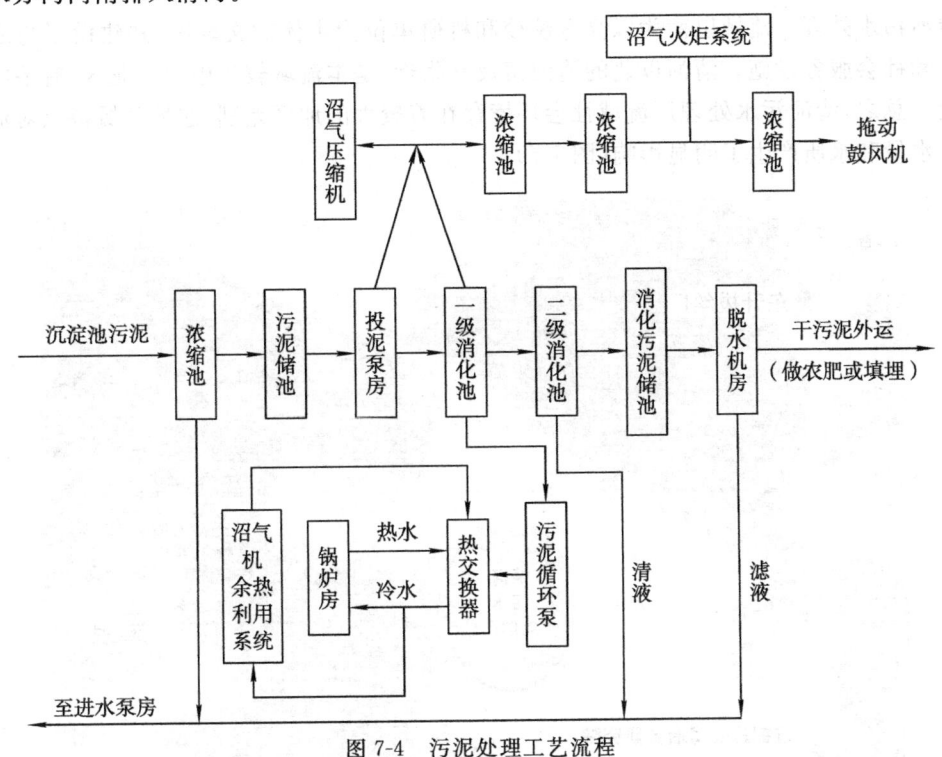

图 7-4 污泥处理工艺流程

二、项目周边环境概况

(一)自然环境

北京平原是由永定河、温榆河、潮白河等几条大河联合作用而形成的冲洪积平原。永定河冲洪积扇是在新构造运动的控制下,由不同地质时期的古河道迁移、摆动、堆积形成。在大约 7 000 年以前,永定河从石景山出山后,曾为东北方向流,经海淀、清河镇到沙子营注入温榆河,此即为古清河。此后永定河南迁,相继形成了古㶟水和古无定河等。现在的清河就是沿永定河古河道、古清河的河道流动。清河污水处理厂位于清河中游的北岸,地面自北向南倾斜,坡度为 1‰~3‰。

清河流域第四纪地层的分布情况受到古清河的影响明显。清河流域第四纪地层的厚度一般都大于 100 m。从地层剖面图可以看出,清河沿岸地表 20 m 左右以上基本由沙黏、黏沙等黏性土层组成,以下为砾卵石层,单层最大厚度可达 15.8 m。从砾卵石层的颗粒直径来看,位于上游剖面的卵石最大粒径可达 250 mm,一般为 15~60 mm。这种特点明显反映出古清河活动的影响。正是受古清河的影响,清河沿岸具有丰富的地下水资源。清河沿岸的地下水为潜水—承压水和承压水类型。在 20 世纪五六十年代,从西苑、北京大学一直到洼里,水源井多为自流井。

清河镇以西,包括万泉河沿岸,由于地势较低,地下水位较高,主要发育了湿潮土和潮土型水稻土;清河镇附近及其以东的清河沿岸,主要发育了潮土和潮褐土。清河污水处理厂流域的农业用地,基本为一等地,多以种植水稻和蔬菜为主,是本市重要的蔬菜基地之一。

(二)社会环境

清河污水处理厂流域以南为以高等院校和科研单位为主体的文教区,并建设了与之配套的居住和社会服务设施。清河以北的清河镇及其附近,是本流域较集中的工业区,有毛纺和建材工业。总之,清河污水处理厂流域社会环境存在着较大的地区差别,这种区域特点对流域内的污水水量和水质产生了明显影响(图7-5)。

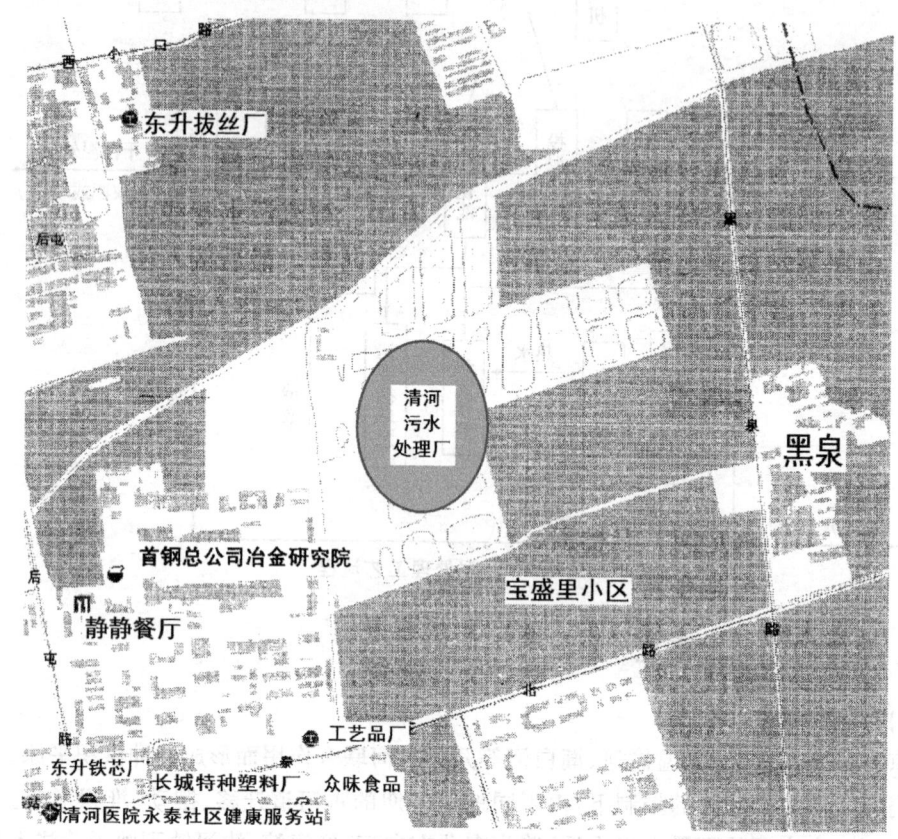

图7-5 清河污水处理厂周边关系

(三)清河概况

清河属于平原河流。历史上,清河的功能主要是排泄流域内雨季的沥水和溢出的地下水,河道水质较好。近年来,随着城市和农村用水量的增多,流域内地下水水位大幅度下降,已经没有溢出的地下水补给河道。除雨季以外,已经没有天然水补给,在一年的绝大多数时间内,河道内完全被污水填充,已使清河失去了作为天然河道的特征。

20世纪80年代曾对清河干流进行了整治,整治后的清河上共建有五座节制闸和一座橡皮闸,以维持河道中的水位和农灌。在京密引水过安河桥处设有闸门,以便向清河补给指标水。清河整治工按20年一遇洪水设计,50年一遇洪水校核。整治后的清河,平直宽阔,沿河部分河段建有滨河公路,并建有绿化带。

(四)环境现状监测

1. 清河水量和水质现状

清河污水处理厂污水系统流域1998年的污水总量为41.453万立方米/天,占城近郊污水总量的16.05%,这些污水全部排入清河。肖家河污水处理厂污水系统,1998年排入清河的污水总量为 2.081 万立方米/天,使 1998 年排入清河的污水总量达到 43.534 万立方米/天。其中清河污水处理厂系统占 95.22%,可见该系统污水是清河污水的基本来源。清河污水处理厂污水系统的污水中,工业污水占 17.12%,生活污水占 76.69%,冷却水占 6.15%。

清河污水处理厂污水系统的污水量近年来逐渐增加,而污水水质的变化相对较小,基本稳定。该厂系统污水的酚、氰和各种重金属的含量很低,符合国家 GB 3838—2002《地表水环境质量标准》Ⅳ类和Ⅴ类水体标准。但 SS、COD_{cr}、BOD_5、油类的含量大大超过北京市排入二类水体的水质标准。

从河水水质监测结果来看,在检测的 22 个项目中,大多数项目的实测值都低于标准,而与城市污水排放有关的项目含量则明显超标。未达到标准的项目有 COD_{cr}、BOD_5、溶解氧(DO)、石油类、NH_3-N 和总磷(TP),它们是清河的主要污染物。本评价选用 BOD_{cr}、BOD_5、石油类、NH_3-N 和 TP 等五项的实测值,评价清河的水质污染程度。采用标准指数法对单项水质参数进行评价。

考虑到清河闸以上河段的两岸为名胜古迹和文教区,该河段水体为非直接接触的景观用水,因此选用 GB 3838—2002《地表水环境质量标准》中的Ⅳ类标准作为该河段地表水的评价标准。清河闸下河段为一般景观用水,因此采用Ⅴ类标准作为评价标准。

为了进一步说明清河的污染程度,还作了清河底栖大型无脊椎动物的调查,沿河共设置 6 个调查点。调查结果表明,1、3、4、6 各点均未检出底栖大型无脊椎动物,说明上述各点所在河段为无大型无脊椎动物生活带,即过去所说的 α-多污带,属于严重污染河段。2 号点检出水丝蚓和尾鳃蚓 2 种,生物膜丰富,说明树村闸以下到铁路跌水之间的河段为有寡毛类生活带,污染程度明显低于前述河段,属于 β-多污带。位于清河南大桥附近的 4 号点,检出水丝蚓 1 种,密度为 1 000 尾/平方米。这说明排入清河的万泉干管污水流到该桥附近时有一定的净化,污水中的生物开始恢复,但生物量不大,生物膜也已出现。该段虽然可以划入有寡毛类生活带,但污染程度高于铁路跌水以上河段。从水质监测结果来看,清河闸以下虽然河水的耗氧物质有所降解,但该河段接纳了清河工业区的污水,使下游河段成为无大型无脊椎动物生活带,为严重污染河段。

监测结果表明,清河河道的污染物虽然有一定的自净能力(主要指 COD_{cr}、BOD_5、石油类),但在本河流长度范围内不可能降解到国家Ⅴ类标准的水平。清河水中的 NH_3-N 和 TP 含量对河水综合污染程度起决定作用,且它们的河道自然降解能力很低。

2. 恶臭监测

评价中对清河沿线及厂址区共设 11 个恶臭监测点。监测结果表明,在秋季条件下,当河水流动时,河岸边的臭气浓度不超过三级标准。距岸 10 m 臭气浓度大幅度下降,在河道跌水处,跌水处岸边的臭气浓度骤然升高,往往超过标准。其中下清河闸处跌水深为 2 m,闸上臭气浓度为 290,清河闸处跌水深为 1.5 m,闸上为 146。即使是树村闸上排出的表曝处理出水,当其 COD_{cr} 和 BOD_5 含量很低(4.58 mg/L 和 38.87 mg/L)时,跌水处(跌水 1.0 m)的臭气浓度也达到 47。厂址处臭气浓度为 7.2。

3. 大气环境监测结果

总悬浮颗粒物是本厂址附近空气环境的首要污染物。日均值接近环境标准,日均值超标率为 20%,二氧化硫、氮氧化物和一氧化碳小时平均值和日平均值均不超标。评价区(外延 1 km 的范围)内的大气污染源主要为企事业单位的燃煤锅炉房,有锅炉 32 台,大型茶炉 8 台。

此外，厂址附近的自然村冬季以燃煤采暖为主。因此，厂区附近大气环境影响以燃煤污染物排放为主。

4. 厂址及其附近地区环境噪声监测

监测结果表明，各监测点的平均等效声级都分别低于国家二类混合区环境噪声标准（昼间为 60 dB(A)，夜间为 50 dB(A)）。

三、项目环境影响识别

(一) 施工期的环境影响识别

一期工程建设期间将有相当大的土方工程、土建工程、安装工程及大量的运输工作量。因此，在施工期间，可能对环境造成粉尘和施工噪声的影响。影响的主要对象是黑泉村和武警部队营房，其次是西小口村。主要评价因子为扬尘和等效声级 Leq。

(二) 处理厂生产对水环境的影响

(1) 入厂污水经过处理，水污染负荷明显减少，出厂的水质得到改善。

(2) 处理厂超负荷污水的溢流和事故泄水，只对清河闸下游河段的水量和水质产生影响。

(三) 清河污水处理厂工程对沿岸污灌农田的环境影响识别

由于改用处理厂出水灌溉，将使原污灌农田的生态环境得到改善。

(四) 处理厂固体废物最终处置的环境影响

处理厂生产过程中产生的固体废物，主要是格栅栅渣、曝气沉砂池的沉沙、沉淀池的浮渣和脱水后的污泥。栅渣将与沉砂（6 吨/天）一起送垃圾填埋场处理，不会造成值得重视的环境影响。

一期工程日产剩余脱水污泥 167 吨/天（含水率 80%）。规划上将该污泥的消纳场确定在昌平区北七家乡境内。污泥的最终处置途径是做农肥施用。污泥施肥可以提高土壤有机质和养分的含量，但存在污染农田生态环境的可能性。

(五) 处理厂其他生产活动对厂区附近环境的影响识别

(1) 锅炉造成的影响。一期工程锅炉燃气可能对周围环境产生微弱影响。到二期工程，因采用集中供热网供热，不存在锅炉污染问题。

(2) 处理厂恶臭的环境影响。厂区污水处理构筑物均为敞开式，在生产过程中大量恶臭逸入环境，可能对环境造成恶臭污染。其中，产生恶臭的污染环节主要是提升泵房、曝气沉砂池和曝气池，影响对象主要是黑泉村和武警营房的居住人群。

(3) 含菌气溶胶的环境影响。污水处理厂在进行污水曝气处理过程中将产生气溶胶，有可能影响周围人群的身体健康。

(4) 厂区生产噪声的环境影响。污水处理厂的噪声主要来自泵房和鼓风机房，生产噪声影响的对象主要是黑泉村和武警营房。

(六) 评价指导思想

1. 项目的特点

污水处理厂项目是一个水环境治理项目，通过项目的实施达到改善和治理污水的目的，由此改善当地的水环境质量。清河污水处理厂项目是北京市总体规划中，治理城市北部清河流域水环境的核心项目之一，是清河流域拟建的三个污水处理厂中的骨干项目。该污水处理厂的建成和投入运行，极大改善清河上游水质状况，对清河水体还清有着举足轻重的作用。

2. 评价重点

根据污水处理厂项目特点和厂址所处的周边环境,确定项目评价重点是污水处理厂对清河的影响,即项目建成前后清河水量、水质的变化情况分析。然后是污水处理厂对周边环境的影响,主要是污水、污泥处置方式的影响评价。

四、环境影响分析和预测

(一)污水处理厂处理工艺可行性分析

1. 关于污水处理工艺的评价

一期工程采用污水处理工艺曝气活性污泥法,即序批式反应器(sequencing batch reactor,SBR)工艺。目前大部分 SBR 工艺应用于有机物降解、硝化和反硝化及生物除磷等过程。由于 SBR 工艺可省去独立的二沉池系统,布置紧凑、基建和运行费用低、处理效果好,尤其是具有除磷脱氮功能,从而越来越受到重视。天津纪庄子污水处理厂采用的渐减曝气活性污泥法,与该厂选用的工艺相近。根据纪庄子污水处理厂的实践,清河污水处理厂一期工程选用曝气活性污泥法处理污水是可行的,处理出水的 BOD_5、COD_{Cr} 和 SS 含量能够达到设计出水水质。

无论是普通活性污泥工艺还是 SBR 工艺,都具有生物脱氮和除磷功能,特别是 SBR 工艺脱氮除磷的效果更佳,因此应用越来越广泛。在初步设计中,由于设计进水磷含量过高,为达到磷的排放标准,增设了化学除磷工艺,有可能使处理出水的磷含量达到或接近 0.2 mg/L。但采取该工艺后,处理出水的氨氮含量不会降低,仍保持在 15 mg/L。要想使氨氮含量降到 1 mg/L,按目前已有的技术有可能达到,但基建投资和运行费用将会提高。由于采用化学除磷工艺以后,处理出水的总磷和氨氮污染水平不匹配,出水的总体污染水平没有明显改变。同时,化学除磷有可能使污泥中的有效磷变为无效磷,降低污泥的肥分。

2. 关于污泥处理工艺的评价

清河污水处理厂污泥处理采用中温厌氧消化脱水机脱水工艺。初步设计指出,一期工程该厂剩余污泥的处理选用直接浓缩、脱水的处理工艺,而 40 万吨/天规模的处理厂的污泥处理工艺将采用中温厌氧消化及浓缩脱水工艺。

中温厌氧消化、浓缩脱水工艺是国内外大多数城市处理厂采用的污泥处理工艺。采用该工艺处理过的污泥,生物活性更加稳定,污泥含水率可降至 80% 以下,该厂污泥的最终处置是施用作农肥。国家 GB 4284—2018《农用污泥污染物控制标准》的其他规定项目指出"生污泥须经高温堆腐或消化处理后才能施用于农田,污泥可在大田、园林和花卉地上施用,在蔬菜地和当年放牧的草地上不宜施用"。而清河污水处理厂的污泥选用中温厌氧消化、浓缩脱水工艺是可行的,并且能满足标准对污泥消化的要求。

污水处理厂一期工程污泥的处理采用直接浓缩脱水工艺。该污泥仍属于生污泥,其中含有高浓度的耗氧物质,处于不稳定状态。由于受到农作物生长周期的限制和污泥中速效性养分含量低的限制,污泥只宜作基肥施用。对大田来说,每块农田大多每年施用一次。在这种情况下,大田施用污泥大多经过干化,干化后的污泥已具有稳定性。在污泥施肥的实践中还没有因污泥不稳定给农作物生产造成影响的例子。

(二)污水处理厂水污染负荷削减量的预测

1. 预测内容和方法

预测项目为 BOD_5、COD_{Cr} 和 SS。预测范围包括清河污水处理厂流域、入厂污水负荷和处理厂处理负荷等。预测时段为污水处理厂投产第一年的 2003 年和处理厂二期工程投产的 2006 年。

2. 预测模式

采用完全混合模式,公式为

$$C = \sum C_i Q_i / Q \tag{7-1}$$

式中,Q、C 为完全混合后的污水水量和污染物浓度;Q_i、C_i 为各排放口的污水水量和污染物浓度,其中 $Q = \sum Q_i$。

3. 预测结果

2003 年、2006 年清河污水系统水污染物负荷预测结果(表 7-8)表明,一期工程可削减水污染负荷为 SS 32.86 t/d、COD_{Cr} 59.756 t/d、BOD_5 25.802 t/d,占入厂负荷总量的 45%~50%,占清河流域污水负荷总量的 41%。到 2006 年二期工程投产后,该厂可削减负荷为 SS 64.636 t/d、COD_{Cr} 113.737 t/d、BOD_5 53.737 t/d,占入厂负荷的 80%~87%,占清河流域污水负荷总量的 75%~81%。在清河污水治理中,它的建成和投产将使清河污水系统的水污染状况得到根本改善。

表 7-8 2003 年、2006 年清河污水系统水污染负荷预测

系统		污水量/(万立方米/天)		SS/(t/d)		COD_{cr}/(t/d)		BOD_5/(t/d)		石油类/(t/d)	
		2003	2006	2003	2006	2003	2006	2003	2006	2003	2006
清河处理厂系统	万泉河	15.536	16.245	27.032	28.266	56.394	58.970	20.041	20.956	1.099	1.151
	清河	25.440	26.602	45.248	47.352	74.431	77.812	38.085	39.824	2.743	2.868
	小月河	3.681	3.849	5.484	5.735	5.853	6.120	2.510	2.625	0.401	0.419
	小计	44.657	46.697	77.800	81.354	136.661	142.902	60.636	63.405	4.245	4.438
肖家河处理厂系统入清河		2.242	2.344	1.551	1.622	5.305	5.547	2.354	2.461		
清河总计		46.899	49.041	79.352	82.976	141.966	148.449	62.990	65.866	4.245	4.438

(三)对清河的影响预测与评价

1. 清河闸以上河段的影响预测和评价

2002 年底以后,清河北岸污水截流管、清河污水处理厂已建成并投入运营,肖家河污水处理厂也投入运营。清河闸以上河段将没有城市污水排入,除雨季排水期河中有水之外,其他时期河道中将没有水流,该河段将变成一条干河道。

清河自安河闸至立水桥为市区风景观赏河道。为能满足风景观赏水体的水质要求,最好用京密引水渠的水由安河闸处补给。通过科学的管理和现有闸坝的控制,该河段河水水质能达到国家 GB 3838—2002《地表水环境质量标准》中的Ⅳ类水体标准。如果用常规二级污水处理厂的处理出水补给,虽然河水比较清澈,但 COD_{Cr} 超标 1 倍、BOD_5 超标 2.3 倍,而 NH_3-N 和 TP 将超标 10 倍左右。即使二级出水经过中水处理排入该河段,使河水水质进一步改善,也不能满足Ⅳ类水体标准的要求。

2. 清河闸以下河段的影响预测与评价

对入河水源构成的预测。在2003年清河污水处理厂投产以后,清河闸以下河段的污水来源由三部分组成:处理厂超负荷溢流污水、小月河污水和水源九厂污水。此外,是二级处理出水。其中,溢流污水为17.019万立方米/天,小月河污水为3.681万立方米/天,水源九厂污水为3.957万立方米/天,合计24.657万立方米/天。处理厂二级处理出水中有5 000立方米/天经中水处理后回用,排入清河的水量最多为19.5万立方米/天。在农灌期间,如果二级出水全部排入清河灌渠,则闸下没有二级出水补给。

到2006年40万立方米/天规模污水处理厂运营以后,闸下入河污水由超负荷溢流污水和水源九厂污水组成。此外,将有相当数量的二级处理出水。溢流污水为2.538万立方米/天,水源九厂污水为4.183万立方米/天,合计6.721万立方米/天,占该厂系统城市污水总量的14.4%。到二期工程投产后,该厂系统城市污水将由100%排入清河变为只有14.4%排入清河,可以基本改善清河的水污染状况。2006年以后,超负荷溢流污水量还会逐年增加,但增幅将变小。随着科学技术的进步,在将来可实现现有污水处理构筑物处理能力的提高,或扩建、新增与污水量相适应的处理构筑物,并将水源九厂污水截入处理厂。届时,该厂系统的全部城市污水都得到处理,清河将没有城市污水排放,清河的水污染状况将会从根本上得到解决。

清河闸以下河段水质预测根据前述各时段入河水量,采用完全混合模式预测该河段的水质。选择SS、COD_{Cr}、BOD_5和石油类四项作为预测项目,选2003年、2006年、未来三个时段为预测时段。其中,2003年分两种情况,第一种情况为只有溢流污水、小月河污水和水源九厂污水补给时的河道水质,第二种情况为有上述污水和19.5万立方米/天二级处理出水补给时的河道水质。2006年也分两种情况,第一种情况为有溢流污水和水源九厂污水补给时的水质,第二种情况是有上述污水和39.5万立方米/天二级处理出水补给时的水质。未来是指该河段没有污水补给,只有一种情况为二级处理出水补给时的水质(表7-9)。

表7-9 清河闸以下河段2003年、2006年水质预测

时段	补给水	入河水量 /(万立方米/天)	SS /(mg/L)	COD_{Cr} /(mg/L)	BOD_5 /(mg/L)	石油类 /(mg/L)
2003	全污水	24.657	182.6	305.8	135.8	8.9
	有二级出水	44.157	108.3	194.1	82.2	5.4
2006	全污水	6.676	175	191.7	82.1	5.2
	有二级出水	46.176	37.5	72.8	24.2	1.5
只有二级出水补给			20	60	20	0.9

对清河闸以下河段水质的环境影响评价,从预测结果来看,在没有二级处理出水补给的情况下,2003年河道水质更趋恶化。到2006年,由于入河污水只有6.676万立方米/天,在有39.5万立方米/天二级出水补给的情况下,闸下河段的水质将得到基本改善。河道水质的完全改善时,即河道中完全没有城市污水补给,只有二级处理出水补给。在该河段完全为二级出水补给时,二级出水的水质将成为该河段可能达到的最佳水质。按国家《地表水环境质量标准》(GB 3838—2002)中的Ⅴ类标准衡量,COD_{Cr}、BOD_5和石油类略有超标,而NH_3-N、TP则超标10倍多。从北京市天然水资源现状和我国国情来分析,很难使该河段的水质达到Ⅴ类标准水平。从这个意义上说,建议将二级处理出水水质作为该河段的水质标准。

(四)对清河污水处理厂系统污灌区的环境影响分析

清河污水处理厂系统污灌区主要有三大片:清河闸闸上片、清河导流渠片和清河灌渠片。

污灌面积近万亩。清河污水处理厂投产前,闸上片和清河灌渠片都用清河闸以上的河水作为灌溉水源,导流渠片用文教区干管污水灌溉。该厂建成后灌溉用的污水全部截入处理厂,将使该污灌区结束污灌历史。在这种情况下,灌区农田环境将不会再受城市污水污染的影响,灌区土壤重金属含量不会再增加,土壤生态环境得到改善,地下水也不再受污灌的影响。

(五)清河污水处理厂污泥的处置与利用分析

城市污水处理厂外排的固体废物有栅渣、沉砂、浮渣和污泥。其中,栅渣、沉砂和浮渣的数量较少,大多运往垃圾填埋场进行填埋处理,通常不会造成值得重视的环境污染影响。污泥是处理厂外排的主要固体废物。它数量大,含水率高,而且有含量不同的多种病原体、病毒和重金属,是一种固体污染物,处置不当就可能造成二次环境污染。

1. 污泥的最终处置方式

城市污水处理厂污泥的最终处置通常采用下列四种方式:土地施用、陆地填埋、焚烧和海洋处置。国外实践表明,就土地施用、陆地填埋和焚烧三种方式来说,其费用比为1:2:4,因此土地施用是最经济的最终处置方式。农田施用是土地施用的一种,被普遍采用,特别是我国,城市污水处理厂绝大多数的污泥都采用农田施用方式进行处理。

我国城市污水处理厂污泥的最终处置没有列入设计内容。目前,我国城市污水处理厂工程的委托设计内容中,普遍没有污泥最终处置的设计内容。由于没有该项内容,处理厂工程设计对污泥的最终处置通常只用"可外运作农肥或非娱乐场所的绿化用肥"等一带而过。

污泥是处理厂排出的最主要的固体污染物,最终处置通常要在处理厂厂区以外进行,是处理厂工程可能影响环境的最主要环节。根据国家"三同时"制度,处理厂污泥的最终处置,应与处理厂主体工程同时设计、同时施工、同时投产。

2. 污泥农田利用的主要设计内容

污泥的农田利用是我国最广泛采用的污泥最终处置方式。污泥农田设计可分两部分:第一部分的设计内容主要包括出厂污泥的转运、干化场的选择、污泥干化处理工艺和干化污泥的储存等;第二部分的设计是污泥农田利用设计的核心,主要设计内容包括农田场地和作物类型的选择、确定出既不污染环境又能充分利用污泥中养分的污泥农田施用率、按地块安排农田施用计划、污泥农田施用的环境影响预测等。

3. 清河污水处理厂污泥农田施用的预可行性分析

清河污水处理厂污泥最终将运至昌平区北七家乡地区作农田施肥处置。清河污水处理厂处理后的污泥为生污泥,产量为167 t/d(含水率80%)。根据天津纪庄子污水处理厂几年的监测资料,类比预测清河污水处理厂污泥的组成,如表7-10、表7-11所示。

表7-10 清河污水处理厂污泥养分含量预测

项目	纪庄子污泥/%		清河污泥预/%	国外资料
	1985—1990年资料	本次测定		
有机质	46~54	49.9	50	30~50
有机氮(以N计算)	1.82~5.47	2.46	3	1.6~60
有效氮(以N计算)		1.1	0.5	
总磷(以P_2O_5计算)	1.2~1.9	3.14		1.5~4.0
有效磷(以P_2O_5计算)		0.435	0.4	
总钾(以K_2O计算)	0.37~0.43	0.436		0~30
有效钾(以K_2O计算)		0.095 4	0.1	

表 7-11 清河污水处理厂污泥重金属含量预测

项目		Hg	Cd	Zn	Cu	Pb	Cr	As
纪庄子处理厂	1985年至1990年平均值(mg/kg)	7.88	5	1 349	470	522	590	192
	重金属处理率/%	81.4	44.4	62.1	62.8	65.4	71.5	41.3
本厂水质(1998年值)/(mg/L)		0.001	ND	0.22	0.11	0.06	0.006	0.005
本厂污泥预计值/(mg/kg)		4.9	低	818	414	23.5	26	12

污泥农业利用场地概况。根据规划,该厂污泥拟在昌平区北七家乡农田施用。北七家乡及其南侧的燕丹乡位于昌平区的东南部,东隔温榆河与顺义区相望,南隔清河与朝阳区相邻。该乡分布在温榆河与清河之间的河间地上。在地貌上该乡位于微倾平原,地面起伏,标高为30~38 m,土壤类型为砂质潮土和潮褐土。该处远离地下水集中供水水源地和开发区,具有作为污泥农田施用场地的条件。由于该处有相当多的砂质土地,施用污泥可以起到改良土壤和防风固沙的作用。

污泥农田施用的预测行性分析。从预测结果可以看出,该厂污泥有机质含量在50%,有效氮、磷(以 P_2O_5 计算)、钾(以 K_2O 计算)的含量分别为 10 kg/t、4 kg/t 和 1 kg/t(干泥),污泥中重金属含量均在标准范围之内,因此可以作基肥在大田中施用。选择的场地与处理厂相距约 17 km,道路通畅,运输便利。该场地远离地下水水源保护区和开发区,并有大面积砂质潮土分布,适于作污泥施用场地。以场地服务年限 30 年、年施用率按(干泥)37.5 吨每公顷计算,约需大田 330 公顷。该地区砂质砂壤质土的面积达 187 公顷,其中耕地(指大田作物)973 公顷,能够满足施用污泥的要求。因此,认为污水处理厂污泥在北七家乡大田施用是可行的。但必须选择适宜施用的农田,并编制污泥农业利用设计方案,在有关主管部门批准后方能实施。

4. 关于污泥处置建议

污泥的最终处置是清河污水处理厂工程的组成部分,是独立发挥防治污染的措施。应尽早安排污泥转运与干化工程的设计,尽早安排污泥农田施用规划设计和工程设计,应尽早安排编制污泥农业利用环境影响报告书,适应处理厂主体工程的建设计划。

(六)处理厂生产活动对周边环境的影响分析

1. 大气环境影响预测与评价

一期工程采用燃气锅炉,大气污染物的排放强度比燃煤锅炉大大减少。根据项目污染源分析,项目燃气污染物排放 SO_2 只有 0.023 kg/h,NO_x 为 0.225 kg/h,CO 为 0.045 kg/h,预测结果表明,处理厂采暖期燃气不会对大气环境造成污染。

2. 处理厂内生产噪声的环境影响分析

清河污水处理厂主要噪声污染源有三个,即风机房、污水泵房和沼气发动机房,对这三个噪声源进行影响预测。根据测定,风机房外噪声级昼间为 81.4~91.4 dB(A)、夜间为 77.8~82.9 dB(A),污水泵房外噪声级昼间为 78~86.5 dB(A)、夜间为 73~87 dB(A),沼气发动机房外噪声级昼间为 80.2~86.8 dB(A)、夜间为 52.8~84.7 dB(A)。经预测,各评价点的环境噪声预测值均没有超过国家二类混合区环境噪声级标准昼间为 60 dB(A)、夜间为 50 dB(A) 的限值。

3. 处理厂工程恶臭环境影响分析

污水处理厂产生恶臭和含菌气溶胶的工程环节主要是曝气沉砂池、曝气池、污水泵房及污泥脱水机房。为了确定处理厂投产后上述部位的恶臭强度和含菌气溶胶的污染情况,以天津纪庄子污水处理厂作为类比厂,对该厂进行实地监测(表7-12)。

表7-12 纪庄子处理厂恶臭监测结果

取样地点	臭气浓度	恶臭强度/级
泵房进口	41.6	3.5
曝气沉砂池	65	4.5
曝气池	56	4.5
污泥脱水机房	14.6	2.5
处理厂正门	1.5	

可以看出,处理厂工程产生恶臭的主要工程部位是曝气沉砂池和曝气池,其次是泵房。其中曝气沉砂池和曝气池的臭气浓度分别达到65.0和56.0,恶臭强度达到4.5级。类比监测结果表明,位于曝气沉砂池正东约100 m、曝气池东北约140 m的纪庄子污水处理厂正门处,臭气浓度只有1.5,恶臭强度小于2级。清河污水处理厂的曝气池距黑泉村200 m以上,距武警部队营房400 m以上,在静风条件下处理厂恶臭不会对这些地区产生明显的影响。处理厂曝气沉砂池距冶金试验厂围墙的距离大于100 m,对该厂也不会产生明显的影响。位于厂北的西小口村也不会受到处理厂恶臭的影响。为减少恶臭对周围环境的影响,将在敞开式曝气沉砂池上加建阳光板房屋,并将池内排出的臭气抽出,送地下木屑生物脱臭池脱臭。预计处理厂投产后,厂界周边的恶臭浓度将不会超过标准限值。

处理厂工程含菌气溶胶的环境影响分析,在污水曝气处理过程中污水中的有害物质有可能随气溶胶一起排入环境,从而对环境产生影响,由此引起人们对气溶胶污染的关注。近年来人们力图以生物指标的测定结果来判断气溶胶的污染影响。例如,Fannink于1985年发表的研究结果表明,采用敞开式活性污泥法处理城镇污水,厂内含菌气溶胶颗粒数和空气中的细菌总数较开工前高,但与距曝气池的距离和风向无关。为了解曝气池曝气可能产生的含菌气溶胶的影响,对纪庄子污水处理厂曝气池含菌气溶胶总数和空气中的细菌总数进行了测定。除此之外,在北京昌平秦城附近选了5个对照点,测定了空气中的细菌总数,也对高碑店污水处理厂试验厂曝气池、宿舍区和空旷地的含菌气溶胶总数、空气中细菌总数等进行了测定。监测结果表明,在曝气池上的空气中均未检出沙门氏菌和志贺菌,各点含菌气溶胶总数与距曝气池的远近无关。曝气池处夜晚空气的细菌总数高达534个/立方米,但离开曝气池,细菌总数很快降下来,细菌总数与距离不存在相关关系,且各点所测细菌总数大多在对照点含量的变化范围内。上述测定结果与Fannink所测结果大致相同,因此目前还不能确认曝气池曝气会对环境产生含菌气溶胶的污染。但考虑到黑泉村和武警部队营房距处理厂太近,为防止处理厂可能产生的含菌气溶胶污染影响,厂区周围应设有较宽的防护林带,厂内绿地面积也应适当增多。

五、环境管理

城市污水处理厂工程是治理水污染的环境工程,但是在工程施工期和运营期的生产活动中,也有可能造成周围环境的污染。环境管理的目的就是保护环境、预防和削弱这种影响。

对本工程来说,施工期影响环境的工程环节主要为两个方面:①土方开挖、堆放回填、建筑材料的堆存,以及运输过程造成的扬尘污染,环境因子为扬尘;②施工机械和运输车辆造成噪声污染。运营期可能影响环境的工程环节有泵房、污水污泥处理构筑物、鼓风机房、溢流井和退水口,主要影响因子为臭气浓度、噪声和污泥。应该指出,处理厂的出水水质和超负荷污水溢流、事故溢流,均会对清河水质产生巨大影响,尤其是超负荷污水溢流、事故溢流将对清河下游水质造成污染。事故溢流是污水处理厂遭遇故障,如设备故障、停电等所致,这种情况的发生概率一般都很小。这些均属处理厂职责管理范围内,因此未列入本环境管理内容。运营期的环境管理内容主要是厂区臭气和噪声。对处理厂污泥的环境管理将通过《清河污水处理厂污泥农田利用环境影响报告》确定。

建立专门的环境管理机构是实施环境管理的组织保证。在处理厂建成投产前,安排恶臭和噪声的背景监测。噪声监测位置为主要噪声源和厂界敏感点,主要噪声源包括进水泵房、鼓风机房、曝气沉砂池、污泥回流泵房,主要敏感点包括处理厂进水泵房西的厂界处、处理厂东的靠黑泉村的厂界处。测定方法按标准执行。恶臭监测位置主要为进水泵房外、曝气沉砂池外、曝气池边、沉淀池边、污泥堆置棚外、进水泵房西的厂界、南马坊西路的污水溢流井处和退水方沟在清河上的出口处及靠近黑泉村的东厂界,共八个点。测定方法按标准执行。根据监测结果由持证评价人员做出背景评价,并归档备以后项目验收使用。

运营期的环境监测,按下述时段进行:初期(生化处理正常运转后的一个月内)、试运营期(一年内)、正常运营期。

运营初期至少检测一次,包括全部测点。如果厂界监测点仍未超标,臭气浓度不大于20,噪声昼间不大于60 dB(A)、夜间不大于50 dB(A),生产照常运营;如果出现厂界超标,应查找污染源,并向处理厂领导报告。此后,每半月在厂界敏感点监测一次,连续监测10次。在试运行期内只在敏感点处检测四次即可。试运行期结束后,应由厂长和上级主管领导提出试运行期环境管理报告。在运营期,只在敏感点每季度监测一次,如发现超标现象,应适当增加监测点位和监测次数。每年编出当年的环境管理报告,上交处理厂领导和上级主管领导。

六、环境保护建议

(一)关于污水处理工艺中增加化学除磷措施

采用化学除磷可达到国家 GB 3838—2002《地表水环境质量标准》中的Ⅴ类水体标准,但要使二级出水的 NH_3-N 达到Ⅴ类水体标准则不具有技术经济可行性,单纯除磷而 NH_3-N 污染水平不变,处理出水的总体污染水平没有明显改变,同时会降低污泥的肥分。因此,在研究增加化学除磷的必要性以后,再确定是否增加化学除磷工艺。

(二)关于二期工程的污泥处理工艺

项目一期工程污泥处理采用直接浓缩脱水工艺,二期工程则全部改为中温厌氧消化机械脱水工艺。采用什么样处理工艺处理污泥,在很大程度上取决于污泥的最终处置方式。处理厂污泥在昌平区北七家乡大田作基肥施用,直接浓缩脱水处理过的污泥在大田上施用是可行的。因此,建议二期工程的污泥处理仍采用直接浓缩脱水工艺。

(三)关于清河的水质标准问题

规划上清河为风景观赏水体,河道水质应执行国家《地表水环境质量标准》(GB 3838—2002)中Ⅳ类或Ⅴ类水体标准。用二级处理出水补给清河能够满足风景观赏水体的要求。在难以实现用引水渠水补给清河的情况下,可用处理厂二级处理出水补给清河,并以清河污水处理厂的二级处理出水水质作为清河的临时水质标准。

（四）关于原污灌区灌溉水源问题

一期工程投产后，原污灌区将结束40年的污灌历史。但是，没有灌溉水源又将对农业生产带来一系列问题。在工程投产后，清河灌渠和导流渠则没有入流水，有可能出现用水纠纷。因此，建议在一期工程期间，部分二级出水能够补给清河灌渠以备农灌使用。

（五）关于施工期的扬尘问题

在施工期，搅拌机、水泥、白灰和砂石等易扬尘物料尽量安置在场地北半部，并配备设施。在施工期应采取抑扬尘措施。为防止运输车辆遗洒污染交通沿线的环境，车辆应严密苫盖，出工地的车辆要清扫车轮，防止把泥土带入城市道路；施工现场要围挡或部分围挡，减少扬尘的扩散范围等。

（六）关于退水口臭气污染问题

清河沿岸恶臭监测表明，在跌水处和污水干管排口处，臭气浓度明显增加，清河闸和万泉干管排口处臭气浓度高达146。为防止臭气污染，建议处理厂溢流井采用密封措施，在退水方沟入河口处减缓坡度以降低因水力冲击增加的臭气排放强度，并在排口处设至少5~10 m宽的防护栏。

（七）案例分析

(1)北京市拟在清河沿岸建三座污水处理厂，清河污水处理厂是其中之一。案例中首先分析了清河污水处理厂项目与城市总体规划的关系。项目的建设将使北京中心区北部的大部分污水得以治理，可有效地改善当地的环境和清河水质，其建设符合规划。

(2)污水处理厂建设项目本身就是环境保护项目，但其自身也会对环境产生一定影响，因此在环境影响识别中，分别提出运行期（正常、事故）排放对清河水环境、污灌农田的影响，以及项目产生的浮渣、锅炉烟气、恶臭、含菌气溶胶、噪声和施工期等方面的环境影响。由于污水处理厂是环境改善项目，在环境影响识别中负面影响不为重视，容易丢项。通过对本案例的分析，应该掌握此类项目影响因素，正确筛选评价因子。

——对河流水质的影响分析。可从两个方面考虑：①当污水处理厂运转正常，处理过的污水达标排放，进入河流与河水混合后，河流水质的改善情况；②超负荷污水溢流和事故排水对河流水质的影响，其影响和改善的程度应通过模式计算、分析得出。

——对污灌农田的影响分析。污水处理厂建成后，原来用污水灌溉的农田将改用污水处理厂出水灌溉，对农田土地环境的改善和影响进行分析。

——污泥的处置和利用。污泥是污水处理厂的主要外排固废，污泥处置是污水处理厂评价的重要内容，且很容易被忽略。污泥处置有多种方式，在我国以农田施用为主。这部分分析应包括两方面内容，即污泥运输和干化的影响分析，对农田和作物的选择和影响分析。应对污泥养分含量、重金属含量进行类比分析，对受纳的农业土壤土质、面积进行分析，最终给出污泥的农田施用是否可行的结论。如果污泥处置场所另择地建设或规模较大，也可以单列评价。

——恶臭是污水处理厂的重要污染因素，其对周边敏感点的影响应做重点分析。分析可用类比法、公式计算法，并注意厂内合理布局，尽量减小对周边敏感点的影响。

——其他。对污水厂的锅炉房烟气、污水处理厂设备噪声、污水处理厂含菌气溶胶及污水处理厂施工期等的影响，也要进行适当的分析。

(3)项目周边环境较为简单和明确，因此案例未对污水处理厂的选址和景观进行分析。如果附近有敏感点，还需增加选址可行性分析。选址应有1~2个备选地进行比选，尽量避开居民区和敏感点。如果周边还有文物、重要景点,还要做景观分析。

(4)案例在预测与评价中对污水 SBR 处理工艺、尤其对磷与氨氮去除效果等达标可行性进行了分析,并对进水含磷量过高而工艺中增设化学除磷措施后,对出水水质及肥分的影响进行了客观的分析。这对污水处理厂的工艺可行性评价是非常必要的,也是本案例的特色之处。

(5)案例的不足之处是没有提出污水处理厂卫生防护距离的要求,这是污水处理厂评价中一个较大的遗漏。此外,宝盛里小区是距清河污水处理厂最近的住宅区,为环境敏感点,应预测污水处理厂对其影响,或考虑小区选址的合理性。案例中多次提到的敏感目标——武警部队营房,却没有在污水处理厂周边关系图上列出,这使其完整性受到影响。

(6)如果污水处理厂的建设包括污水管网部分,应对污水管网部分进行环境影响专题评价;如果污水管网的建设不包含在项目之内,或污水管网规模很大,涉及大面积的城区,环境敏感点和环境保护目标都会有较大的变化,因此也可单做环境影响评价。污水管网建设的评价重点在施工期。

参考资料

高世荣,潘力军,孙凤英,等.用水生生物评价环境水体的污染和富营养化[J].环境科学与管理,2006,31(6):174-176.

国家环境保护总局环境工程评估中心.环境影响评价相关法律法规汇编[M].北京:中国环境科学出版社,2005.

国家环境保护总局环境工程评估中心.环境影响评价技术导则与标准汇编[M].北京:中国环境科学出版社,2005.

国家环境保护总局环境影响评价管理司.环境影响评价岗位培训教材[M].北京:化学工业出版社,2006.

国家环境保护总局环境工程评估中心.环境影响评价相关法律法规汇编增补(2007)[M].中国环境科学出版社,2007.

国家环境保护总局环境工程评估中心.环境影响评价技术导则与标准汇编增补本(2008)[M].北京:中国环境科学出版社,2008.

国家环境保护总局环境工程评估中心.影响评价相关法律法规汇编增补本(2008)[M].北京:中国环境科学出版社,2008.

郭廷忠.环境影响评价学[M].北京:高等教育出版社,2001.

胡二邦.环境风险评价实用技术和方法[M].北京:中国环境科学出版社,2000.

环境保护部环境工程评估中心.环境影响评价相关法律法规编增补本(2009)[M].北京:中国环境科学出版社,2009.

环境保护部环境工程评估中心.环境影响评价相关法律法规汇编增补本(2010)[M].北京:中国环境科学出版社,2010.

环境保护部环境工程评估中心.环境影响评价技术导则与标准汇编增补本(2009)[M].北京:中国环境科学出版社,2010.

环境保护部环境工程评估中心.环境影响评价技术导则与标准汇编增补本(2010)[M].北京:中国环境科学出版社,2010.

环境保护部环境工程评估中心.环境影响评价技术导则与标准汇编增补本(2011)[M].北京:中国环境科学出版社,2011.

环境保护部环境工程评估中心.环境影响评价相关法律法规汇编增补本(2011)[M].北京:中国环境科学出版社,2011.

环境保护部环境工程评估中心.环境影响评价相关法律法规[M](2012年版).北京:中国环境科学出版社,2012.

环境保护部环境工程评估中心.环境影响评价技术导则与标准[M](2012年版).北京:中国环境科学出版社,2012.

环境保护部环境工程评估中心.环境影响评价技术方法[M](2012年版).北京:中国环境科学出版社,2012.

环境保护部环境工程评估中心.环境影响评价案例分析[M](2012年版).北京:中国环境科学出版社,2012.

环境保护部环境工程评估中心.全国环境影响评价工程师职业资格考试考点要点分析[M].中国环境出版社,2018.

环境保护部环境工程评估中心.全国环境影响评价工程师职业资格考试大纲[M].中国环境科学出版社,2018.

黄健平,宋新山.环境影响评价[M].北京:化学工业出版社,2013.

李淑芹,孟宪林.环境影响评价[M](第二版).北京:化学工业出版社,2018.

刘大胜,王忠训.湖区煤矿建设项目的生态环境影响评价[J].能源环境保护,1999(1):57-58.

卢升高.环境生态学[M].杭州:浙江大学出版社,2011.

陆书玉.环境影响评价[M].北京:高等教育出版社,2001.
陆雍森.环境评价(第二版)[M].上海:同济大学出版社,1999.
马太玲,张江山.环境影响评价[M].武汉:华中科技大学出版社,2009.
王罗春.环境影响评价[M].北京:冶金工业出版社,2012.
杨贤智,杨海真.环境评价[M].北京:中国环境科学出版社,1995.
赵毅.环境质量评价[M].北京:中国电力出版社,1997.
朱世云,林春绵.环境影响评价[M](第二版).北京:化学工业出版社,2013.